普通高等教育“十三五”规划教材

植物学实验
图谱版

王娜　主编

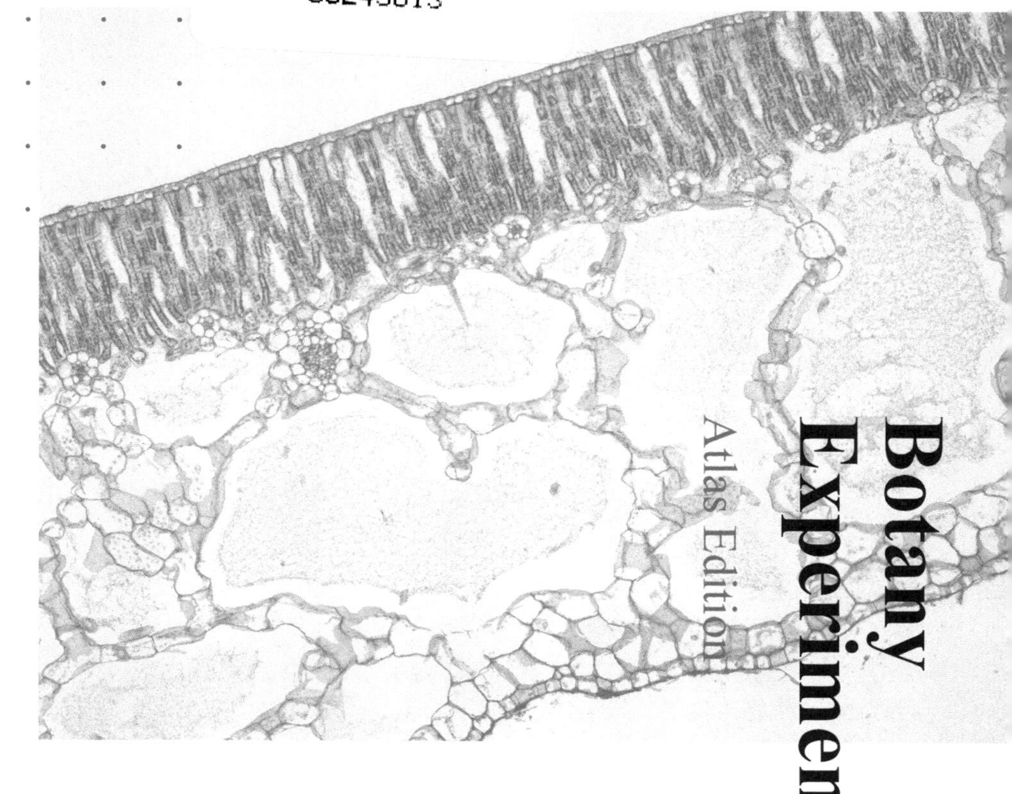

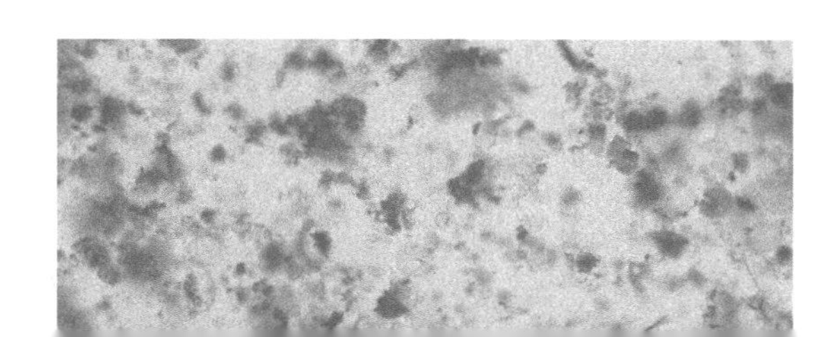

化学工业出版社
·北京·

内容简介

《植物学实验（图谱版）》以植物的“显微结构”为主线，按照植物的组成结构层次，分别在细胞、组织、器官和整体水平上进行实验项目编排，共编写了17个实验项目，涵盖了《植物学》课程的所有内容。同时为了方便使用，还附有生物显微镜的使用，徒手切片及临时装片的制备技术，植物组织离析制片技术，石蜡切片技术和植物标本的采集、制作和保存等内容。

本教材可作为生物科学、生物技术、生物工程以及农学、园艺学、林学、生态学、中医药学等专业的教学用书，也可作为植物爱好者、科研工作者的参考用书。

图书在版编目（CIP）数据

植物学实验：图谱版/王娜主编. —北京：化学工业出版社，2022.8（2024.11重印）
普通高等教育“十三五”规划教材
ISBN 978-7-122-41341-3

Ⅰ.①植… Ⅱ.①王… Ⅲ.①植物学-实验-高等学校-教材 Ⅳ.①Q94-33

中国版本图书馆CIP数据核字（2022）第074614号

责任编辑：李建丽　赵玉清
责任校对：刘曦阳
装帧设计：李子姮

出版发行：化学工业出版社
（北京市东城区青年湖南街13号　邮政编码100011）
印　　装：北京天宇星印刷厂
710mm×1000mm　1/16　印张$11^1/_2$　字数216千字
2024年11月北京第1版第3次印刷

购书咨询：010-64518888
售后服务：010-64518899
网　　址：http://www.cip.com.cn
凡购买本书，如有缺损质量问题，本社销售中心负责调换。

定　　价：49.00元　

前言

植物学是研究植物形态结构和种类多样性的科学，是高等院校生物科学、农学、园艺学、植物保护、中医药学等专业的一门重要基础课程或专业课程，对提高大学生基本科学素养和学习后续相关课程有重要的帮助。植物学实验是植物学实践性教学的重要环节，是学习专业课程的必备基础。

《植物学实验（图谱版）》结合各专业人才培养方案和教学大纲，按照“细胞-组织-器官-种类多样性”的思路共设计了17个实验，很好地涵盖了植物学的基本内容。通过这些基本实验训练，巩固和加深学生课堂上获得的基本知识，使其掌握基本实验技能和技巧，并培养学生独立动手的能力。同时为了方便使用，本书还增加了光学显微镜的结构及使用，徒手切片法及临时装片的制备技术，植物学绘图方法，石蜡切片技术和植物标本的采集、制作和保存等内容。

教材是知识的载体，与学生培养质量息息相关。迄今为止，已出版了许多植物实验指导类教材，为植物学人才培养做出了重要贡献。实验教学不仅仅是将实验方法传授给学生，将注意事项与实验流程告知学生，更重要的是让学生学会科学地分析实验结果。因此，本教材在延续前人实验指导教材编写方法的基础上，增加了实验结果的展示，以图谱的形式呈现植物的解剖结构以及典型植物形态，并在图谱上标注各部位的名称，更具有直观性，便于学生学习和理解。为了提高实验指导的实效性，在实验材料的选择上，尽量选择日常生活中常见的植物，便于采集使用。同时为了避免和理论教材内容重复，力求针对显微镜下的观察进行描述，文字简洁，内容精练。为使读者有更好的阅读体验，书中配套了图谱的数字资源，扫描书中二维码即可查看彩色图谱内容。

在编写过程中，褚衍亮编写第1章植物学基本实验技术的技术四、技术五以及第3章植物组织的结构和功能；季更生编写第1章植物学基本实验技术的技术一、技术二和技术三；牟会荣编写第2章植物细胞的结构和功能；王娜编写绪论、第4章植物营养器官的结构和功能、第5章植物生殖器官的结构和功能、第6章低等植物种类的多样性以及第7章高等植物种类的多样性，同时还完成了教材的统稿工作。在教材的编写过程中，也借鉴了一些已出版的实验指导书，在此深表谢意。

教材中永久植物装片和临时装片的图片采集运用南京江南永新光学有限公司开发的数码显微镜无线互动教学系统，永久植物装片购买自河南雨林教育工程有限公司，临时装片由江苏科技大学生物技术学院生物技术专业学生制作，在此表示感谢。

限于编写时间和编写水平，书中难免有不完善之处，敬请有关专家、同行和读者不吝赐教，以便我们改进和提高。

编　者

2022年2月于江苏镇江

目录

绪论 1

一、植物学实验教学目的和要求 …… 1
二、植物学实验操作守则 …… 2

第1章 植物学基本实验技术 3

技术一 光学显微镜的结构及使用 …… 4
技术二 徒手切片法及临时装片的制备技术 …… 7
技术三 植物学绘图方法 …… 11
技术四 石蜡切片技术 …… 13
技术五 植物标本的采集、制作和保存 …… 21

第2章 植物细胞的结构和功能 27

实验一 植物细胞的基本形态和结构 …… 28
图谱一 植物细胞基本形态和结构典型图谱 …… 31
实验二 植物细胞纹孔、质体和后含物的观察 …… 32
图谱二 植物细胞纹孔、质体和后含物典型图谱 …… 36
实验三 植物细胞的有丝分裂 …… 39
图谱三 植物细胞有丝分裂典型图谱 …… 42

第3章 植物组织的结构和功能 43

实验四 植物分生组织 …… 44
图谱四 植物分生组织典型图谱 …… 46
实验五 植物成熟组织 …… 49
图谱五 植物成熟组织典型图谱 …… 54

第4章　植物营养器官的结构和功能　63

实验六　植物根的结构和功能 …… 64
图谱六　植物根的结构典型图谱 …… 69
实验七　植物茎的结构和功能 …… 78
图谱七　植物茎的结构典型图谱 …… 82
实验八　植物叶的结构和功能 …… 93
图谱八　植物叶的结构典型图谱 …… 96

第5章　植物生殖器官的结构和功能　103

实验九　植物花的结构和功能 …… 104
图谱九　植物花的结构典型图谱 …… 109
实验十　植物果实和种子的结构和功能 …… 117
图谱十　植物果实和种子的结构典型图谱 …… 121

第6章　低等植物种类的多样性　125

实验十一　藻类植物 …… 126
图谱十一　藻类植物典型图谱 …… 132
实验十二　菌类植物 …… 136
图谱十二　菌类植物典型图谱 …… 138
实验十三　地衣植物 …… 139
图谱十三　地衣植物典型图谱 …… 141

第7章　高等植物种类的多样性　143

实验十四　苔藓植物 …… 144
图谱十四　苔藓植物典型图谱 …… 147
实验十五　蕨类植物 …… 151
图谱十五　蕨类植物典型图谱 …… 154
实验十六　裸子植物 …… 157
图谱十六　裸子植物典型图谱 …… 160
实验十七　被子植物 …… 164
图谱十七　被子植物典型图谱 …… 170

参考文献　177

绪　论

一、植物学实验教学目的和要求

植物学实验教学是植物学课程教学的重要组成部分，是理论联系实际，验证和巩固课堂所学植物学基本理论和基础知识，训练学生实验基本技能，培养学生独立思考能力和动手能力的教学过程。通过实验学习，可增强学生的学习积极性和主动性，培养学生严谨的科学态度和理论联系实际的能力。

【教学目的】

1. 将课堂讲授的理论知识与客观实际相结合，巩固和加深所学的基本理论和基础知识。

2. 掌握有关植物学实验和研究的基本理论、研究方法和基本技能。

3. 培养学生的观察、动手能力和分析问题、解决问题的能力。

4. 培养学生严谨的科学态度、实事求是的科学品德和独立思考、开拓创新的思想方法。

5. 启发学生的学习兴趣，提高职业素养。

【教学要求】

1. 运用正确的实验手段对植物材料进行解剖、观察、试验，在实验过程中获得植物细胞、组织和器官的形态、内部解剖结构及其发育过程的知识。

2. 了解植物界各植物类群的基本特征，以及代表植物的形态、生活史、分布、经济价值等基本知识，掌握植物发展演化的历程。

3. 掌握各类植物标本采集制作的方法，并且能运用所学的知识或利用工具书识别鉴定常见植物。

二、植物学实验操作守则

1.严格遵守实验室管理制度、安全卫生制度、人员防护制度等各项规章制度。

2.实验前须认真预习实验内容，明确实验目的，掌握实验原理、实验方法，同时查阅资料掌握相关理论知识。

3.保持实验室内安静，做到步轻、声低，不打闹，不做与实验无关的事情。

4.进入实验室时，穿好实验服；禁止将饮料、食品带入实验室。

5.认真听老师讲解实验过程、仪器性能、操作方法和注意事项。

6.爱护公共财产，实验前对仪器、设备进行检查，实验时严格遵守操作规程，实验后保持仪器、设备清洁并精心保管。

7.注意保护设备和人身安全。如仪器、设备发生故障，立即停止操作，并报告指导教师。

8.实验室内一切仪器、设备、试剂、实验材料等一律不得带出实验室，用完后放回原处。

9.细心观察实验现象，认真记录，实事求是撰写实验报告，禁止抄袭他人的实验结果。实验报告和实验作业要按时完成。

10.实验完毕，必须清点仪器用具，所用物品摆列整齐，作好桌面和地面清扫工作。

11.值日生协助老师认真整理，彻底打扫实验室卫生。离开实验室时关好水、电、气开关，并关好门窗。

第1章　植物学基本实验技术

植物学基本实验技术是研究植物的形态、结构、功能、种类并加以记录的实验技术，是植物学研究中的重要手段。植物形态的描述和记录包括宏观和微观两个层面。宏观结构肉眼可见，微观结构需要借助显微镜及显微制片技术辅助进行。实验室中最常用的为普通光学显微镜，通过倍数不同的物镜和目镜的相互配合，可以观察微米级的植物形态结构。常规植物体或组织，因其材料厚，不易透光，不利于显微观察，因此在长期实践中产生了显微制片技术。植物种类繁多，为更好地进行不同类群植物形态结构的比较，制备不同植物的标本就成为植物分类及多样性研究的重要手段。

通过本章实验技术的学习有助于学生掌握基础的植物形态观察和组织制片技术，并在此基础上对所观察到的宏观和微观结构进行描写记录，这将极大促进植物学研究，也更有利于学生学习兴趣的提升。

技术一　光学显微镜的结构及使用

显微镜是生物科学教学和科研工作中的重要工具之一。按照照明方式的不同可分为光学显微镜和电子显微镜两大类。光学显微镜是以可见光作光源，用玻璃制作透镜的显微镜，分为单式显微镜和复式显微镜两类。单式显微镜结构简单，如由一个透镜组成的放大镜，放大倍数常在10倍以下；由几个透镜组成的解剖显微镜（也称为实体显微镜），放大倍数在200倍以下。复式显微镜结构复杂，由两组以上透镜组成，放大倍数较高。在光学显微镜下看到的结构称为显微结构。电子显微镜是使用电子束作光源的一类显微镜，以特殊的电极和磁极作为透镜代替光学显微镜的玻璃透镜，放大倍数可达80万～120万倍。在电镜下观察到的结构称为超微结构或亚显微结构。光学显微镜中的复式显微镜是植物学实验中常用的显微镜。下面重点介绍普通复式显微镜的结构及其使用方法。

【显微镜的结构】

显微镜的结构可分为光学部分和机械部分（图1-1）。光学部分由成像系统和照明系统组成，成像系统包括物镜和目镜，照明系统包括内置光源和聚光器；机械部分包括镜座、镜臂、粗准焦螺旋、细准焦螺旋、载物台、镜筒等。

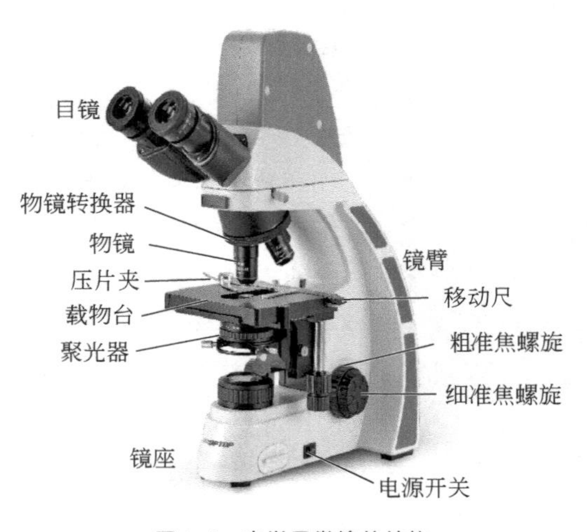

图1-1　光学显微镜的结构

【显微镜的使用】

1. 取镜和放镜

取镜时应右手握住镜臂，左手平托镜座，保持镜体直立，不可歪斜。一般应将显微镜放在座位的左侧，距桌边5～10cm处，以便腾出右侧进行观察记录或绘图。注意安放时，动作要轻。

2. 对光

扭转物镜转换器，使低倍镜对准载物台上的通光孔，打开聚光器的光圈，双眼对准目镜注视，调节光源强弱，使视野内的光线既均匀明亮，又不刺眼。

3.放玻片

将要观察的玻片标本，放在载物台上，用压片夹压住玻片的两端，将玻片中的标本正对通光孔的中心。

4.低倍镜观察

观察任何标本，都必须先用低倍镜。低倍镜视野范围大，容易发现和确定需要观察的部位。两眼从侧面注视物镜，旋转粗准焦螺旋，使载物台缓缓上升，直到物镜接近玻片标本为止，绝对避免物镜与标本相撞。双眼在目镜中观察，同时反向转动粗准焦螺旋，使载物台下降，直到看到标本物象为止。可稍稍转动细准焦螺旋，使看到的物像更加清晰。焦点调节好后，可根据需要移动玻片，把要观察的部分移动到最有利的位置。找到物像后，还可根据材料的厚薄、颜色、成像的反差强弱等情况来调节聚光器和细准焦螺旋，以便得到最佳的观察图像。

5.高倍镜观察

观察细微结构时，需要使用高倍镜。使用高倍镜前，先在低倍镜下将选好的目标调整到视野的中央，转动物镜转换器，换用高倍镜进行观察。转换高倍镜后，一般只要略微调节细准焦螺旋，就能看到清晰的物像。由于高倍镜使用时与玻片间的距离很近，因此，操作时要特别小心，防止镜头碰击玻片，造成镜头和玻片的损坏。

6.油镜观察

对于细菌等形体较小的物体观察时必须借助油镜方能观察清楚。使用前先通过低倍镜和高倍镜观察，将待检部位移至视野中央。降低载物台约1.5cm，将油镜转入光路。在标本的待检部位滴加一滴香柏油。从侧面注视，用粗准焦螺旋将载物台小心缓慢上升，使镜头浸润在香柏油中。从目镜观察，用粗准焦螺旋降低载物台，直至视野中出现物像，再用细准焦螺旋微调至物像清晰为止。

7.调换玻片

观察时如需要调换玻片，用粗准焦螺旋将载物台下降，取下原玻片，换上新玻片，重新从低倍镜开始观察。

8.使用后整理

观察完毕，先用粗准焦螺旋下降载物台，取下玻片，再旋转物镜转换器，使物镜镜头偏于两旁。特别要注意检查物镜是否沾水沾油，如沾了水或油要用擦镜纸擦净。镜头上残留的香柏油可以用擦镜纸蘸取少量二甲苯擦去，再用擦镜纸擦去二甲苯。检查处理完毕后罩上防尘套，并将显微镜收藏。

【使用显微镜的注意事项】

① 所观察目标的放大倍数等于目镜放大倍数和物镜放大倍数的乘积，该放大倍数指的是长度或宽度，而不是面积或体积。

② 物镜镜头长度与放大倍数成正比，目镜镜头长度与放大倍数成反比。

③ 视野是指一次所能观察到的被检标本的范围。视野的大小与放大倍数成反比，放大倍数越小，视野范围越大，看到的细胞数目越多，工作距离越长；放大倍数越大，视野范围越小，看到的细胞数目越少，工作距离越短。

④ 镜像亮度是指视野里所看到的像的亮暗程度。它与放大倍数成反比，即在光源一定的情况下，放大倍数越大，视野越暗。在用高倍镜观察标本时，根据实际情况可增强光源，以改善视野亮度而使物像明亮清晰。

⑤ 视野中某观察对象位于左前方，如要移到中央，应将装片或切片向左前方移动，即同向移动。因为视野中物像移动的方向与装片或切片移动的方向相反。

⑥ 由低倍镜换高倍镜时，不要直接转动物镜，而是应转动物镜转换器，以防止物镜脱落。

技术二　徒手切片法及临时装片的制备技术

徒手切片法是用手持刀片把植物新鲜材料或预先固定好的材料切成薄片，制成临时装片的方法，是用于观察植物组织的制片技术之一。所作的切片通常不经染色或经简单染色，也可以通过脱水与染色制成永久制片。

徒手切片法的优点是简单、方便，不需要复杂的设备，制片迅速，不经化学药物的处理，基本上保留了植物活体的状态，能观察到植物组织的自然色泽和活体结构，常用于研究植物解剖结构、细胞组织化学成分、植物资源鉴定等。同时，它具有利于临时观察、能够较快得到结果的优点。缺点是体积过小、太软、太硬的材料难以制作切片，而且不能制成连续切片。

【徒手切片法】

1. 实验器材

双面刀片或单面刀片、小培养皿、夹持物、镊子、解剖针、植物组织等。

2. 取材

选择软硬适度、有代表性的材料，先截成适当的段块。一般直径大小以3～5mm、长度以20～30mm为宜。太硬的材料不宜切，太软的材料可用马铃薯、萝卜或胡萝卜等夹持物夹住一起切。

3. 切片

用左手拇指、食指和中指夹住材料，使其稍突出在手指之上，拇指稍低于食指，以免刀口损伤手指。材料和刀刃上蘸水，使其湿润。右手拇指和食指横向平握刀片，刀片与材料断面平行，刀刃放在材料左前方稍低于材料断面的位置，以均匀的力量和平稳的动作从左前方向右后方拉切（图1-2）。动作要敏捷，材料要一次切下，不要中途停顿。切片过程中，要注意常用清水湿润材料和刀片，使之润滑，否则材料易破损。切片时两手不要紧靠身体或压在桌上，用臂力而不用腕力，手腕不要动，靠肘、肩关节的屈伸来切片，忌拉锯式切割。每切2～3片把刀片上的薄

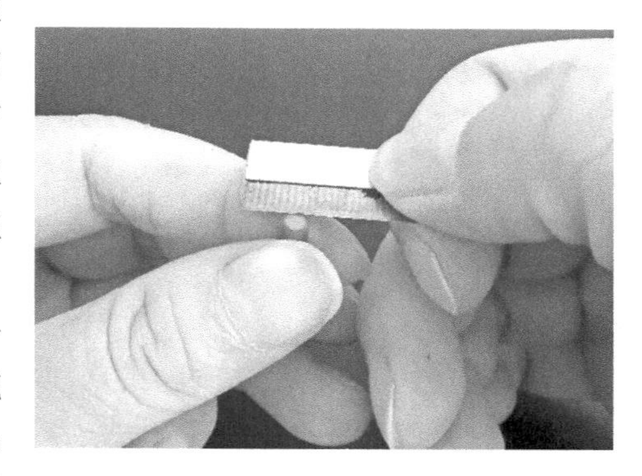

图1-2　徒手切片法的手势

片用湿毛笔移入盛有清水的培养皿中暂存备用。如发现材料切面出现倾斜，应修平切面后再继续。

4. 选片与固定

切下的切片，用肉眼选择薄而透明的粘在清洁载玻片上，依次在低倍镜下选定。选择较完整，厚薄较一致的，各组织结构能分辨清楚的切片。如果只作临时观察，可封藏在水中进行观察。若要更清楚地显示其组织和细胞结构，可选择一些切片进一步通过固定、染色、脱水、透明及封藏等步骤，做成永久玻片标本。

【临时装片的制备】

1. 擦载玻片

用左手的拇指和食指捏住载玻片的边缘，右手用纱布或软纸巾将载玻片上下两面包住，反复擦拭，擦好后放在干净处备用。

如果载玻片已经用过，可按照如下方法清洗。将载玻片放在洗洁精水溶液中持续浸泡，用软布洗刷干净，而后用清水冲洗。再将载玻片在0.2% HCl溶液中浸泡4h以上，清水冲洗干净后放在95%酒精中再次浸泡，取出后自然晾干或擦干后备用。

2. 擦盖玻片

左手拇指和食指轻轻捏住盖玻片的一角，右手拇指和食指用纱布或软纸巾把盖玻片包住，然后从上下两面慢慢进行擦拭。注意用力一定要小而均匀，以免擦碎盖玻片。

3. 滴水

将载玻片平放在桌面上，用滴管滴一点水或其他溶液（根据需要）于载玻片的中央（图1-3a）。水可保持材料呈新鲜状态，避免失水皱缩，同时使物像透光均匀从而更加清晰。

4. 取样

将观察材料放于载玻片上的液滴中，材料不要过多或过大，用镊子展平不重叠（图1-3b）。

5. 盖盖玻片

右手持镊子，轻轻夹住盖玻片的一角，使盖玻片的边缘与液滴的边缘接触，然后慢慢倾斜下落，最后平放于载玻片上，尽量避免气泡的产生（图1-3c和图1-3d）。如有气泡，可用镊子从盖玻片的一侧掀起，然后再慢慢重新盖上。如果盖玻片下的液体过多，可用吸水纸将多余的液体吸掉。

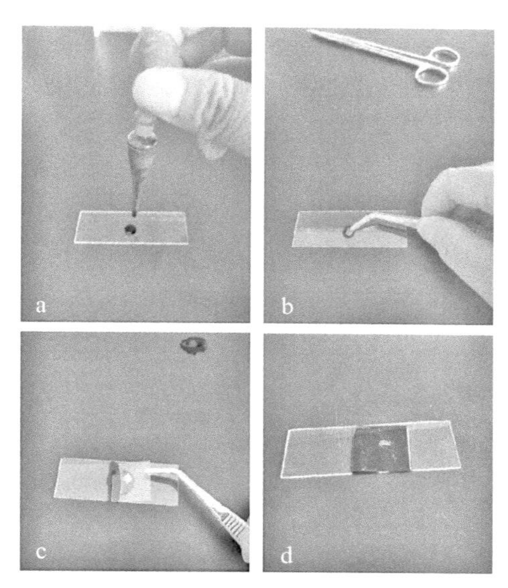

图1-3 临时装片的制作过程

良好的装片标准是：材料平整，不折叠，液体适宜，无气泡。

注意：取样时观察材料可通过撕剥法、涂片法、压片法、徒手切片法、离析法等方法获得。

（1）撕剥法

撕剥法是用镊子轻轻撕取薄而均匀的植物材料，适合观察表皮细胞、表皮毛、气孔等结构。

（2）涂片法

用刀片在植物材料上轻轻刮取，而后在载玻片溶液中轻轻涂抹一薄层。此法适合观察马铃薯块茎、梨果肉、板栗种子等材料内淀粉粒等贮存结构。

（3）压片法

将小块植物组织放在载玻片溶液中，盖上盖玻片，用镊子或铅笔等在材料正上方轻轻敲击，直至分散成均匀薄层后置显微镜下观察。适合观察幼嫩组织，如花药、花柱等。在观察植物细胞有丝分裂、植物细胞遗传学等方面的研究中应用也极为普遍。

（4）离析法

在观察植物不同组织的细胞形态和特征时，切片法往往不能得到单个细胞的立体形态，因此常用离析法获得分散的细胞。用某些化学药剂配成离析液，使植物细胞的胞间层溶解，细胞彼此分离，获得分散的、单个的完整细胞，这种化学处理方法叫作组织离析法。植物材料不同，离析液也不同，常用的主要是铬酸-硝酸离析液，主要适用于木质化组织，如导管、管胞、纤维、石细胞等。

10%铬酸和10%硝酸等量混合，配制成铬酸-硝酸离析液。离析前将材料洗净，切成火柴杆粗细、长约1cm的小条（如根茎），放入小玻璃管中，加入材料体积约10～20倍的离析液，盖紧瓶塞，置于30～40℃温箱中。1～2d后取少许置载玻片上，滴水加盖玻片后，轻轻敲压盖玻片，若材料离散，表明浸渍可停止。如果材料仍未离析好，则可换新的离析液，继续浸渍1～2d。材料离析好后，倒去离析液，用清水反复多次清洗，直到没有任何黄色为止，然后移到70%酒精中保存备用。

技术三　植物学绘图方法

在实验报告中，或者在科学研究中，需要用一些结构图或者轮廓图来表示组织或器官的结构。植物绘图是通过绘图的方式，表现植物的一些重要形态解剖特征的常用方法，是学习植物学必须掌握的技能，也是从事植物形态解剖以及分类学研究必备的常用技能之一。尽管目前显微摄影已很普遍，但有时候也需要简洁的线条图使显示的结构更加清晰。因此，植物学实验学习过程中有必要掌握正确的绘图方法和技巧。

【绘图的基本要求】

1. 科学性和准确性

绘制植物图不同于美术创作，它必须具有严密的科学性，能真实、准确地反映出观察和研究材料的主要特征。绘图时要认真观察绘图对象，正确掌握对象各部分特征。同时，注意区分正常结构和偶然结构，选择有代表性的典型部位进行绘图。

2. 点、线清晰流畅

生物绘图一般不涂阴影，只用清晰、均匀的点和线表示。线条要一笔画出，粗细均匀，光滑清晰，接头处无分叉和重线条痕迹，忌重复描绘。颜色的淡、暗用点的疏密表示。点要圆而整齐，大小均匀。整个绘图过程要保持绘图铅笔尖圆。图纸和版面要整洁清晰。

3. 比例正确

要按照植物各器官、组织以及细胞等各部分构造原有比例绘图，并注明绘图比例。

4. 突出主要特征

重点描绘植物的主要形态特征，其他部分可仅绘出轮廓以表示其完整性。

5. 标注准确

图注一律用正楷体书写，尽量详细。在图中适当位置用水平直线引出，最好在图的右侧标注，须整齐一致。图题和所用材料信息写在图的下方。注字及画图一般用HB、2H或3H铅笔，不要用钢笔、圆珠笔或彩色铅笔等。

【绘图的一般步骤】

1. 构图

根据所要表达的植物材料的内容要求，首先在绘图纸上做适当的布局，安排图形的大小和位置，设计好所要绘制的各个部分所占位置，避免因画图设计不合理造成排列的混乱与失衡。绘图的位置一般安排在图纸的左上方，并在右方和下方分别留好图注和图题的位置。

一般要尽可能把图画大一些。如果所画为细胞图，只画1～2个完整细胞即可。如果所画为器官结构图，只画1/8～1/4部分即可。

2. 先绘草图再绘成图

选好绘图的部分和位置后，先在纸上用铅笔轻轻勾画出图形轮廓，表明所绘图的长度和宽度。勾画时，要注意对照观察所画轮廓大小是否与实物相符合。正式绘图时，按顺手的方向动笔，描出与物体相吻合的线条。线条要均匀，最好一次成图。

3. 标注

绘图完毕后在右侧用引线和文字注明各部分名称。在下方注明图题和所用材料的名称及部位。在上方或规定的位置上写上班级、专业、姓名、学号和日期等信息。

技术四　石蜡切片技术

石蜡切片技术是组织学中常规制片技术中最为广泛应用的方法。石蜡切片不仅可用于观察植物组织的形态结构，也是病理学和法医学等学科用以研究、观察及判断细胞组织形态变化的主要方法。教学中，生物显微镜下观察的切片标本多数是石蜡切片法制备的。

石蜡制片的优点是一般的材料都适用，切片薄，能切成连续的蜡带，可以观察到细胞和组织结构的连续变化过程，这是其他方法所不及的。缺点是制片过程复杂，不适合制作比较坚硬的材料，如木材切片、竹林切片等。

活的细胞或组织多为无色透明，各组织间和细胞内各结构间均缺乏反差，在一般光镜下不易清楚区分。组织离开机体后很快就会死亡并产生组织腐败，失去原有正常结构。因此，组织要经固定、石蜡包埋、切片及染色等步骤才能清晰辨认其形态结构。

石蜡切片的制作过程主要包括：取材、固定、脱水、透明、透蜡、包埋、切片、贴片与烤片、脱蜡、染色、脱水透明、封片等步骤。

【取材】

采集材料应根据制片的目的和要求而定，材料要有代表性，无病虫害或其他损伤，如要观察病理解剖，则要取病斑、病症部位。采集的材料应立即放在标本箱或用湿布包起带回实验室进行分割固定（如有条件也可在试验地采集后进行分割固定）。为使固定液能迅速地渗透材料，材料要进行分割。分割时动作要迅速，以防材料萎蔫。分割块的大小，宜小不宜大。

材料的好坏直接影响到切片的质量，无论取哪一种植物材料，必须注意：植物材料选择时须尽可能不损伤植物体或所需要的部分；取材必须新鲜，这一点对于从事细胞生物学研究尤为重要，应该尽可能切取生活组织，并立即投入到固定液中；切取材料时刀要锐利，避免因挤压使细胞受到损伤；切取的材料应该小而薄，便于固定剂迅速渗入内部。一般厚度不超过2mm，大小不超过5mm×5mm。

【固定】

组织和细胞离开机体后，在一定时间内仍然延续着生命活动，会引起病理变化直至死亡。为了使标本在形态结构和成分方面保持与生活状态一致，必须尽早地用某些化学药剂迅速地杀死组织和细胞，阻抑上述变化，并将结构成分转化为不溶性物质，防止某些结构的溶化和消失。这种处理就是固定。除了上述作用外，固定剂会使组织适当硬化以便于随后的处理，还会改变细胞内部的折射系数并使某些部分易于染色。

固定剂的作用表现在对材料体积的改变、硬化的程度、穿透的速度以及对染色的影响等方面。这些作用的好坏、大小，都依所固定的材料性质而定，同样一种固定液对某一材料来说是良好的，但对另外一些组织可能就不太适用。良好的固定剂必须具备的特征是：穿透组织的速度快，能将细胞中的内含物凝固成不溶解物质，不使组织膨胀或收缩以保持原形，硬化组织的程度适中，增加细胞内含物的折光度，增加媒染和染色能力，具有长期保存材料的作用。

固定剂有简单固定剂和混合固定剂的区分。简单固定剂即只用一种试剂固定，常用的有乙醇、甲醛、冰醋酸、升汞、苦味酸、铬酸、重铬酸钾和锇酸等。简单固定剂的局限性较大，如将其适当混合，制成复合固定剂可以取得更好的效果。混合固定是指用两种或两种以上的试剂混合在一起进行固定。常用的是卡诺固定液（无水乙醇体积：冰醋酸体积=3：1）和FAA固定液［福尔马林（5mL）：冰醋酸（5mL）：70%乙醇（90mL）］。FAA固定液固定幼嫩材料时可用50%乙醇替代70%乙醇，防止材料收缩，还可以加入5mL甘油以防止蒸发和材料变硬。用FAA固定液固定，时间至少24h。FAA固定液既是良好的固定剂，也是保存剂，因此材料可长期保存在固定液中备用。卡诺固定液穿透力强，固定较小材料一般1～6h即可，最多不超过24h。因卡诺固定液不能做保存剂，所以固定后要将材料转入70%的酒精中保存备用。

固定剂的种类甚多，必须依据各种固定剂的性能及制片的不同要求来加以选择。固定时，须注意以下几点：

① 固定剂应有足够的量，一般为组织块体积的10～15倍。

② 如所固定的材料外表有不易穿透的物质，可将材料先在含乙醇的溶液中固定几分钟，再移入水溶性的固定液。

③ 材料固定后如不立即下沉，可将其中气泡抽出。组织、细胞中都有空气，会阻止固定剂渗透到组织中，使固定不全面和不彻底，影响后续的浸蜡、切片等过程。抽气最好用抽气泵抽气，简易的可以用针筒抽气。

④ 固定时间依材料大小、固定剂种类而异，可从1小时到几十小时不等，有时中间需要更换固定剂。某些固定剂对组织的硬化作用较强，作用时间应严加控制，不能过长。

⑤ 一般固定剂都以新配制的为好，用过的不能再用。混合固定剂如果由甲、乙两种溶液混合而成，一定要在使用前才混合。

⑥ 固定完毕，根据所用固定剂的不同，用水或乙醇冲掉残留的固定剂，以免固定剂形成沉淀，影响后续组织块的染色。

【洗涤与脱水】

固定后的组织材料需除去留在组织内的固定液及其结晶沉淀，否则会影响后期的染色效果，该步骤称作洗涤。使用含有苦味酸的固定液固定的组织需用酒精多次浸洗；使用酒精或酒精混合液固定的组织，则不必洗涤，可直接进行脱水。

固定后或洗涤后的组织内充满水分，若不除去水分则无法进行以后的透明、浸蜡与包埋处理，原因在于透明剂多数是苯类，苯类和石蜡均不能与水相融合，水分不能脱尽，苯类无法浸入。脱水剂必须能与水以任何比例相混合。脱水剂有两类：一类是非石蜡溶剂，如乙醇、丙酮等，脱水后必须再经过透明，才能透蜡包埋；另一类是兼石蜡溶剂，如正丁醇，脱水后即可直接透蜡。乙醇为常用脱水剂，它既能与水相混合，又能与透明剂相混合，价格便宜，易于得到。为了避免剧烈扩散引起组织的强烈收缩，脱水步骤应从低到高以一定的浓度梯度进行。通常从30%或50%乙醇开始，经70%乙醇、85%乙醇、95%乙醇脱水（此时可加少许番红，使组织着色便于包埋时定位），最后用无水乙醇脱水（在无水乙醇中时间宜短），每次时间为1至数小时。如不能及时进行各级脱水，材料可以放在70%乙醇中保存，因为低浓度乙醇易使组织变软、解体，高浓度乙醇有脆化组织作用，放置时间不能过长。另外，脱水必须在有盖的瓶中进行，以防止高浓度乙醇吸收空气中水分导致浓度降低而使脱水不彻底。丙酮也是很好的脱水剂，其作用和用法与乙醇相同，不过其脱水力和收缩力都比乙醇强，且不能溶解石蜡，仍需要经过二甲苯或其他透明剂，才能进行浸蜡和包埋。甘油常用于藻类、菌类及柔弱材料的脱水。

脱水注意事项：

① 脱水一定要脱干净、彻底，否则石蜡很难进入而导致不能切片。

② 脱水时间长短要合适，太短脱不彻底，太长低浓度乙醇容易使细胞变软、膨胀，太长高浓度乙醇则使细胞收缩、变脆，影响切片。

③ 梯度不能太大，最后无水乙醇脱水要2～3次，以保证脱水完全。

正丁醇、叔丁醇和二氧六环等也可做脱水剂。二氧六环为无色的石蜡溶剂，对组织没有收缩及硬化等不良后果，但其蒸气有毒，使用时须小心。正丁醇可与水及乙醇混合，亦为石蜡溶剂，其优点是很少引起组织块的收缩与变脆，也不必再透明，而且比融化的石蜡轻，包埋时很容易从组织中除去，可简化脱水、透明等过程，已经逐步替代酒精，但是价格比酒精贵。叔丁醇的性质、作用和用法同正丁醇，但因其价格昂贵很少使用。

【透明】

透明的目的是将脱水剂从材料中除去，使材料透明，增加折光系数；同时便于下步的浸蜡和包埋等程序（因为脱水剂不能溶解石蜡）。透明剂是一种既能与脱水剂混合，又能与包埋剂混合的药剂。

常用的透明剂有二甲苯、苯、氯仿、正丁醇等，各种透明剂均是石蜡的溶剂。二甲苯作用较快，透明力强，是最常用的透明剂，但组织块在其中停留过久，容易收缩变脆变硬，同时若脱水不净，就会出现乳状浑浊，产生严重后果，在应用时必须特别小心。通常采用逐级进行原则，这样可减少上述的缺点。一般步骤是：2/3无水乙醇+1/3二甲苯→1/2无水乙醇+1/2二甲苯→1/3无水乙醇+2/3二甲苯→二甲苯（两次），每级停留时间0.5～2h或更长些。

材料经过透明，会显示出前一步脱水的效果如何。若脱水彻底，组织显现透明状态；如组织中有白色云雾状，说明脱水不净，须返工处理，但返工的效果往往不好。

透明剂的浸渍时间要根据组织材料块大小及性质而定。如果透明时间过短，则透明不彻底，石蜡难于浸入组织；透明时间过长，则组织硬化变脆，就不易切出完整切片。透明最长为数小时。使用二甲苯透明时，应避免其挥发和吸收空气中的水分，并保持其无水状态。甲苯和苯的性能与二甲苯相似，可以替代二甲苯。

【透蜡】

用石蜡取代透明剂，使石蜡浸入组织起支持作用。常用包埋剂是石蜡。透蜡过程是使石蜡慢慢溶于浸有材料的透明剂中，溶解在透明剂中的石蜡渐渐渗入到材料的细胞中去，最后使透明剂完全被石蜡取代，以便切片。操作中最重要的是使融化的石蜡完全浸入到细胞的每个部分，并使石蜡紧密贴在细胞壁的内外，成为不可分离的状态，这样切片时材料不会切坏。如果透蜡不彻底，材料中有空洞，就不易切出完整切片。

通常石蜡采用熔点为56～58℃或60～62℃两种，可根据季节及操作环境温度来选用。材料最后一次二甲苯透明后即可浸蜡，通常先把组织材料块放在熔化的石蜡和二甲苯的等量混合液中浸渍1～2h，再先后移入2～3次熔化的石蜡液中浸渍3h左右，浸蜡应在高于石蜡熔点3℃左右的温箱中进行，以利石蜡浸入组织内。透蜡的关键是控制温度的恒定，切忌忽高忽低，温度过低石蜡凝固无法渗透，温度过高组织收缩发脆。透蜡后的材料即可放在装有蜡液的容器中包埋。切记要回收废蜡，并标注清楚。

【包埋】

包埋是将透蜡的组织块包裹在石蜡中。具体做法是：先准备好容器，将熔蜡倒入容器内，迅速用预温的镊子夹取组织块放在纸盒底部（摆好在蜡中的位置），再轻轻提起纸盒，平放在冷水中，待表面石蜡凝固后立即将纸盒按入水中，使其迅速冷却凝固，30min后取出。包埋用蜡的温度应略高于透蜡温度，保证组织块与周围石蜡完全融为一体。石蜡的迅速冷却也很重要，否则包埋块中将会产生结晶，以后切片时引起碎裂。

石蜡的性质与切片的好坏有密切的关系，一定要根据具体情况选择石蜡。石蜡熔点越高，质地越疏松，切片时越容易碎，且不易切成蜡带；石蜡太软时，容易使切出来的蜡带皱缩，粘片时很难展平，不能制得完好的切片。材料较硬时，用熔点较高的石蜡包埋；切片较薄时（在8μm以下），用熔点较高的石蜡包埋；夏季采用熔点较高的石蜡包埋，冬季用熔点较低的石蜡包埋。

包埋用的容器可用光亮且厚的纸折叠成纸盒（图1-4）或金属包埋框盒。如果包埋的组织块数量多，应进行编号，以免出现差错。石蜡熔化后应在蜡箱内过滤后使用，以免因含杂质而影响切片质量，且可能损伤切片刀。包埋好后的蜡块可置于4℃冰箱中保存，备用。

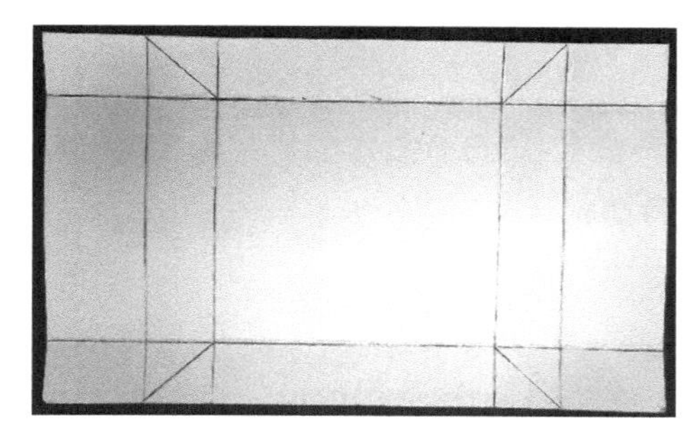

图1-4　包埋用纸盒折叠过程

【切片】

1. 修蜡块和粘蜡块

在包埋以后，就可进行切片。包埋好的石蜡块在切片机上进行切片前还须进行固着和整修。包埋好的蜡块用刀片修成规整的四棱台，以少许热蜡液将其底部迅速贴附于小木块（1cm×2cm×2cm）上，并使组织块朝外，便于以后迅速切出所需的片子。蜡块中的材料要在蜡块的中央，绝对不能使材料直接露出来。

用刀片将固着的包埋块四周修平，使上下两面修成平行面，常保留组织周围附着2～3mm宽的石蜡，而修好的蜡块呈长方形。

2. 切片

切片机是用来做各种组织切片的一种专门设计的精密机械，常用的是旋转式切片机，它的夹物部分是上下移动前后推进的，而夹刀部分则固定不动。切片时切片刀固定不动，转动转轮，标本台上下运动并按调好的切片厚度向前推进一定的距离，组织块上下运动一次，便在刀片上得到一张合乎厚度要求的切片。

切片前，选择刀口平整无缺刻的部分来进行切削。将所要切的包埋块固定在标本台上，使包埋块外切面与标本夹截面平行，并让包埋块稍露出一截。将刀台推至外缘后松开刀片夹的螺旋，上好刀片，使切片刀平面与组织切面间呈15°左右的夹角，包埋块上下边与刀口平行。在微动装置上调节切片要求的厚度（一般为4～7μm），将刀台移至近标本台处，让刀口与组织切面稍稍接触，这时就可以开始切片了。

右手转动转轮，左手持毛笔在刀口稍下端接住切好的切片，并托住切下的蜡带，待蜡带形成一定长度后，右手停止转动，持另一支毛笔轻轻将蜡带挑起，平放于衬有黑纸的纸盒内，注意切片速度不宜太快，摇动转轮用力应均匀，防止切片机震动厉害引起切片厚薄不均匀，还应注意转动的方向，以防标本台后移而切不到组织。切片完毕，应及时用氯仿将切片机的有关部分擦净。

【贴片与烤片】

切下来的切片经过镜检（根据情况也可不检），将符合要求的切片用粘贴剂粘在洁净的载玻片上，以免在以后的步骤中二者滑脱开。

常用的粘贴剂有以下几种：

（1）明胶粘贴剂：使用最为广泛。

溶液甲：1g明胶（粉状）溶解于100mL（36℃）蒸馏水中，再加入2g石炭酸（结晶）和15mL甘油，充分搅拌溶解后，滤纸过滤。

溶液乙：4mL甲醛（40%浓度）加入100mL蒸馏水中，即为4%的甲醛。可以对材料和明胶起到防腐作用。

使用时，在擦净的载玻片上滴上1/4～1/3滴溶液甲，用干净的手部将其涂抹均匀，再加大滴溶液乙，然后将蜡片放在液面上（蜡片的光面向下）使之漂浮，再将载玻片放在展片台上（36～45℃左右），蜡片受热后就会慢慢伸平。这一过程称为展片。展片之后，再用滤纸吸去多余的溶液，或在展片台上停留，使多余的溶液蒸发，材料紧贴在载玻片上，这就是贴片。最后从展片台上取下载玻片，让载玻片进一步在通风处风干或烘干。通常载玻片要自然风干约10天以上，才能进入下一步的染色。如果干燥不彻底，在后续的染色等过程中材料会从载玻片上脱落。

注意：使用时明胶液不能多，多反而不粘；展片台的温度如果超过45℃，载玻片上的蜡就会熔化，后续脱蜡困难，难以染色，而且材料会发脆。

（2）火棉胶粘贴剂

火棉胶1～2g溶解在无水乙醇和乙醚各半的混合液中，即为火棉胶粘贴剂。

较厚的材料（如木材切片、种子切片等），如果只用普通的粘贴剂贴片，往往容易脱落。可以在上述操作的基础上（干后），再用1% ～ 2%的火棉胶粘贴剂滴在材料上，并使之干燥。染色时，可用石炭酸与二甲苯（1 ∶ 4）混合液除去石蜡，再置入95%的酒精，顺次进行染色。

（3）蛋白粘贴剂

新鲜鸡蛋清25mL+甘油25mL+水杨酸0.5g（为防腐剂）。

鸡蛋打孔，倒出蛋清，加入甘油和防腐剂，用力摇动，产生很多泡沫，静止片刻，使泡沫上升到液面，倒去泡沫或用纱布过滤即可。此粘贴剂在动物上应用更广，在植物上效果也很好。

贴片一般有捞片法和烫板法。

（1）捞片法

首先将切片分割开，投入48℃的温水浴中，这时切片都浮在水面上，由于表面张力的作用切片自然展平，然后用涂有粘贴剂的载玻片倾斜着插入水面去捞取切片，使切片贴附在载玻片的合适位置，于室温下放置一昼夜后使其彻底干燥。

（2）烫板法

在涂有粘片剂的载玻片上涂上水，把已分割好的切片贴上去，再置载玻片于35℃恒定的烫板上让切片摊开，倾斜载玻片并用吸水纸吸去水分，最后将载玻片再次放在烫板上晾干。

注意：不管是使用捞片法还是烫板法，所用的载玻片必须洁净，不能有油污。

【脱蜡、染色、脱水透明和封片】

染色的目的是使细胞组织内的不同结构呈现不同的颜色以便于观察。未经染色的细胞组织折光率相似，不易辨认。经染色可显示细胞内不同的细胞器和内含物以及不同类型的细胞组织。染色剂种类繁多，应根据观察要求及研究内容采用不同的染色剂及染色方法，还要注意选用适宜的固定剂才能取得满意的结果。

干燥后的切片需脱蜡及水化才能在水溶性染液中进行染色，是透明的逆过程。用二甲苯脱蜡，再逐级经无水乙醇及梯度乙醇直至蒸馏水脱蜡。如果染料配制于乙醇中，则将切片移至与乙醇近似浓度时，即可染色。由于切片十分薄，处理的时间大大减少，一般每级停留约2 ～ 5min。

染色后的切片尚不能在显微镜下观察，需经梯度乙醇脱水，在95%及纯乙醇中的时间可适当加长以保证脱水彻底；如染液为乙醇配制，则应缩短在乙醇中的时间，以免脱色。二甲苯透明后，迅速擦去材料周围多余液体，滴加适量（1 ～ 2

滴）中性树胶，再将洁净盖玻片倾斜放下，以免出现气泡，封片后即制成永久性玻片标本，在光镜下可长期反复观察。

下面以植物生物学中观察组织结构最常用的番红-固绿染色法说明脱蜡、染色、脱水透明和封片的过程：

二甲苯→二甲苯（每次均10～15min）→1/3无水乙醇+2/3二甲苯（1～2min）→1/2无水乙醇+1/2二甲苯（1～2min）→2/3无水乙醇+1/3二甲苯（1～2min）→无水乙醇两次（每次1～2min）→95%、85%、70%、50%梯度乙醇复水（每级1～2min或更长）→50%乙醇配制的1%番红染色1h→50%、70%、85%、95%梯度乙醇脱水（每级1～2min或更长）→95%乙醇配制的0.1%固绿复染2～5s→95%乙醇脱水1～2min→无水乙醇两次（每次1～2min）→2/3无水乙醇+1/3二甲苯透明（1～2min）→1/2无水乙醇+1/2二甲苯透明（1～2min）→1/3无水乙醇+2/3二甲苯透明（1～2min）→二甲苯→二甲苯（每次均10～15min）→加拿大树胶封片→贴标签镜检及保存。

技术五　植物标本的采集、制作和保存

制作植物标本是解决植物学教具问题的有力手段之一。课堂教学中若有植物的活体，更加利于学生加深认识。使用植物标本，能够避免部分植物具有区域性、季节性的限制。同时，植物标本保存了植物的形状与色彩，以便日后的重新观察与研究。少数植物标本也具有收藏的价值。

【标本采集用具】

① 标本夹：标本夹是压制标本的主要用具之一（图1-5），夹板长50cm，宽45cm。它的作用是将吸湿纸和标本置于其内压紧，使花叶不致皱缩凋落，而使枝叶平坦，容易装订于台纸上。标本夹用坚韧的木材为材料，配以绳带。

② 枝剪或剪刀：用以剪断木本或有刺植物。

③ 高枝剪：用以采集徒手不能采集到的乔木上的枝条或陡险处的植物。

④ 采集箱、采集袋或背篓：用以临时收藏采集品。

⑤ 小铁锹：用来挖掘草本及矮小植物的地下部分。

⑥ 吸湿纸：即普通草纸，用来吸收水分，使标本易干，最好采购大张的吸湿纸。

⑦ 记录簿、号牌：用以野外记录用，记录采集地点、环境等。

⑧ 其他：标签纸、照相机、海拔仪、罗盘、望远镜、地形图、钢卷尺等。

图1-5　标本夹

【标本采集方法】

选取有代表性的植物体的各部分器官，尽可能选择根、叶、茎、花、果实，因为花和果实是鉴定植物的主要依据，同时还要尽量保持标本的完整性。如果有

用部分是根和地下茎或者树皮，也必须同时选取压制。

① 草本或矮小的灌木：要连根掘出，采集全株。

② 较高的木本植物：可分为上、中、下三段采集，使其分别带有根、茎、叶、花（果实），而后合为一个标本。

③ 藤本植物：可剪取中间的一段，在剪取时应注意标示它的藤本状态。

④ 寄生植物：须连同寄主一起采压，并且将寄主的种类、形态、同被采集的寄生植物的关系等记录在记录簿上。

⑤ 水生植物：有地下茎的应采取地下茎，这样才能显示出花柄和叶柄着生的位置。但采集时必须注意有些水生植物全株都很柔软且脆弱，一提出水面，它的枝叶即彼此粘贴重叠，带回室内后常失去其原来的形态。因此，采集这类植物时，最好整株捞取，用塑料袋包好，放在采集箱里，带回室内立即将其放在水盆中，等到植物的枝叶恢复原来形态时，用一张旧报纸，放在浮水的标本下轻轻将标本提出水面后，立即放在干燥的草纸里压制。

⑥ 苔藓植物：苔藓植物是用孢子繁殖，采集的时候，要注意采集到生有孢子囊的植株；如果有长在地面上的匍匐主茎，也一定要采下来。苔藓类若长在树干、树枝上，要连树枝树皮一起采下来。苔藓类有的单生，有的几种混生，但是必须每一种做成一份标本。在野外如果分不清单生或混生，可以分别采集，并且分别编号。孢子囊没有成熟的，精子器和颈卵器没有长成也要采，这在研究形态发育方面是必须用的资料。标本采好以后，要一种一种地分别用纸包好，放在软纸匣里，不要夹，也不要压，保存它们的自然状态。

⑦ 蕨类植物：蕨类植物的分类是根据孢子囊群的构造、排列方法、叶的形状、根茎特点等，所以要采集带着孢子囊和根茎的全株。此外，在压制的时候，要把部分叶片背面向上。如果植株太大，可以采叶子的一部分（但要带尖端、中脉和一侧的一段）、叶柄基部和部分根茎，把植物的高度、阔度、裂片数目及叶柄的长度等记在记录簿上。

【植物标本的制作】

制作植物标本的方法很多，总的来说可分为浸制与干制两大类。

1. 植物浸制标本制作

浸制标本就是把植物或植物的花、果沉浸在浸制液中而制成。把标本用清水洗净，缚在玻璃片上，然后将其沉入盛有药液的标本瓶中。瓶口用封合剂（如石蜡）封严。最后在瓶子上端贴上标签，写上科名、学名、中文名、产地、采集时间、制作人等。浸制标本做好后，应放在阴凉不受日光照射处妥善保存。

用浸制法保存植物标本，关键在于保色、防腐。植物标本浸液有以下几种：

（1）普通标本液浸法

用福尔马林50mL、乙醇300mL，加蒸馏水2000mL配制而成。这种浸液可使植物标本不腐烂、不变形，但不能保色。主要用于浸泡教学用的实验材料。

（2）绿色标本液浸法

把醋酸铜粉末徐徐加入50%冰醋酸溶液中直至饱和，作为原液。原液加水3～4倍后，放在容器内加热至85℃，然后将标本放入，由于醋酸把植物叶绿素分子里的镁分离出来，使标本开始褪色。随着醋酸铜中的铜原子代替了叶绿素分子中的镁，植物体又重新显现出绿色。此时应及时取出，用冷水冲洗干净，放进5%福尔马林液中，用溶蜡封闭标本瓶口，即可长期保存。

如果植物比较细嫩而不便加热，可将材料在50%乙醇90mL、甲醛5mL、甘油2.5mL、冰醋酸3.5mL和氯化铜10g的保存液中浸泡即可。

如果植物表面被有蜡质而不易浸渍，则可用饱和的硫酸铜溶液750mL，加40%福尔马林液500mL，再加蒸馏水250mL混合，将标本放入其中约10d后取出，用清水冲洗，再浸入5%福尔马林液中保存。此外，还可以将标本放入5%甲醛和5%硫酸铜的混合液中，置1～5d，使硫酸铜浸入植物体内而着色，取出后再放入5%福尔马林液中保存。

植物的绿色果实，可先在硫酸铜85g、亚硫酸28.4mL、蒸馏水2485mL的混合液中浸泡3周后，再放入亚硫酸284mL、水3785mL的保存液中长久保存。

（3）黑紫色标本液浸法

甲醛500mL，饱和氯化钠溶液1000mL，再加蒸馏水8500mL，待静置后将沉淀滤出，即可做浸液保存黑、紫及紫红色植物标本。

另一种方法是用甲醛10mL，饱和盐水20mL和蒸馏水175mL混合而成的浸液，经试用对紫色葡萄标本有良好的保色效果。

（4）白色或黄色标本液浸法

用饱和亚硫酸500mL、95%酒精500mL和蒸馏水4000mL配成溶液，此液有一定的漂白作用，液浸后标本较原色稍浅一些，但增加了标本的美感，用以浸制梨的果实标本效果较好。若浸淡绿色的标本可在1000mL浸制液中加入2～3g硫酸铜使浸制液呈淡蓝色后使用。

（5）红色标本浸制法

用硼酸450g、75%～90%酒精2800mL、甲醛300mL和蒸馏水400mL配成混合液，也可以用6%亚硫酸4mL、氯化钠60g、甲醛8mL、硝酸钾4g、甘油240mL和蒸馏水3875mL来保存。

（6）无色透明标本浸制法

将标本放在95%酒精中，在强烈的日光下漂白，并不断更换酒精，直至植物体透明坚硬为止。

2. 植物干制标本制作

浸制的瓶装植物标本在使用、移动、保存以及对外交流等方面有很多不便，所以大多数还是采用干制法制作标本。干制方法很多，如蜡叶标本、植物叶片拓印法、乳胶（醋酸乙烯乳液）黏制法和风干标本制作法等，其中以蜡叶标本最为普遍。蜡叶标本是取带有花果的植物枝叶或其全体，经压平、干燥装贴而成，供植物分类等教学和研究用（图1-6）。

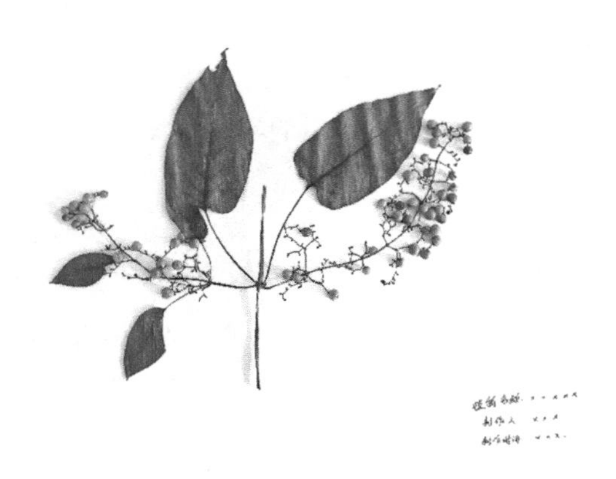

图1-6 植物蜡叶标本

蜡叶标本的制作包括以下几个步骤：

（1）整形换纸

采回的植物要当天整理。压在标本夹中的标本，一层一层地撤去原来的吸水纸，换上干燥的吸水纸。换纸的同时要注意去污去杂，保持标本干净整洁，并仔细调理标本姿态。可适当剪去多余密叠的枝叶，花、叶要展平，叶片既要有正面的，也要有背面的，以便观察。如果叶片太大不能在夹板上压制，可沿着中脉的一侧剪去全叶的40%，保留叶尖；若是羽状复叶，可将叶轴一侧的小叶剪短，保留小叶的基部以及小叶片的着生位。肉质植物如仙人掌等可先用开水杀死。球茎、块茎和鳞茎等先用开水杀死后，切除一半，再压制。

整个标本夹的标本全部整理、换纸后，可在标本夹上压几块砖石，保证压力重而均匀，达到使标本平整和迅速干燥的目的。以后每天换纸1 ～ 2次，不过第二次换纸时标本就应该基本定型，否则枝叶逐渐压干就不便调理姿态了。勤换纸能使标本迅速脱水，对保持标本的色形有重要的作用。反之，换纸不勤，加压不大不匀，易使标本安褪色、变形，甚至发皱、生霉。换下来的吸水纸放在室外晾干，可以反复使用。在比较干燥的室内，一般10天左右即可压干。

（2）固定标本

已经压干的标本，需固定在台纸上保存。台纸选用白色较厚的白板纸，一大张白板纸可按8 ～ 9开裁成若干小张，每张纸面的长宽在36cm×26cm左右。

把植物标本固定在台纸上的具体操作方法如下：

① 合理布局：把标本放在台纸上，根据标本的形态，或直放，或斜放，并留出将来补配花、果以及贴标本签的余地，做到醒目美观，布局合理。

② 选点固定：根据已放好的标本位置，在台纸上设计好需要固定的点。固定点不宜过多，主要选择在关键部位，如主枝、分杈、花下、果下等处，能够起到

主、侧方向都较稳定的作用。

③ 切缝粘条：固定标本可用白色细纸条直接粘在台纸正面上，或切缝粘在台纸背面；也可用橡皮膏或透明胶带粘在台纸正面上，甚至还可用针线缝在台纸上的。

（3）加盖衬纸

为了保护标本不受磨损，通常要在固定完好的标本上加盖一张衬纸。考虑到取用方便，可选用半透明纸，既可防潮，又耐摩擦。衬纸宽度与台纸宽度相同，只是在固定的一端稍长出台纸4～5mm，用胶水涂在台纸上端的背面，然后把衬纸的左、右、下各边与台纸对齐，把上端长出的4～5mm纸折到台纸背面贴齐粘平即可。

用一般无色透明的玻璃纸做衬纸，透明度虽好，但粘着后遇潮易生褶皱，不宜使用。用塑料袋封装各种标本，保存效果也很理想。

（4）贴标本签

制成的蜡叶标本需及时加贴标本签，一般贴在台纸正面的右下方，标签的右边和下边与台纸对齐，或各边距台纸边缘1cm左右。贴标本签也可在加盖衬纸之前进行。

【植物标本的保存】

植物标本的使用范围很广，种类繁多，制作方式各异，所以在保存、管理方面也就有不同的要求。但有一个最基本的要求是一致的，即要在一定的条件下和相当的时期内，使保存的标本在形态、结构方面完整无损。

为此，不论是浸制还是干制的植物标本，在保存期间，都应着重做好防潮、防腐、防虫、防晒，以及全面性的防尘、防火等工作，这样既保存了局部的标本，又维护了全面的安全贮藏。尤其是对某些珍稀标本，更应倍加珍惜、爱护。

1.浸制植物标本的保存

浸制植物标本保存的重点是浸液和封装两方面。

浸制标本要经常注意容器内的标本浸液是否短缺或混浊变质，如有短缺或混浊变质，须及时查明原因，是塞盖损裂还是封装不严，然后添换标本浸液，换去已损裂的塞盖或重新严密封口。

装在一般玻璃瓶（管）内的浸制标本，瓶塞多是软木或橡胶制品，接触时间一久，瓶塞就会老化变质而污染浸液和标本，因此，浸液不应装得太满，要与瓶塞隔开适当距离。例如，存放在指形管的小型标本，其浸液只装到管内容量的2/3即可。

浸制标本的玻璃瓶（管）通常用石蜡或凡士林封口。封口时先把瓶口和瓶塞擦干，略加预热，再把瓶塞浸入溶化的石蜡，瓶口也刷些热石蜡，然后趁热塞紧瓶塞，并在封口处用热石蜡补封一次，涂匀涂平。为了复查瓶口是否封严，可将瓶体稍作倾斜，如在封口处发现有浸液外溢，即表示封闭不严，应立即查明原因，采取补救措施。

为了使瓶口封装更严，可在已经蜡封的瓶塞处蒙上一小块纱布，并再均匀涂上一层热蜡。

各种浸制标本，宜集中放在避光处的柜橱内长期保存，要避免反复移动或强烈震动。

2. 干制植物标本的保存

各种干制标本的保存方法大同小异，但由于制作、使用等方式方法不同，具体保存方法也不完全一样。

（1）蜡叶标本的保存

蜡叶标本的保存主要是防潮、防晒、防虫。标本室内的标本应按照一定的顺序排列，可按分类系统排列，也可按照地区排列等。

放入标本室的标本，要经常或定期查看有无受潮发霉或其他伤损现象，以便及时进行调理。注意流通空气，添换防腐、防虫剂，室内严禁烟火，注意防尘。

（2）植物种子标本的保存

植物种子的标本，应选择成熟、饱满、完整、特征典型的种粒，并在充分干燥以后再保存。

一般展览用的种子标本，多放在玻璃制的种子瓶里，瓶外加贴标本签。也可将各种种子分装在小玻璃瓶（管）内，封好口，贴上小标本签，然后装在玻璃面标本盒中展出。

如果需要长期保存，可以将种子分装在牛皮纸袋内，袋外用铅笔注明标本名称或加贴标本签，然后放进种子标本柜保存。

第2章　植物细胞的结构和功能

细胞是生物体结构和功能的基本单位，它是除了病毒之外所有具有完整生命力的生物的最小单位，可分为原核细胞和真核细胞两类。

细胞由罗伯特·胡克（Robert Hooke）于1665年首次发现。他用自制显微镜观察软木塞薄切片，发现方格状排列的小空间，命名为“细胞”。细胞学说由施莱登（Matthias Jakob Schleiden）和施旺（Theodor Schwann）提出，内容包括：一切动植物都是由单细胞发育而来，并由细胞和细胞产物构成；细胞是一个相对独立的单位，既有它自己的生命，又在它参与组成的整个生命体中起作用；细胞是由先前细胞通过分裂产生的。

植物细胞形态各异，常见的有球形、柱状体、不规则形、纺锤形、多面体形等。典型植物细胞的基本结构可分为细胞壁、细胞膜、细胞质和细胞核。

细胞壁：植物细胞典型的结构，具有保护原生质体、维持细胞一定形状的作用。细胞壁可分为胞间层、初生壁和次生壁。胞间层为相邻的细胞所共有；初生壁位于胞间层的内侧，是细胞生长过程中所产生的；次生壁在细胞停止增大后形成，附于初生壁的内方，有些细胞不具次生壁。

细胞膜：细胞质的界限，紧贴细胞壁，对物质的透过有选择性。

细胞质：细胞膜包围的除细胞核外的一切半透明、胶状、颗粒状物质的总称，由细胞质基质、细胞器和后含物等组成。细胞质基质为细胞质的无定形可溶性部分，主要含有多种可溶性酶、糖、无机盐和水等。细胞器是细胞质内具有一定形态、在细胞生理活动中起重要作用的结构，主要包括线粒体、叶绿体、内质网、高尔基体、液泡、细胞骨架等。后含物是细胞内的贮藏物质和代谢产物，主要包括糖类（淀粉粒）、蛋白质（糊粉粒或蛋白体）、脂质（脂肪与油）、晶体（草酸钙晶体和碳酸钙晶体）等。

细胞核：多为球形，埋藏在细胞质中，内含遗传物质。

实验一　植物细胞的基本形态和结构

【实验目的】

1. 掌握撕剥法和涂片法制备临时装片的方法。
2. 光学显微镜下观察和掌握植物细胞的基本形态和结构。
3. 学习生物绘图方法。

【实验条件】

1. 实验器材

显微镜、镊子、载玻片、盖玻片、解剖针、吸水纸、刀片等。

2. 实验试剂

碘-碘化钾（I_2-KI）染液、1mol/L蔗糖溶液。

3. 实验材料

洋葱、成熟番茄、不同种类植物新鲜叶片、蚕豆叶片下表皮装片、玉米叶片下表皮装片。

4. 试剂的配制

① I_2-KI染液：碘1g，碘化钾3g，蒸馏水100mL。将碘化钾溶解于100mL蒸馏水中，再加入碘，振荡溶解后保存在棕色玻璃瓶中。用时可将其稀释2 ～ 10倍，这样染色不致过深，效果更佳。

② 1mol/L蔗糖溶液：取蔗糖342.30g，完全溶解在1000mL的蒸馏水中。

【实验内容】

1. 洋葱表皮细胞结构观察

用镊子撕取洋葱肉质鳞片叶内表皮3 ～ 5mm^{2}小块，迅速置于载玻片上的水滴中，并用解剖针或镊子将其展开，盖上盖玻片。盖盖玻片时，用镊子夹起盖玻片，使其一边先接触到水，然后轻轻放平。如果有气泡，可用镊子轻压盖玻片，将气泡赶出。如果水分过多，可用吸水纸吸除。

将制好的临时装片置显微镜下，用低倍镜观察表皮细胞的形态和排列情况：细胞呈长方形，排列整齐，紧密。从盖玻片的一边加上一滴I_2-KI染液，用吸水纸从盖玻片的另一侧将多余的染液吸除（另一种方法是把盖玻片取下，用吸水纸把材料周围的水分吸除，滴上一滴染液，2 ～ 3min后加上盖玻片）。细胞染色后，在低倍镜下，选择一个清楚的区域，移至视野中央，再转换高倍镜仔细观察一个典型植物细胞的结构。

细胞壁：洋葱表皮每个细胞周围有明显界限，被I_2-KI染液染成淡黄色，即为细胞壁。

细胞核：在细胞质中可看到一个圆形或卵圆形的球状体，被I_2-KI染液染成黄褐色，即为细胞核。幼嫩细胞，核居中央；成熟细胞，核偏于细胞的侧壁。有的细胞中看不到细胞核，这是因为在撕表皮时把细胞撕破，有些结构已从细胞中流出。

细胞质：细胞核以外，紧贴细胞壁内侧的无色透明的胶状物，即为细胞质，I_2-KI染色后，呈淡黄色，但比细胞壁浅。

液泡：细胞内充满细胞液的腔穴，在成熟细胞里，位于细胞中央。注意在细胞角隅处观察，把光线适当调暗，反复旋转细调节器，能区分出细胞质与液泡间的界面。

2. 植物细胞质壁分离观察

轻轻撕取洋葱外表皮（0.3 ～ 0.5cm^2），将内侧面朝下投入1mol/L蔗糖溶液中，并使其完全浸入。10 ～ 15min后，取出外表皮放在滴有1mol/L蔗糖溶液的载玻片上，盖上盖玻片，于显微镜下观察质壁分离现象。

质壁分离是成熟的植物生活细胞所具有的一种特性。当外界溶液的浓度比液泡液的浓度高时（即外界溶液水势低于液泡液水势），液泡液的水分就会穿过原生质层（包含液泡膜、细胞质层和细胞膜）向细胞外渗出，液泡的体积缩小。由于细胞壁的伸缩性有限，而原生质体的伸缩性较大，所以细胞膜与细胞壁就会逐渐分开。显微镜下可见发生质壁分离的洋葱外表皮细胞中紫色的原生质体部分缩小在细胞中央。

3. 番茄果肉细胞形态观察

用解剖针或镊子挑取少许成熟番茄果肉，置于载玻片上的水滴中。用解剖针将果肉细胞剥离开来（在水滴范围内进行），盖上盖玻片，制成临时装片。先在低倍镜下观察，而后转换高倍镜观察。

番茄果肉细胞呈近似圆球形，细胞核、细胞壁等结构清晰可见。细胞质中红色点状物为有色体。

4. 植物叶片表皮细胞形态观察

用镊子撕取植物叶片表皮，表面朝上置于载玻片上的水滴中，展平后盖上盖玻片，制成临时装片，显微镜下观察不同植物叶片表皮细胞形态。

蚕豆叶片下表皮细胞排列紧密，无胞间隙，呈波纹状，互相嵌合。细胞核一般位于细胞壁边缘，细胞质无色透明，不含叶绿体。

玉米叶片下表皮细胞形状较规则，纵行排列，长细胞和短细胞相间排列，不含叶绿体。

【实验作业】

1.绘制洋葱鳞叶表皮细胞图，注明各部分结构和名称。

2.绘制番茄果肉细胞图，注明各部分结构和名称。

3.绘制所观察到的蚕豆叶片下表皮细胞图，注明各部分结构和名称。

4.绘制所观察到的玉米叶片下表皮细胞图，注明各部分结构和名称。

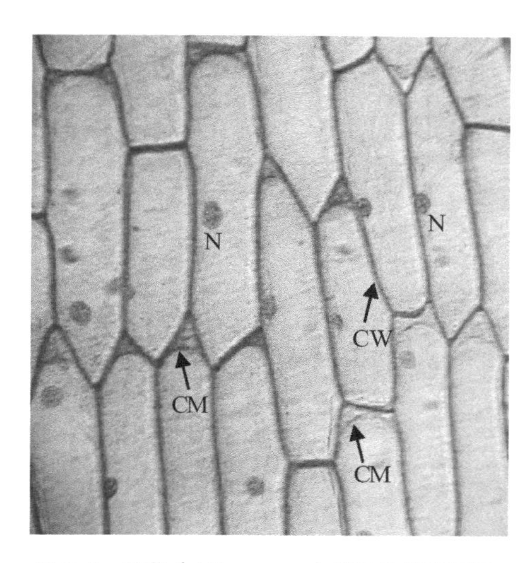

图2-1 洋葱（*Allium cepa*）鳞叶内表皮细胞，示细胞的结构

CW：细胞壁；N：细胞核；CM：细胞膜

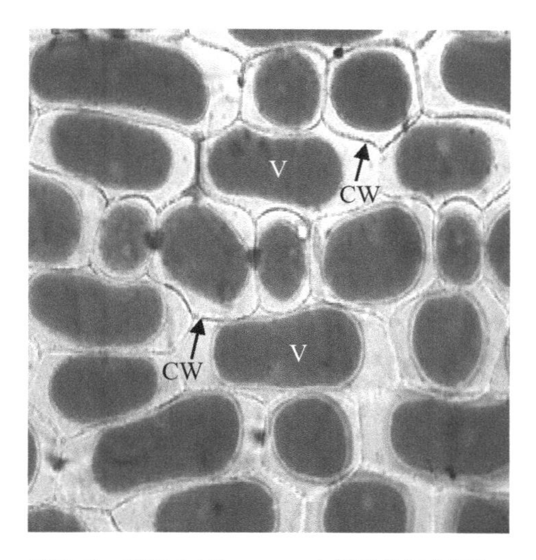

图2-2 洋葱（*Allium cepa*）鳞叶外表皮细胞，示质壁分离时细胞的形态和结构

CW：细胞壁；V：液泡

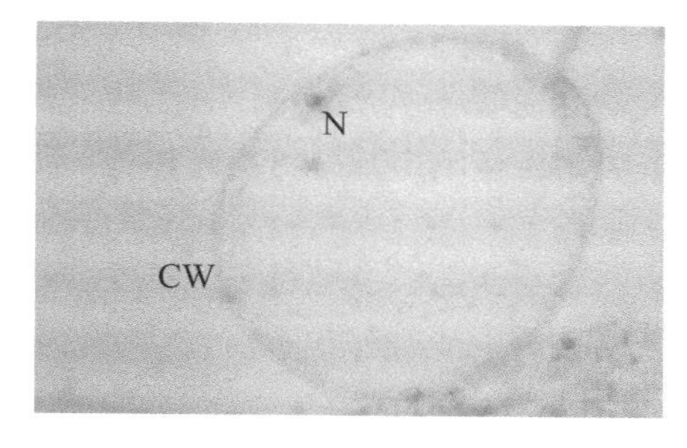

图2-3 番茄（*Lycopersicon esculentum*）果肉细胞，示细胞的结构

N：细胞核；CW：细胞壁；细胞内红色点状物为有色体

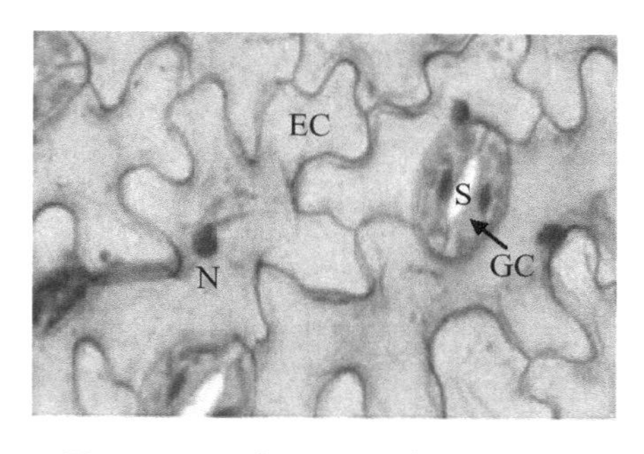

图2-4 蚕豆（*Vicia faba*）叶片下表皮装片，示表皮细胞和气孔器

EC：表皮细胞；N：细胞核；S：气孔；GC：保卫细胞（有细胞核）

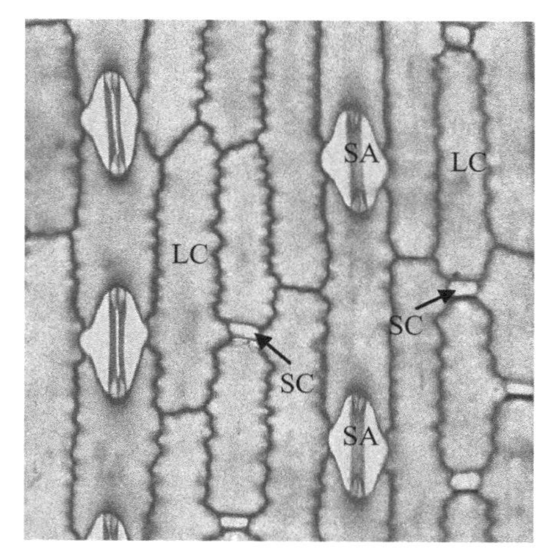

图2-5 玉米（*Zea mays*）叶片下表皮装片，示表皮细胞和气孔器

LC：长细胞；SC：短细胞；SA：气孔器

实验二　植物细胞纹孔、质体和后含物的观察

【实验目的】

1. 掌握撕剥法、涂片法和徒手切片法制备临时装片的方法。
2. 观察纹孔和胞间连丝，建立细胞间相互联系的观点。
3. 识别植物细胞内质体的种类和形态特征。
4. 识别和鉴定植物细胞中几种不同的贮藏物质。
5. 学习生物绘图方法。

【实验条件】

1. 实验器材

显微镜、镊子、载玻片、盖玻片、刀片、吸水纸、培养皿、擦镜纸等。

2. 实验试剂

0.5%番红水溶液、I_2-KI溶液、苏丹Ⅲ酒精染液。

3. 实验材料

青椒、红椒、玉米种子、植物叶片、胡萝卜、土豆、花生、成熟菜豆粒、鸭跖草叶和茎、小麦淀粉粒装片、杉木茎切向装片、柿胚乳装片、小麦颖果纵切装片、夹竹桃叶片横切装片、橙茎横切装片、榕树（或桑树、无花果）叶横切装片。

4. 试剂的配制

① 0.5%番红水溶液：番红是碱性染料，可溶于水和酒精。取0.5g番红溶于100mL蒸馏水中，充分溶解后保存在棕色玻璃瓶中。

② 苏丹Ⅲ酒精染液：取0.1g苏丹Ⅲ，溶解在20mL95%酒精中。脂肪被苏丹Ⅲ染成橘黄色。

【实验内容】

1. 细胞壁纹孔的观察

纹孔，是细胞壁加厚产生次生壁时，初生壁上未被加厚的部分，即次生壁上的凹陷处。在这些区域仅有胞间层和初生壁而没有次生壁物质的积累。相邻细胞的纹孔常成对地相互衔接，称为纹孔对。纹孔有单纹孔、半具缘纹孔和具缘纹孔

三种。具缘纹孔是裸子植物管胞纹孔的重要特征。

取洁净载玻片，在载玻片中央加一滴水。用刀片在青椒（或红椒）外表皮划一个3～5mm^{2}小格，用镊子撕下一小块薄膜状的外表皮，迅速将其置于载玻片中央的水滴中（表面朝上），展平，盖上盖玻片。若水过多，用吸水纸清除。先用低倍镜观察，待找到清晰图像后，再用高倍镜观察。在厚厚的次生壁上有局部未加厚处，即为纹孔。青椒（或红椒）是单纹孔。

杉木茎切向装片上可观察到具缘纹孔。

2.胞间连丝的观察

胞间连丝是处于相邻植物细胞壁间并且连接两个细胞的原生质丝，穿过细胞壁上的纹孔对。胞间连丝的存在使细胞之间保持了生理上有机联系的通道，使各细胞连为一个整体，是植物物质运输、信息传导的特有结构。

将玉米种子在水中浸泡24h，用镊子剥去果种皮露出糊粉层，轻轻撕糊粉层放于载玻片中央的0.5%番红染液滴中，盖上盖玻片，显微镜下观察。

柿胚乳装片也可以很好地观察到胞间连丝。

3.细胞内质体的观察

质体是一类与物质的合成与贮藏密切相关的细胞器。一般有白色体、有色体和叶绿体三种。叶绿体含叶绿素（叶绿素a、叶绿素b）、叶黄素和胡萝卜素，存在于植物体绿色薄壁细胞中，起光合作用。白色体不含色素，多存在于植物的储藏组织中，分布在植物体内不见光的部位，具有制造和储藏淀粉、蛋白质和油脂的功能。根据其贮存物质的不同分为：淀粉体（合成与贮藏淀粉）、蛋白体（合成与贮藏蛋白质）、脂肪体（合成与贮藏脂肪）。有些细胞的白色体含有原叶绿素，见光后可以转变成叶绿素，所以白色体也能在光下变成叶绿体。有色体含叶黄素和胡萝卜素，呈红色或橙黄色等，存在于花瓣、果实、根中，能积聚淀粉和脂类。

（1）叶绿体的观察

叶绿体主要存在于叶片中。取植物叶片，撕取叶表皮，用刀片刮取少量叶肉细胞，涂在载玻片上的水滴中，制成临时装片。在低倍镜下即可看到细胞内有许多椭圆形的绿色颗粒，即叶绿体。可换成高倍镜仔细观察。在植物叶片横切面永久装片中也可观察到叶绿体。

（2）有色体的观察

将洗净的胡萝卜切成条形小块，用徒手切片的方法切成薄片，置于装有清水的培养皿中，选出最薄的小片制成临时装片。在低倍镜下观察，可看到细胞质内有橙黄色或橙红色的棒状、块状或针状结构，即有色体。也可刮取红椒果肉观察。

（3）淀粉粒的观察

取马铃薯块茎，用刀片轻轻刮取少许块茎组织置于滴有水的载玻片上，压碎，至水滴浑浊，盖上盖玻片，置显微镜下观察。观察时，在视野中可以看到不同大小的颗粒团，当焦距对准，光圈大小合适时，可以看出椭圆形的淀粉粒有明暗交替的同心圆轮纹，直链淀粉和支链淀粉交替围绕着一个中心，这个中心叫作脐点。

马铃薯淀粉粒有单粒淀粉粒、半复粒淀粉粒和复粒淀粉粒三种。只有一个脐点的为单粒淀粉粒；具两个或两个以上脐点，在中央部分每个脐点由各自的同心圆所包围，而在外围则有共同的同心圆，这类淀粉粒称为半复粒淀粉粒；具两个或两个以上脐点，每个脐点只有各自的同心圆而没有共同的同心圆包围，称为复粒淀粉粒。也可用I_2-KI溶液染色。所用染料浓度不宜过高，过浓时将淀粉粒染为蓝黑色，不利于观察。较稀的染料可把淀粉粒染为浅蓝色，其同心圆结构清晰可见。

小麦淀粉粒与马铃薯淀粉粒不同，有两种不同形状和大小的淀粉颗粒：扁豆形的大颗粒和球形的小颗粒。大淀粉粒为典型的单粒淀粉粒，小淀粉粒为复粒淀粉粒。

（4）脂肪体的观察

取一片花生子叶，用刀片对含有丰富贮藏物质的子叶做徒手切片，选取较薄且均匀的切片放在载玻片上，滴加苏丹III酒精溶液染色数分钟，再加蒸馏水制成临时切片。显微镜下观察其中被染成橘红色的油滴。

（5）糊粉粒的观察

许多种类的果实和种子中常贮藏的蛋白质，为固体的蛋白质（糊粉粒）。这些蛋白质贮存在液泡中，在贮藏过程中大液泡分解为较小的液泡，当成熟时每一液泡即为蛋白质体，液泡膜为其外围的膜。在豆类种子子叶的薄壁细胞中，普遍具有糊粉粒。

取一粒菜豆种子，剥去种皮，用刀片对含有丰富贮藏物质的肥厚子叶做徒手切片，放入盛有水的培养皿中。用镊子选取较薄的切片放在载玻片上，先不加盖玻片放在低倍物镜下检查厚薄是否可用。自显微镜上取下载玻片，在载玻片上加水及盖玻片即可进行观察。先用低倍物镜，选择切片较薄的地方，移至视野的中央，可看到许多薄壁细胞，细胞中充满贮藏物质。有时可看到细胞内有部分空隙或整个细胞中空，这是在切片过程中细胞内的物质脱落的结果，不要误认为是液泡。这样的细胞虽然看不到细胞内含物，却可以了解细胞壁的结构，在一些壁上可看到纹孔。

在细胞内部有大小不等的颗粒。在大的颗粒上可以看到与马铃薯块茎的淀粉粒相似的同心圆花纹，是菜豆的淀粉粒。仔细观察这些淀粉粒与马铃薯淀粉粒并不完全相同，它们的脐点位于中心，并在中央部分有裂隙，因此很容易与马铃薯淀粉粒相区分。看不到同心圆和中央裂隙的较小颗粒结构是糊粉粒。用I_2-KI溶液染色，淀粉粒被染为蓝紫色，而糊粉粒被染为金黄色。

有时糊粉粒可集中在某些特殊的细胞层，构成糊粉层。显微镜下观察小麦颖果纵切装片，糊粉层中的糊粉粒清晰可见。

4.晶体的观察

晶体是植物细胞生理代谢过程中产生的代谢产物之一，是植物细胞的细胞液中溶解的无机盐析出形成的结晶状态。主要有草酸钙结晶和碳酸钙结晶两类，常见的是草酸钙晶体，它的形成降低了草酸的毒害作用。形态上可分为单晶、簇晶和针晶。单晶一般呈棱柱状或角锥状；簇晶是由许多单晶联合成的复状结构，呈球状，每个单晶的尖端都突出于球的表面；针晶是两端尖锐的针状。

将夹竹桃叶片徒手切片制作的临时装片或者将夹竹桃叶片永久切片在显微镜下观察，可以见到簇晶。橙茎横切装片可观察到单晶。

撕取鸭跖草叶表皮制成临时装片，不要染色，直接在显微镜下观察。在低倍镜下即可看到在较大的细胞中及切片附近的水中有针形的结晶。或取紫鸭跖草茎，做徒手横切，用蒸馏水制作临时装片，也可观察到针状草酸钙晶体。

取桑树（或无花果、榕树）叶片做徒手横切，用蒸馏水制作临时装片，可见叶表皮中有些大型的薄壁细胞，内部含有碳酸钙结晶钟乳体。

【实验作业】

1.绘制纹孔和胞间连丝的结构图。

2.绘制所观察到的质体结构图。

3.绘制观察到的晶体结构图。

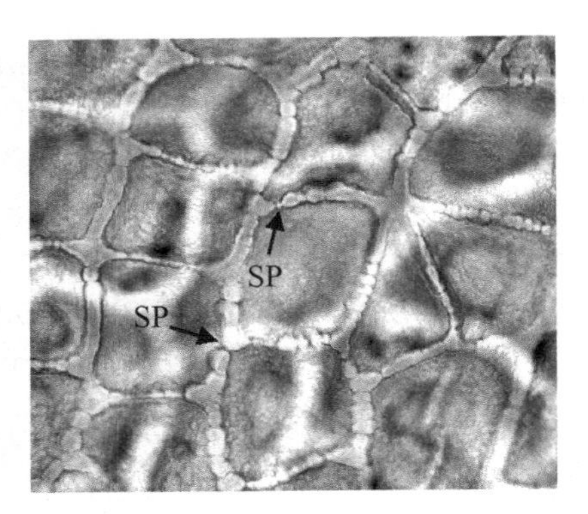

图2-6　青椒（*Capsicum annuum* var. *grossum*）果皮，示单纹孔

SP：单纹孔

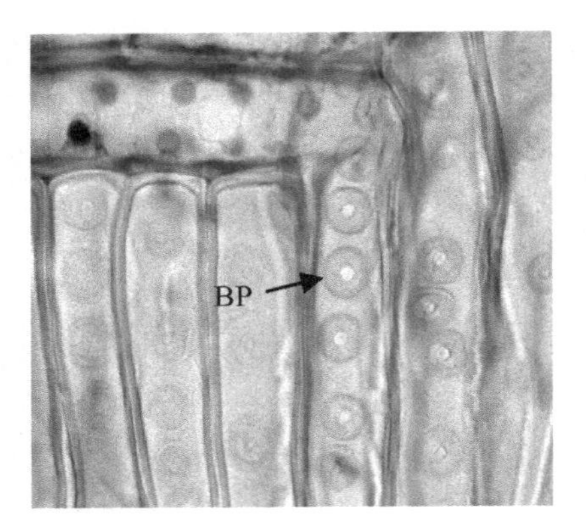

图2-7　杉木[*Cunninghamia lanceolata*（Lamb.）Hook.]茎切向装片，示具缘纹孔

BP：具缘纹孔

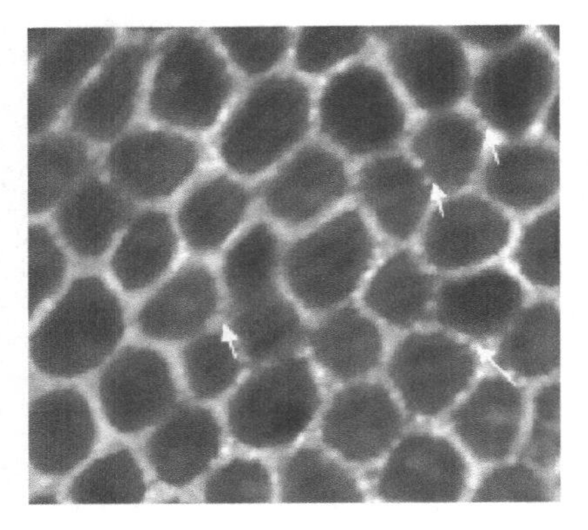

图2-8　玉米（*Zea mays*）糊粉层，示胞间连丝

箭头所指为胞间连丝

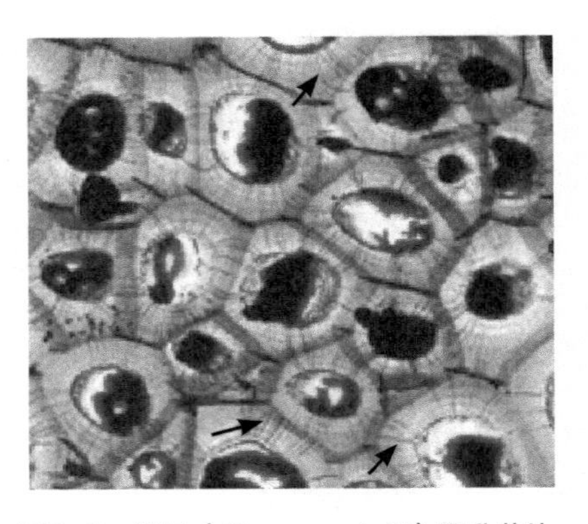

图2-9　柿子（*Diospyros kaki*）胚乳装片，示胞间连丝

箭头所指为胞间连丝

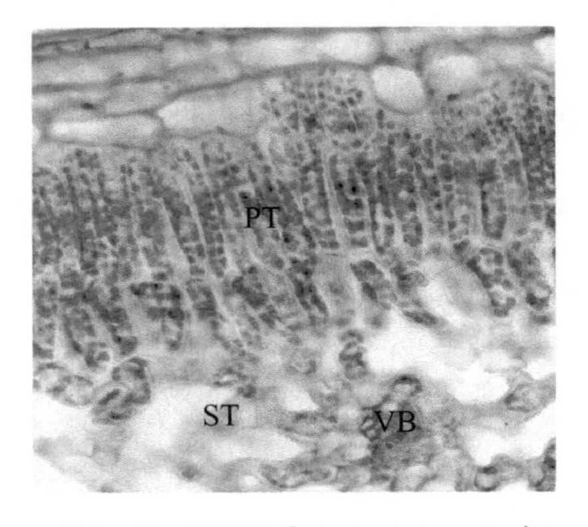

图2-10　夹竹桃（*Nerium oleander*）叶片横切装片，示叶绿体

VB：维管束

PT：栅栏组织（细胞中含染成红色的叶绿体）

ST：海绵组织（细胞中含染成红色的叶绿体）

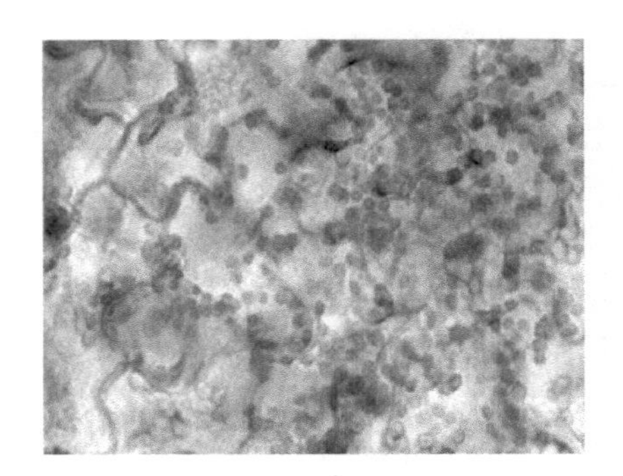

图2-11　蚕豆（*Vicia faba*）叶肉细胞，示颗粒状叶绿体

细胞内绿色颗粒为叶绿体

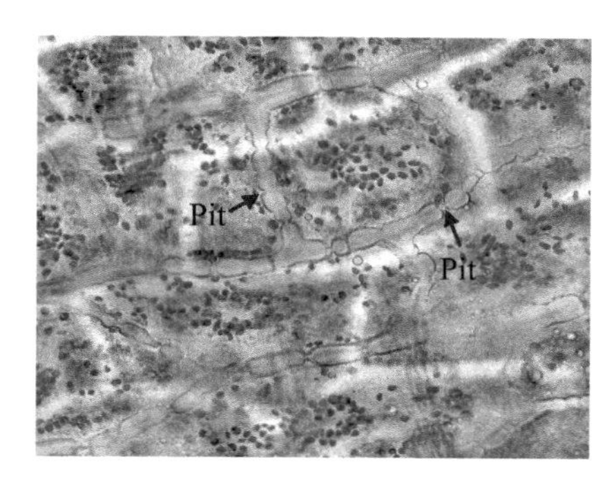

图2-12　红甜椒（*Capsicum annum* L. var. *grossum Seudt*）果肉，示有色体

Pit：纹孔；细胞内红色颗粒为有色体

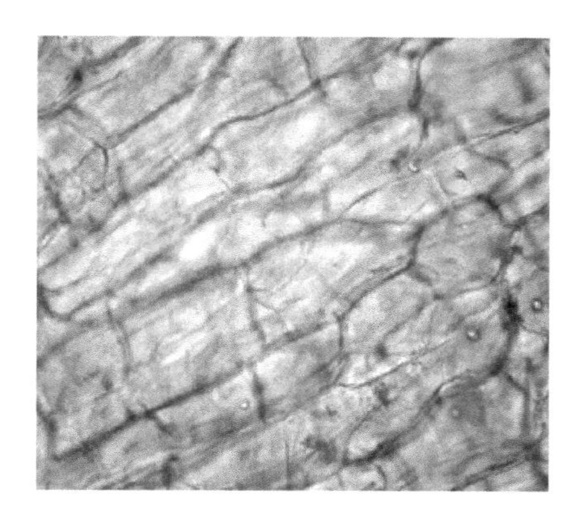

图2-13　胡萝卜（*Daucus carota* var. *sativa* Hoffm.）块根细胞，示有色体

细胞内棒状、针状或块状橘黄色结构为有色体

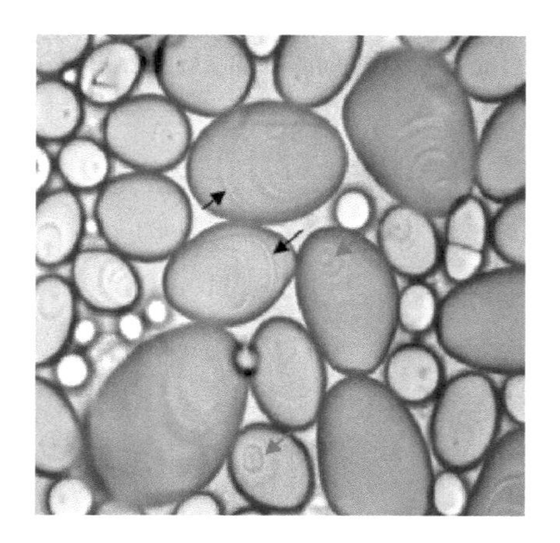

图2-14　马铃薯（*Solanum tuberosum*）块茎，示淀粉粒

浅色箭头所指为脐点；深色箭头所指为轮纹

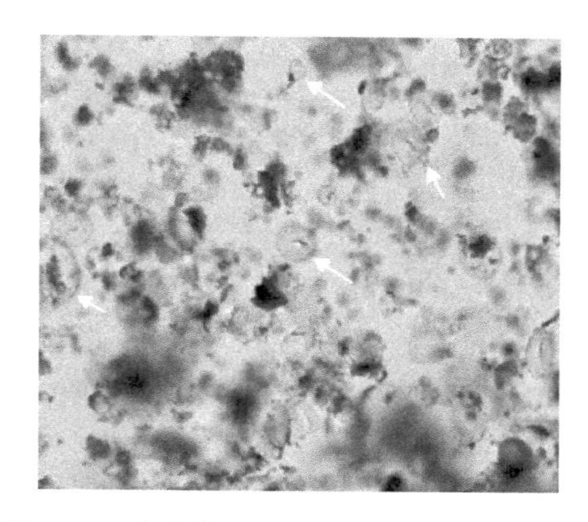

图2-15　小麦（*Triticum aestivum*）淀粉装片，示淀粉粒

箭头所示为淀粉粒

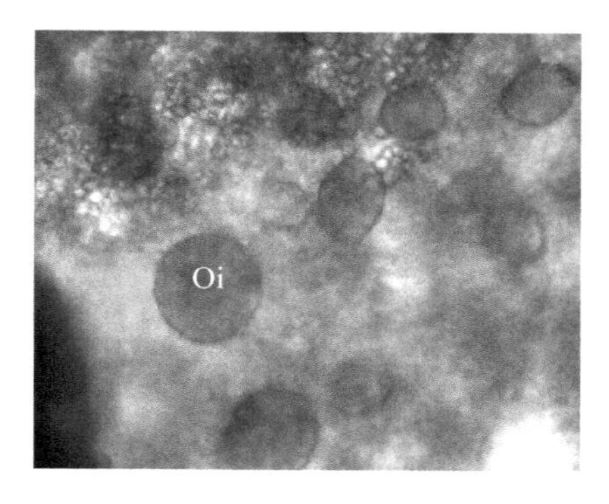

图2-16　花生（*Arachis hypogaea*）子叶，示贮藏物质

Oi：油脂（橘红色）

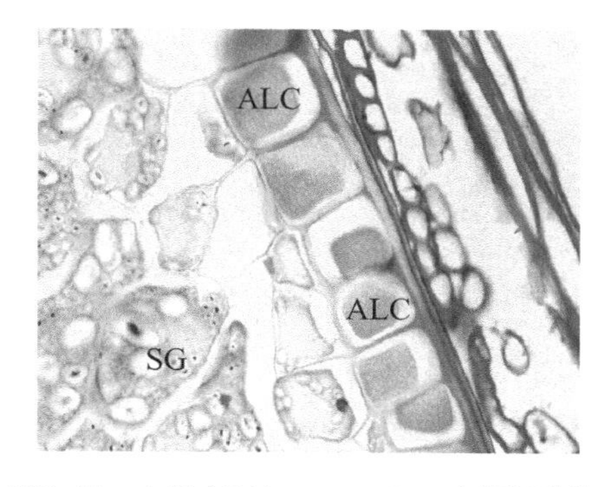

图2-17　小麦（*Triticum aestivum*）颖果装片，示贮藏物质

SG：淀粉粒；ALC：糊粉层细胞，内含多个糊粉粒

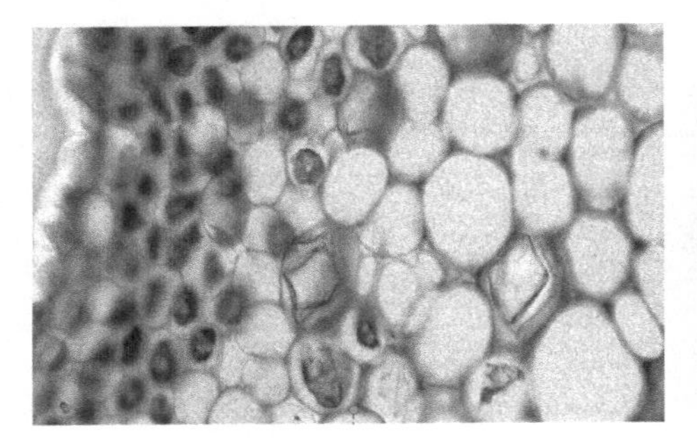

图2-18　橙（*Citrus sinensis*）茎横切装片，示单晶

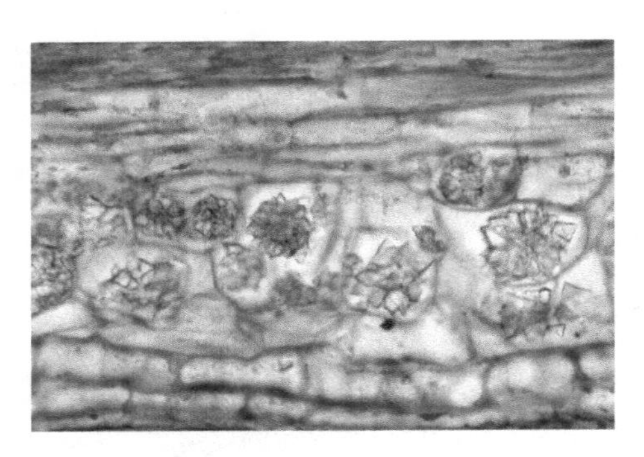

图2-19　夹竹桃（*Nerium oleander*）叶片横切装片，示簇晶

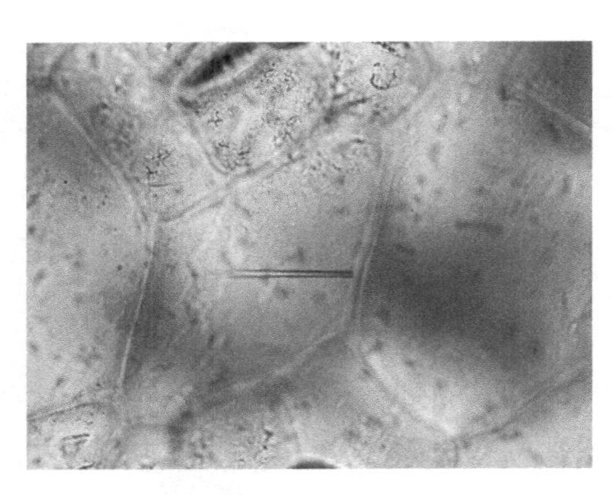

图2-20　紫鸭跖草（*Commelina purpurea*）叶片下表皮，示针晶

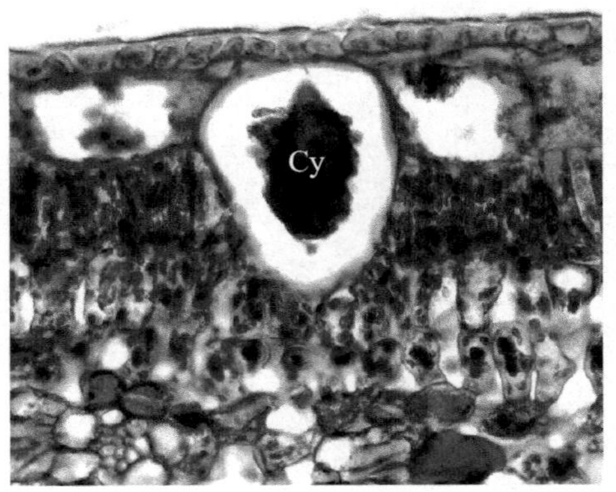

图2-21　榕树（*Ficus microcarpa*）叶片横切装片，示钟乳体

Cy：钟乳体

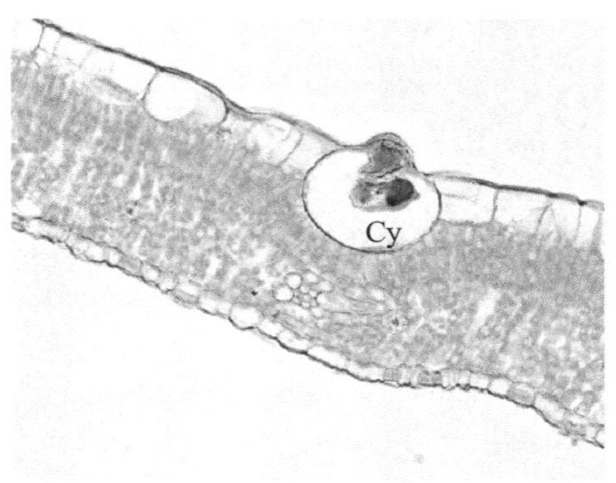

图2-22　桑树（*Morus alba*）叶片横切装片，示钟乳体

Cy：钟乳体

彩图扫一扫

实验三　植物细胞的有丝分裂

【实验目的】

1. 学会对植物组织、细胞的固定和解离，以及压片法制备临时装片的方法。

2. 了解有丝分裂的全过程及其染色体的动态变化情况，掌握有丝分裂各时期的特征。

【实验条件】

1. 实验材料

大蒜、蚕豆根尖纵切装片、洋葱根尖纵切装片。

2. 实验器具

载玻片、盖玻片、烧杯、镊子、解剖针、显微镜、吸水纸等。

3. 实验试剂

无水酒精、70%酒精、冰醋酸、0.1mol/L HCl、碱性品红、石炭酸、甲醛、山梨醇等。

4. 试剂的配制

① 卡诺固定液

3份无水酒精，加入1份冰醋酸（现配现用）。

② 石炭酸品红染色液

母液A：称取3g碱性品红，溶解于100mL的70%酒精中（此液可长期保存）。

母液B：取10mL母液A，加入90mL的5%石炭酸水溶液，2周内使用。

石炭酸品红染色液：取45mL母液B，加入6mL冰醋酸和6mL37%的甲醛。

改良石炭酸品红：取石炭酸品红染色液2～10mL，加入90～98mL45%的醋酸和1.8g山梨醇。此染色液初配好时颜色较浅，放置二周后，染色能力显著增强，在室温下不产生沉淀而稳定。

【实验内容】

有丝分裂是细胞均等增殖的过程，是体细胞分裂的主要方式。在有丝分裂过程中，细胞内每条染色体都能复制一份，然后分配到子细胞中，因此两个子细胞与母细胞所含的染色体在数目、形态和性质上均是相同的，在各种生长旺盛的植物组织中均存在着有丝分裂。

1. 实验准备

将大蒜的鳞叶（即大蒜瓣），置于盛水的小烧杯上，放在25℃温箱中培养。待根长到2cm左右时，在上午九时左右剪下根尖，放到卡诺固定液中，固定24h。固定材料再转入70%酒精中，在4℃冰箱中保存，保存时间最好不超过两个月。

2. 解离

采用盐酸酸解的方法。从70%酒精中取出大蒜根尖，蒸馏水漂洗后，放到0.1mol/L HCl中，在60℃水浴中解离8～10min，用蒸馏水漂洗后，再加入改良石炭酸品红染色液，根尖着色后即可压片观察。

3. 压片

把染色后的根尖放在清洁的载玻片上，用解剖针把根冠及伸长区部分截去，加上少量染色液，并盖上盖玻片。一个解离良好的材料，只要用镊子尖轻轻敲打盖玻片，分生组织细胞就可铺展成薄薄的一层，再用吸水纸把多余的染色液吸除，置于显微镜下观察，选择理想的分裂相。

4. 镜检

有丝分裂间期：分为G1（合成前期）、S（DNA合成期）和G2（合成后期）三个阶段，其中G1期与G2期进行RNA（即核糖核酸）的复制与有关蛋白质的合成，S期进行DNA的复制。G1期主要是染色体蛋白质和DNA解旋酶的合成，物质代谢活跃；G2期主要是细胞分裂期有关酶与纺锤丝蛋白质的合成。在有丝分裂间期，染色质没有高度螺旋化形成染色体，而是以染色质的形式进行DNA（即脱氧核糖核酸）单链复制。有丝分裂间期由于没有明显的特征，在显微镜下不容易区分。

有丝分裂期：分裂间期结束后，细胞进入有丝分裂期。有丝分裂期又人为地分为以下几个时期：

① 前期：自分裂期开始到核膜解体为止的时期。间期细胞进入有丝分裂前期时，核体积增大，细染色质线逐渐缩短变粗成染色体。此时每条染色体由两条染色单体组成。核仁渐渐消失，核膜破裂，染色体散于细胞质中。

② 中期：从染色体排列到赤道面上，到染色单体开始分向两极之前的时间称为中期。着丝粒排列在赤道板上。中期染色体螺旋化程度最高，是观察染色体形态数目的最佳时期。

③ 后期：着丝粒分裂，姐妹染色单体分开成两条子染色体，在纺锤丝牵引下分别移向两级。

④ 末期：核膜和核仁重新出现，形成新的细胞核，纺锤丝消失，染色体解螺旋恢复为染色质丝状态。在原来赤道板的位置出现细胞板，细胞板向四周延伸成

为新的细胞壁，原来一个细胞分裂为两个子细胞。

注意：要得到较好的分裂相，必须掌握以下几点。

① 压片材料要少，去掉伸长区细胞，仅保留分生区，避免细胞过多，造成观察干扰。

② 用镊子敲打盖玻片时，用力要均匀。

【实验作业】

按顺序绘制大蒜根尖细胞有丝分裂各个时期分裂相图，并注明各部分构造名称。

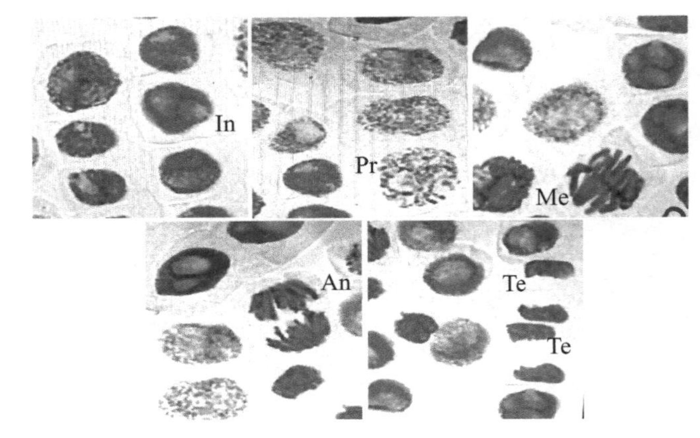

图2-23　大蒜（*Allium sativum*）根尖有丝分裂过程

In：间期；Pr：前期；Me：中期；An：后期；Te：末期

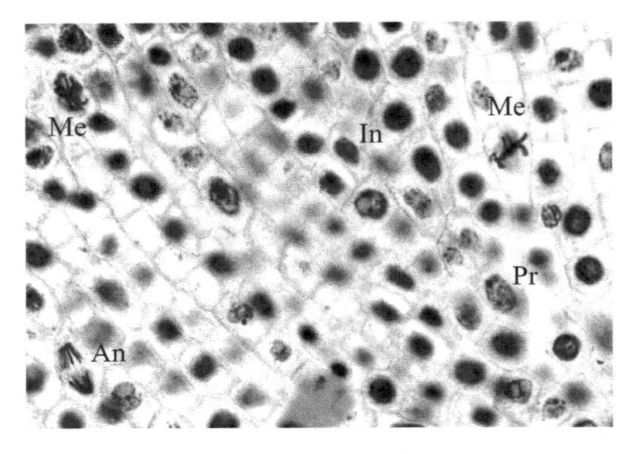

图2-24　蚕豆（*Vicia faba*）根尖纵切装片，示有丝分裂过程

In：间期；Pr：前期；Me：中期；An：后期

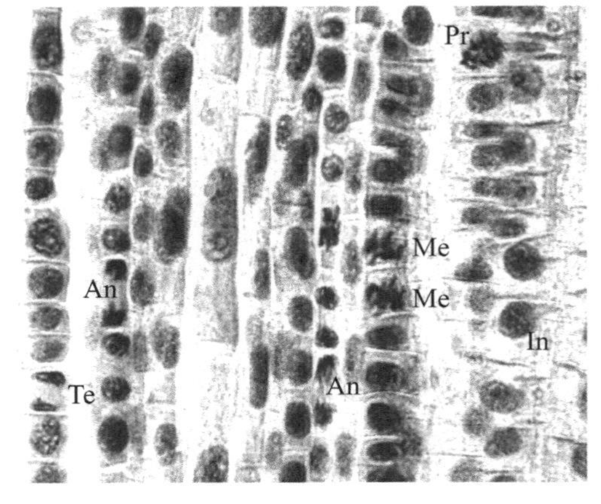

图2-25　洋葱（*Allium cepa*）根尖纵切装片，示有丝分裂过程

In：间期；Pr：前期；Me：中期；An：后期；Te：末期

第3章　植物组织的结构和功能

细胞生长和分化的结果导致了植物体中产生多种类型的细胞。具有相同来源的同一类型或不同类型细胞组成的结构和功能单位称为组织。由同一种类型的细胞构成的组织称为简单组织；由多种类型细胞构成的组织称为复合组织。

在高等植物中，组织种类很多，通常按其发育程度和主要生理功能的不同，以及形态结构的特点，分为分生组织和成熟组织。

分生组织是位于植物生长的部位，具有持续或周期性分裂能力的细胞群。分生组织细胞排列紧密，细胞壁薄（初生壁），细胞核相对较大，细胞质浓厚，细胞器丰富。根据分生组织在植物体内的位置不同，可分为顶端分生组织、侧生分生组织和居间分生组织三大类。

成熟组织是由分生组织产生的，经过分化和生长，逐渐丧失分裂能力的组织。根据功能的不同，成熟组织可分为保护组织（表皮和周皮）、基本组织（吸收组织、同化组织、贮藏组织、贮水组织、通气组织等）、机械组织（厚角组织和厚壁组织）、输导组织（木质部和韧皮部）和分泌组织（外分泌结构和内分泌结构）。

实验四　植物分生组织

【实验目的】

1. 了解植物分生组织的形态结构和细胞特征。
2. 了解石蜡切片法制备植物永久装片技术。
3. 学习生物绘图方法。

【实验条件】

1. 实验器材

显微镜，擦镜纸等。

2. 实验材料

黑藻顶芽纵切装片、玉米茎尖纵切装片、蚕豆根尖纵切装片、玉米根尖纵切装片、蚕豆老根横切装片、棉花老茎横切装片、椴木茎一年生横切装片、玉米居间分生组织装片。

【实验内容】

1. 顶端分生组织

位于根尖和茎尖的分生区部位，活动的结果使根和茎不断伸长，由短轴或近于等径的胚性细胞构成，细胞排列紧密，壁薄，能较长时期保持旺盛的分裂能力。

取黑藻顶芽纵切面装片和玉米茎尖纵切装片，置显微镜下观察顶芽的形态以及茎顶端分生组织的结构特点。

取蚕豆根尖纵切装片和玉米根尖纵切装片，置显微镜下观察根尖的形态以及根顶端分生组织的结构特点。

玉米茎尖包括分生区、伸长区和成熟区三部分，由许多幼小的叶片紧紧包围茎尖的生长锥，即分生组织所在部位。① 分生区：茎尖生长锥的最顶端部分是原分生组织，它们向后不断分裂产生新细胞，这些细胞一方面继续保持分裂能力，另一方面初步分化为初生分生组织。初生分生组织位于生长锥的下部，分为原表皮、基本分生组织和原形成层。原分生组织和初生分生组织共同构成茎的顶端分生组织，即茎尖的分生区。② 伸长区：位于分生区的下方，细胞迅速生长长大，是使茎伸长的主要部位。在此区，初生分生组织开始形成初生组织，如原表皮分化形成排列整齐的表皮，基本分生组织分化成皮层和中央部分的髓，原形成层分化形成茎的维管束。③ 成熟区：细胞的伸长生长停止，组织分化基本成熟，出现后生韧皮部和后生木质部，形成茎的初生结构。

取玉米根尖（或蚕豆根尖），置低倍镜下观察根尖的结构。玉米根尖顶端有一帽状根冠组织，沿着根冠向上即为生长点。生长点的细胞排列紧密无胞间隙，细胞个体小，为等径多面体，壁薄、质浓、核大而明显，为原生分生组织。生长点向上为伸长区，细胞已有初步的分化。伸长区上为根毛区，有根毛的存在，输导组织分化完成。

2. 侧生分生组织

侧生分生组织包括维管形成层和木栓形成层，分布于植物体的周围，平行排列于所在器官的边缘。细胞的形状为长轴形和等径形，功能是使植物体根茎变粗。维管形成层分裂向内形成次生木质部，向外形成次生韧皮部。木栓形成层分裂向内形成栓内层，向外形成木栓层，三者共同组成周皮。

取椴木茎一年生横切装片（或蚕豆老根横切装片、棉花老茎横切装片）置显微镜下观察，根据木栓形成层和维管形成层位置分析两者各自的结构和功能特点。

3. 居间分生组织

某些单子叶植物特别是禾本科植物茎的节间基部或叶鞘基部的分生组织，称为居间分生组织。此外，居间分生组织还位于茎、叶、子房柄、花梗、花序等器官的成熟组织之间。细胞核大，细胞质浓，进行一段时间的分裂活动后失去分裂能力，完全分化为成熟组织。水稻、小麦、玉米等的节间基部都有居间分生组织存在。

取玉米居间分生组织切片，置显微镜下观察居间分生组织的细胞特点。

【实验作业】

1. 绘制黑藻顶芽和玉米茎尖纵切图，并注明各部分名称。

2. 绘制蚕豆根尖和玉米根尖纵切图，并注明各部分名称。

3. 绘制椴木茎一年生横切、蚕豆老根横切、棉花老茎横切图，并注明各部分名称。

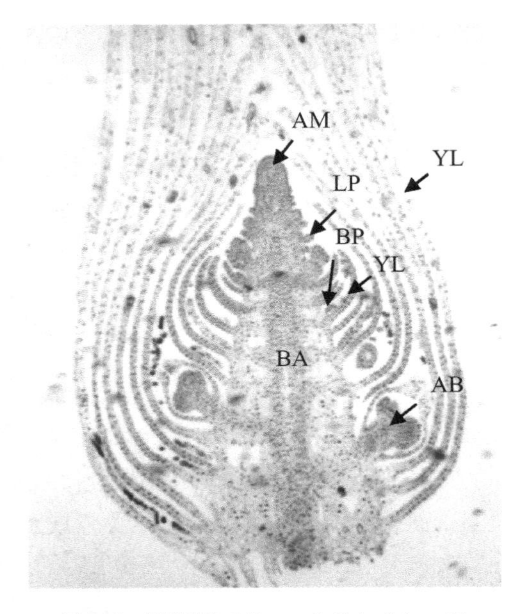

图3-1　黑藻 [*Hydrilla verticillata* (Linn. f.) *Royle*] 顶芽纵切，示茎顶端分生组织

AM：顶端分生组织；YL：幼叶；LP：叶原基；BP：芽原基；AB：腋芽；BA：芽轴

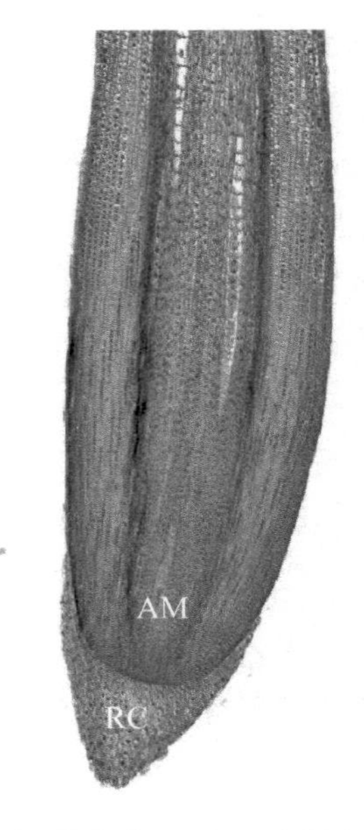

图3-3　玉米（*Zea mays*）根尖纵切，示顶端分生组织

AM：顶端分生组织；RC：根冠

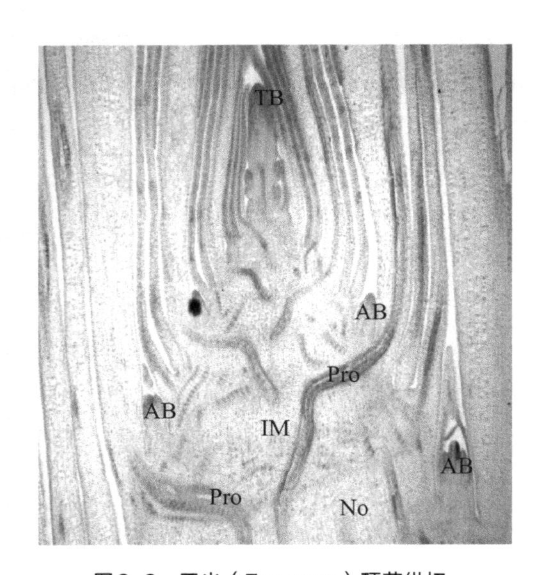

图3-2　玉米（*Zea mays*）顶芽纵切，示顶端分生组织

TB：顶芽；AB：腋芽；No：节；Pro：原形成层；IM：居间分生组织

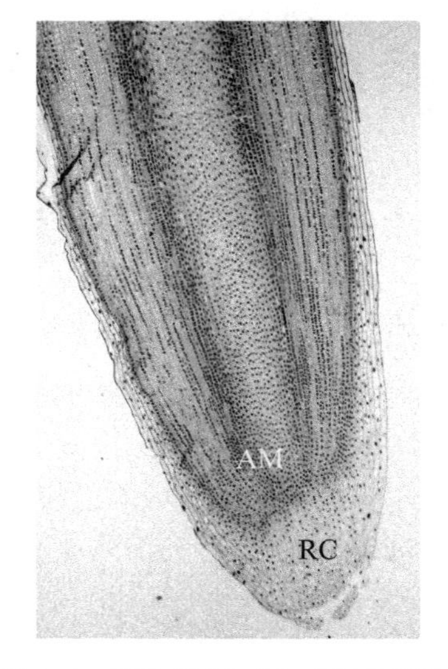

图3-4　蚕豆（*Vicia faba*）根尖纵切，示顶端分生组织

AM：顶端分生组织；RC：根冠

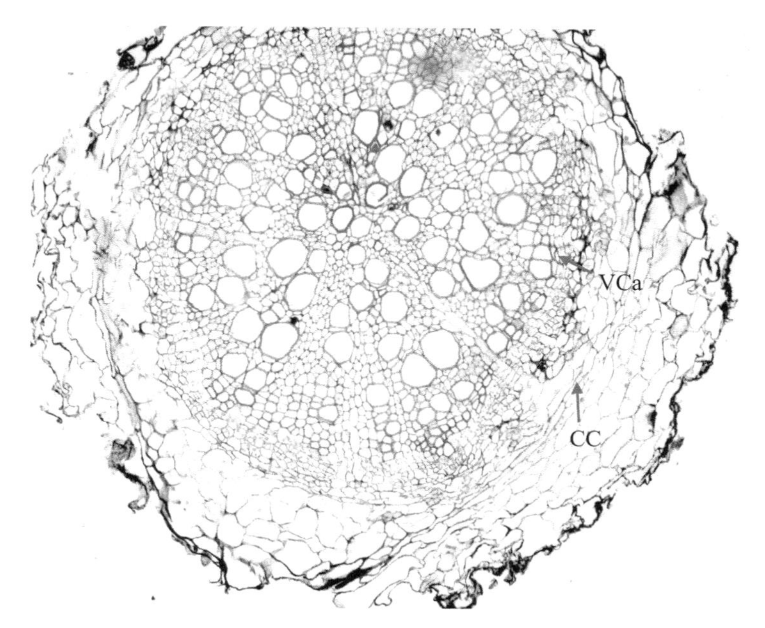

图3-5　蚕豆（*Vicia faba*）老根横切，示侧生分生组织

CC：木栓形成层；VCa：维管形成层

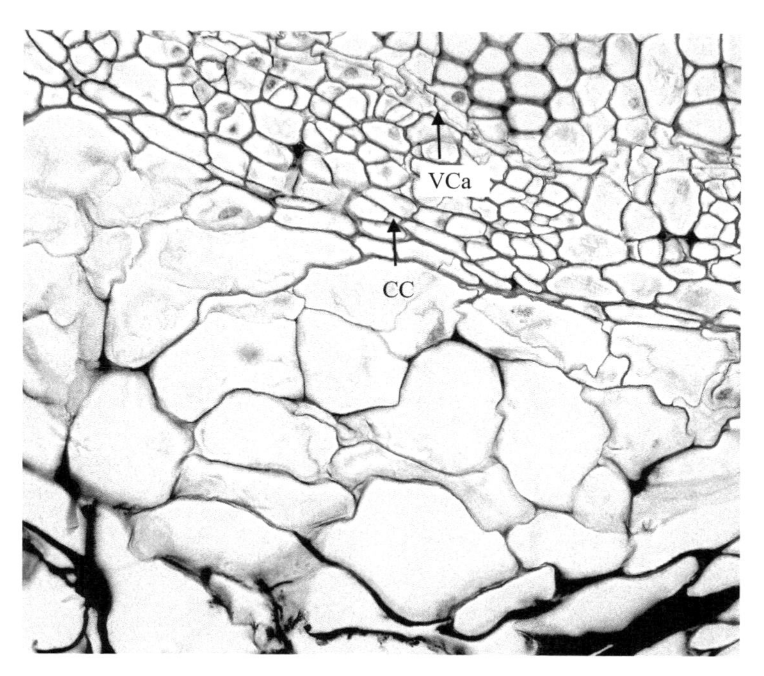

图3-6　蚕豆（*Vicia faba*）老根横切，示侧生分生组织

CC：木栓形成层；VCa：维管形成层

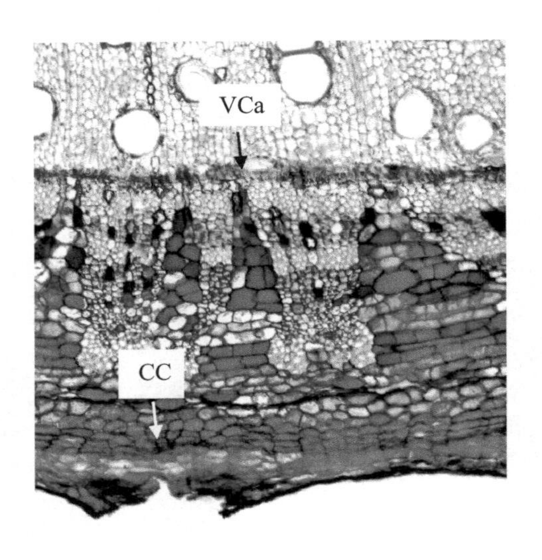

图3-7　棉花（*Gossypium* spp.）老茎横切，示侧生分生组织

CC：木栓形成层；VCa：维管形成层

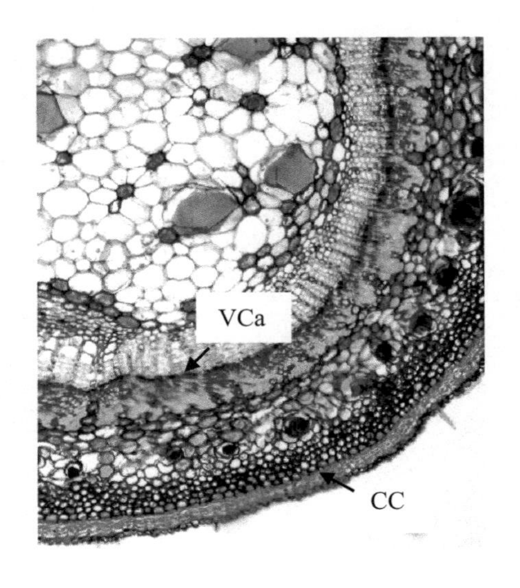

图3-8　一年生椴木（*Tilia tuan*）茎横切，示侧生分生组织

CC：木栓形成层；VCa：维管形成层

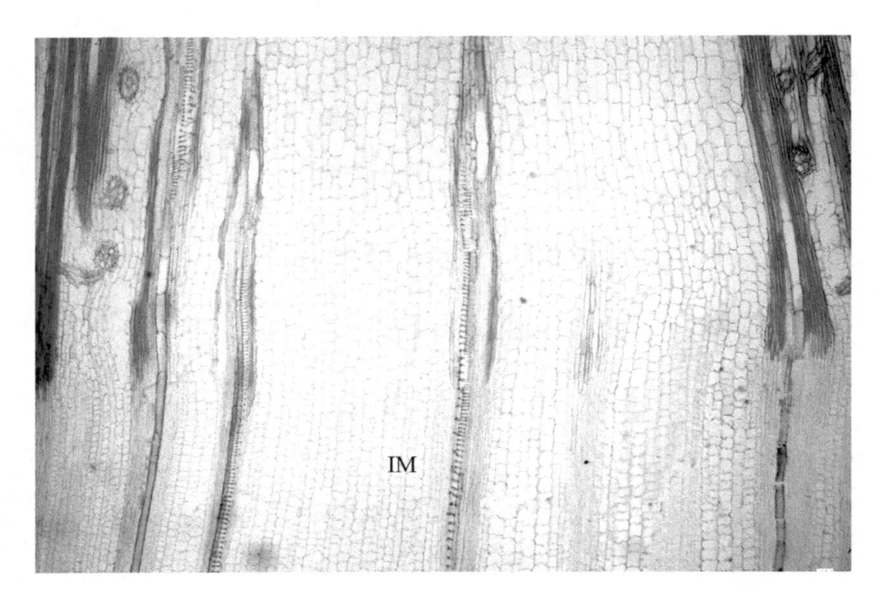

图3-9　玉米（*Zea mays*）茎横切，示居间分生组织

IM：居间分生组织

实验五　植物成熟组织

【实验目的】

1. 掌握撕剥法、涂片法、离析法和徒手切片法制备临时装片的方法。
2. 掌握成熟组织的形态结构和细胞特征。
3. 了解石蜡切片法制备植物永久装片技术。
4. 学习生物绘图方法。

【实验条件】

1. 实验器材

显微镜、载玻片、盖玻片、镊子、刀片、培养皿、滴管等。

2. 实验材料

梨、新鲜芹菜、桑树皮、蚕豆叶下表皮装片、玉米叶下表皮装片、蚕豆叶横切装片、夹竹桃叶横切装片、棉花老茎横切面装片、椴木茎横切装片、蚕豆老根横切装片、玉米叶横切装片、玉米颖果切片装片、小麦颖果切片装片、甘薯根切片装片、睡莲叶片横切装片、眼子菜茎横切装片、芹菜叶柄横切装片、南瓜茎横切装片、大丽花叶柄横切装片、葡萄茎离析装片、梨果实装片、核桃壳装片、玉米茎纵切装片、南瓜茎离析装片、南瓜茎纵切装片、天竺葵叶下表皮、薄荷叶下表皮装片、松树茎横切装片、棉花叶横切装片、橘果皮横切、生姜横切装片、松木离析装片。

3. 实验试剂

浓盐酸、0.1%番红、间苯三酚染液。

4. 试剂的配制

（1）0.1%番红水溶液：取0.1g番红溶入100mL蒸馏水中，充分溶解后保存在棕色玻璃瓶中。

（2）间苯三酚染液：取5g间苯三酚溶入100mL95%酒精中，充分溶解后保存在棕色玻璃瓶中。若溶液呈黄色，即为失效。

【实验内容】

1. 保护组织

保护组织覆盖于植物的外表，起保护作用，能减少植物失水，防止病原微生物入侵，还可控制植物与外界的气体交换。据其来源和形态不同，保护组织又分为表皮（初生保护组织）和周皮（次生保护组织）。

表皮是包被在植物体幼嫩的根、茎、叶、花、果实的表面，直接接触外界环境的细胞层。一般由单层活细胞组成，有的植物中也可由多层细胞组成复表皮。表皮细胞间往往还有一些其他类型的细胞，如构成气孔的保卫细胞、表皮毛等。表皮来源于初生分生组织，细胞排列紧密，除气孔外，不存在另外的细胞间隙。有些植物在表皮的外壁上有蜡质，起到保护作用。

周皮是存在于有加粗生长的根和茎的表面的次生保护组织。在周皮形成时，一些成熟的细胞恢复分裂能力，形成木栓形成层，切向分裂后，向外形成大量的木栓层，向内形成少量的薄壁细胞构成的栓内层。木栓层、木栓形成层和栓内层一起构成周皮。如果周皮形成时，气孔下方的木栓形成层产生的细胞不是正常的木栓层，而是排列疏松的球形细胞，具有发达的细胞间隙，以后栓化或非栓化形成补充细胞，组成补充组织，补充细胞突破周皮和木栓层形成皮孔。皮孔是周皮形成后植物与外界环境进行气体交换的通道。

（1）表皮及其附属物

取蚕豆叶下表皮装片，置显微镜下观察表皮组织的细胞特点。细胞排列很紧密，无胞间隙，细胞壁薄，呈波纹状，互相嵌合。表皮细胞的细胞核一般位于细胞壁边缘，细胞质无色透明，不含叶绿体。在表皮细胞之间，有由两个肾形保卫细胞组成的气孔，保卫细胞有明显的叶绿体，也有细胞核。

取玉米叶下表皮装片，置显微镜下观察表皮组织的细胞特点。细胞形状较规则，呈纵行排列，长短两种细胞相间排列，不含叶绿体。气孔由两个哑铃形的保卫细胞和两个副卫细胞组成。

（2）周皮及皮孔

取椴木茎横切装片，置显微镜下观察。椴木茎横切面的外围有数层呈短矩形的死细胞，呈径向排列，紧密而整齐，细胞壁栓质化，即为木栓层。木栓层有些部位破裂向外突起，裂口中有薄壁细胞填充，即为皮孔。木栓层以内有1～2层具明显细胞核，细胞质浓厚，壁薄的扁平细胞，即为木栓形成层（次生分生组织）。木栓形成层以内，有1～2层径向排列的薄壁细胞，即为栓内层。木栓、木栓形成层、栓内层合称为周皮。

也可在棉花老茎横切面装片和蚕豆老根横切面装片上观察周皮的结构。

2. 基本组织

基本组织是植物体的重要组成部分，具有同化、贮藏、通气和吸收等功能。基本组织主要由薄壁细胞组成，又称为薄壁组织。细胞壁薄，细胞质少，细胞体积大，排列疏松，有较大的胞间隙。基本组织分化程度低，可恢复分生能力。根据功能，基本组织可分成不同的类型。

（1）同化组织

取绿色植物叶片做徒手横切，制成临时装片，也可取蚕豆叶片永久组织横切片或者夹竹桃叶片横切装片观察。叶片上、下表皮之间有大量薄壁细胞，明显分为栅栏组织和海绵组织两部分，细胞中含有丰富的叶绿体，即为同化组织，具有光合作用的能力。玉米叶片横切面上同化组织与蚕豆叶片和夹竹桃叶片不同，无栅栏组织和海绵组织的分化。

（2）贮藏组织

贮藏组织细胞中贮藏淀粉、蛋白质、糖类和油类等，主要存在于各类贮藏器官，如块根、块茎、球茎、鳞茎、果实和种子中。根茎的皮层和髓也可贮存营养物质。

观察玉米和小麦果实切片装片以及甘薯根切片装片，可见很多大型薄壁细胞，细胞内充满淀粉粒，即为贮藏组织。

（3）通气组织

通气组织细胞间具有大量间隙，在水生和湿生植物中特别发达。

取睡莲叶片横切装片或眼子菜茎横切装片，置显微镜下观察，可见薄壁细胞之间有很大的间隙形成大的空腔，即为通气组织。

3. 机械组织

机械组织是在植物体内主要起机械支持作用和稳固作用的一种组织。机械组织细胞的特点是其细胞壁均匀或不均匀加厚。根据其细胞的形态、细胞壁加厚程度与加厚方式，可将其分为厚角组织和厚壁组织。

（1）厚角组织

厚角组织细胞为活细胞，细胞长形，细胞壁在细胞的角隅处加厚。细胞壁为初生壁，能随植物器官生长而延伸。厚角组织支持力弱，多分布在幼嫩植物的茎或叶柄内。厚角组织也有的呈板状加厚，即切向壁加厚。

取芹菜叶柄作徒手切片，挑选薄而均匀的切片放在载玻片上，用0.1%番红水溶液染色数分钟，盖上盖玻片，在显微镜下观察。紧接表皮内的几层皮层细胞无胞间隙，细胞壁在角隅处增厚，这些角隅加厚的细胞群，即为厚角组织。也可直接观察芹菜叶柄横切装片（角隅处加厚）和大丽花叶柄横切装片（切向壁加厚）中的厚角组织。

（2）厚壁组织

厚壁组织细胞壁全面加厚，并木质化，细胞成熟后死亡。厚壁组织机械支持能力很强，是植物体的主要支持组织。因其形状的不同又可分为石细胞和纤维两类。

① 石细胞：一般为死细胞，形状不规则，多为等径的。木质化加厚，壁上可出现同心层纹或形成分枝的纹孔道。单个或者成群分布，或形成坚硬的组织。

用刀片轻轻刮取梨果肉少许置载玻片上，滴一滴浓盐酸，3 ～ 5min后，再滴加间苯三酚溶液染色，制成临时装片，置显微镜下观察，可见许多圆形或椭圆形、成群存在的石细胞。石细胞中原生质解体，细胞腔很小，壁异常加厚，经染色后，在桃红色厚壁上有很多未着红色的分枝的纹孔道。

可直接观察梨果肉装片或者核桃壳装片中的石细胞结构。

② 纤维：细胞狭长，腔狭小，末端尖锐，整个细胞壁加厚。原生质体解体，细胞壁上有少许小的缝隙状纹孔，常成束成片地分布于植物体中。根据纤维存在的位置，分为木纤维和韧皮纤维。

取桑树皮一小部分，用铬酸-硝酸离析法制成离析材料，贮存备用。观察时用镊子夹取离析后的桑树纤维少许，制成临时装片，在显微镜下观察，可见细长两头锐尖的纤维细胞，注意细胞腔有何变化？壁加厚程度如何？

显微镜下直接观察葡萄茎离析永久装片也可看到整壁加厚，末端尖锐，细胞狭长的纤维。

4.输导组织

输导组织是植物体内长途运输水分和各种物质的组织，细胞呈长管形，彼此间以不同的方式相互联系，在整个植物体的各器官内成为一个连续的系统。

导管、管胞常和薄壁细胞、纤维聚集在一起，构成运输水分及溶解于水中物质的木质部。被子植物中主要是导管和少量的管胞，而大多数蕨类植物和裸子植物中则以管胞为唯一的输水机构。

筛管、伴胞常和薄壁细胞、纤维聚集在一起，构成运输有机物质的韧皮部。筛管分布于被子植物韧皮部，而裸子植物和蕨类植物中筛胞取代筛管发挥作用。

（1）管胞

管胞成熟过程中细胞次生壁不均匀加厚并木质化，形成环纹、螺纹、梯纹、网纹和孔纹5种类型。两管胞间不形成穿孔，靠壁上的纹孔相连通。

取一小段松树枝条木质部，按组织离析法制成离析材料，然后用镊子选取少许离析材料，制成临时装片，置低倍镜下观察，可见许多两头斜尖的长形细胞，即为管胞。也可直接观察松木离析装片。

（2）导管

导管在发育过程中管壁不均匀加厚并木质化，形成环纹、螺纹、梯纹、网纹和孔纹5种类型。成熟导管端壁溶解成穿孔，水分通过穿孔在相邻导管分子之间运输。

显微镜下观察南瓜茎离析装片或玉米茎纵切装片，根据花纹不同，判断你所看到的材料中，有几种不同类型的导管。

（3）筛管和伴胞

筛管分子只有初生壁，分子间连接的端壁上有许多小孔，叫作筛孔，多个筛孔构成的端壁称为筛板。筛管分子侧壁上具筛孔的区域称为筛域。在筛管分子的一侧有一个或几个小型、细长、两头尖的薄壁细胞相伴生在一起，称为伴胞。筛胞两端不形成筛板，仅靠细胞壁上的筛域运输有机物。

取南瓜茎纵切永久制片，置低倍镜下观察，找出被染成红色的木质部导管，在导管的内外两侧均有被染成绿色的韧皮部。韧皮部筛管由许多管状细胞组成。两个筛管细胞连接的端部稍有膨大并染色较深处，是筛板所在位置，通过筛板上的筛孔，有较粗的原生质丝称为联络索。在筛管侧面紧贴着一列染色较深的具有明显细胞核的细长薄壁细胞，即为伴胞。

5. 分泌组织

分泌组织是一类能产生分泌物质的细胞或细胞组合。依据分泌的物质是否排出体外，又将其分为内分泌结构和外分泌结构。

（1）内分泌结构

分泌出的物质存在于植物体内部，常见的有分泌细胞、分泌腔、分泌道和乳汁管。

显微镜下观察松茎横切面，有许多较大的圆孔，圆孔周围有一圈较小、排列整齐紧密的细胞，这个圆孔即为树脂道（即分泌道）。在韧皮部与木质部中，均有树脂道。

观察橘果皮切片，许多薄壁细胞溶解形成的圆形的腔状结构，内有许多残余的挥发油，此为分泌腔。在棉花叶横切面上也可观察到分泌腔。

在生姜切面上可观察到分泌细胞和乳汁管。

（2）外分泌结构

外分泌结构分布于植物体的外表，能将分泌物排于体外，常见的有腺毛、腺鳞、蜜腺以及排水器等。

显微镜下可观察天竺葵叶片腺毛、薄荷叶片腺鳞等。

【实验作业】

1. 绘制在显微镜下观察到的成熟组织图，并注明各部分的名称。

2. 分析细胞形态结构与功能的相关性。

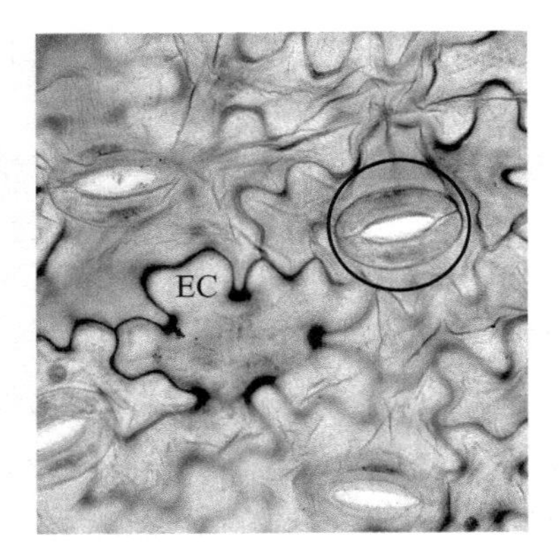

图3-10　蚕豆（*Vicia faba*）叶片下表皮装片，示表皮细胞和气孔器

EC：表皮细胞；黑圈所示为一个气孔器

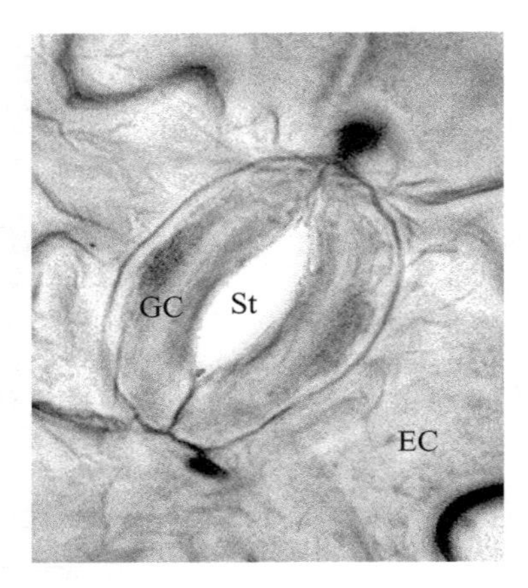

图3-11　蚕豆（*Vicia faba*）叶片下表皮装片，示1个气孔器

GC：保卫细胞；St：气孔；EC：表皮细胞

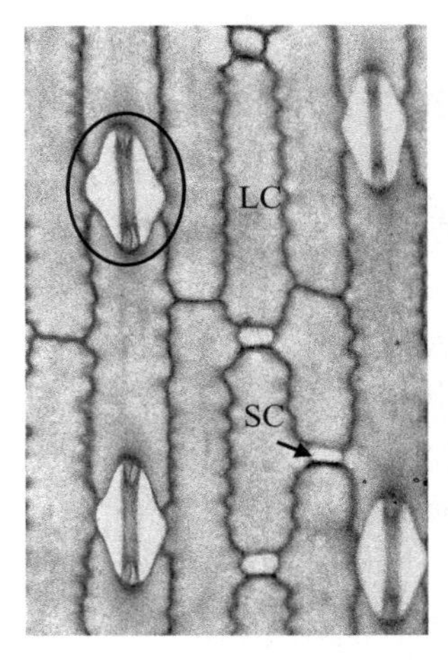

图3-12　玉米（*Zea mays*）叶片下表皮装片，示表皮细胞和气孔器

LC：长细胞；SC：短细胞；黑圈所示为一个气孔器

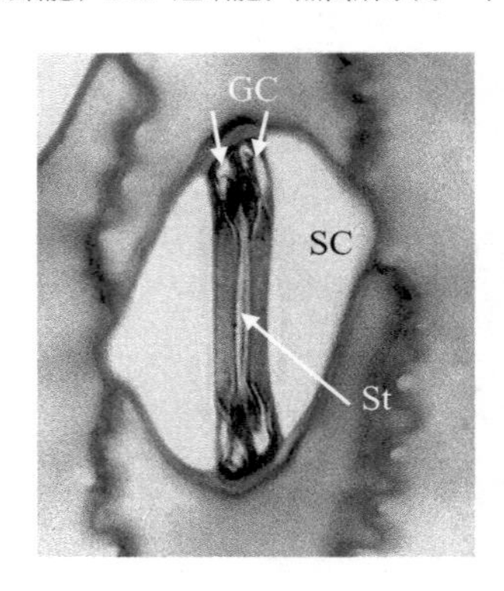

图3-13　玉米（*Zea mays*）叶片下表皮装片，示1个气孔器

GC：保卫细胞；SC：副卫细胞；St：气孔

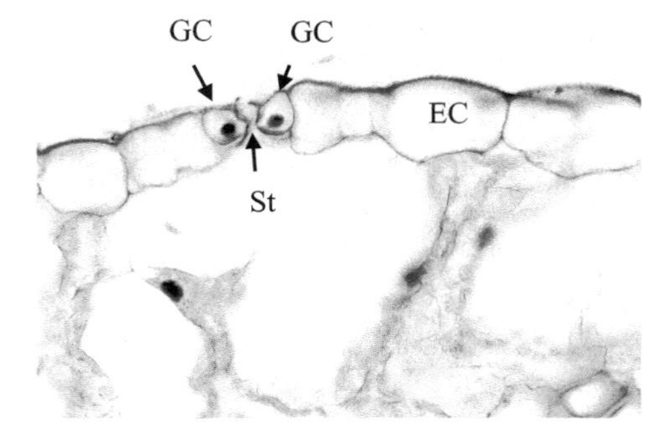

图3-14　蚕豆（*Vicia faba*）横切面装片，示气孔器侧面观

GC：保卫细胞；EC：表皮细胞；St：气孔

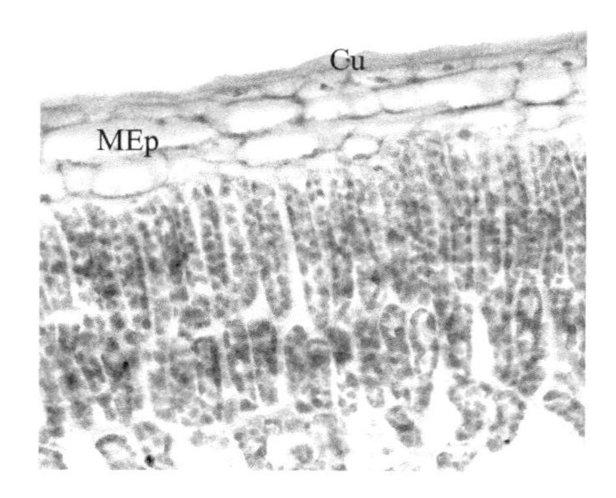

图3-15 夹竹桃（*Nerium oleander*）叶片横切装片，示复表皮和角质层

MEp：复表皮；Cu：角质层

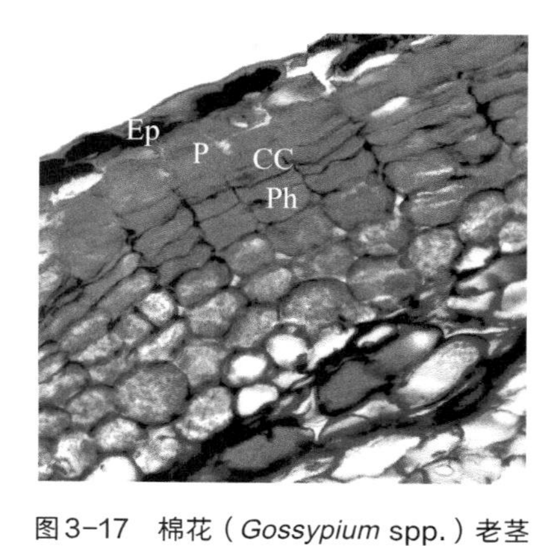

图3-17 棉花（*Gossypium* spp.）老茎横切，示周皮结构

Ep：表皮；P：木栓层；CC：木栓形成层；Ph：栓内层

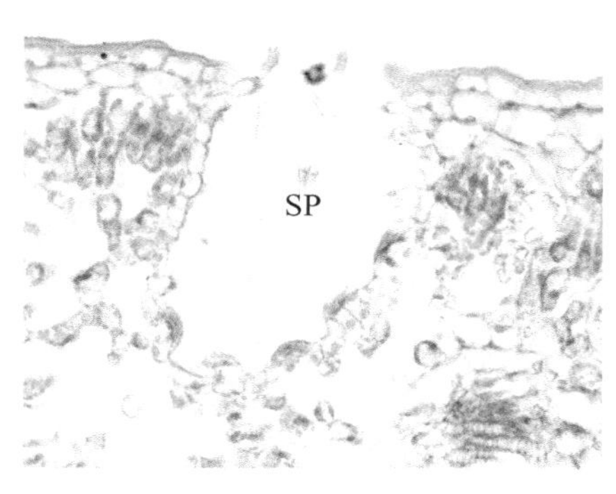

图3-16 夹竹桃（*Nerium oleander*）叶片横切装片，示气孔窝

SP：气孔窝，内有表皮毛和多个气孔

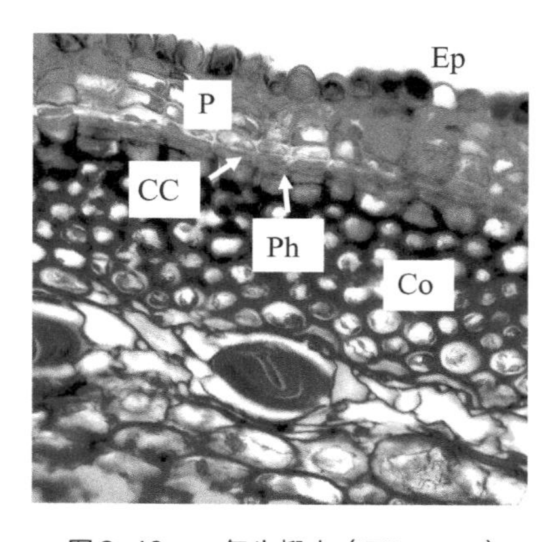

图3-18 一年生椴木（*Tilia tuan*）茎横切，示周皮结构

Ep：表皮；P：木栓层；Co：皮层；CC：木栓形成层；Ph：栓内层

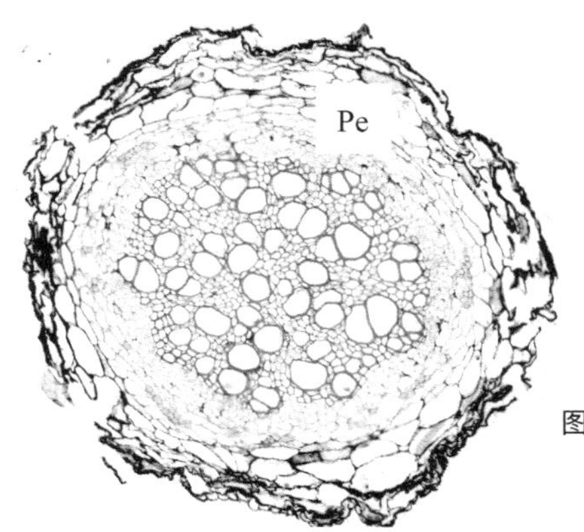

图3-19 蚕豆（*Vicia faba*）老根横切，示周皮结构

Pe：周皮

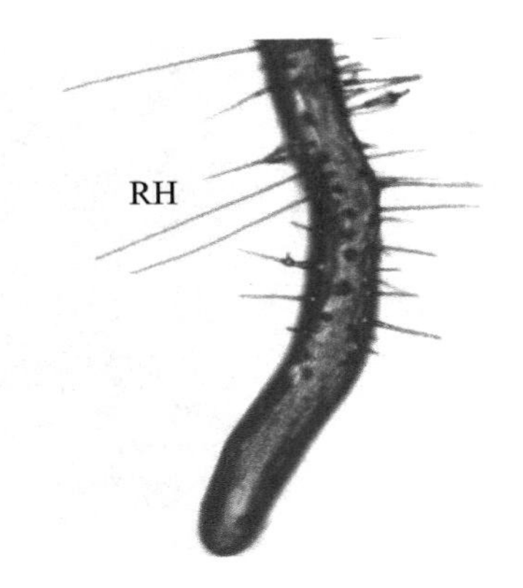

图3-20　拟南芥（*Arabidopsis thaliana*）根尖，示吸收组织

RH：根毛

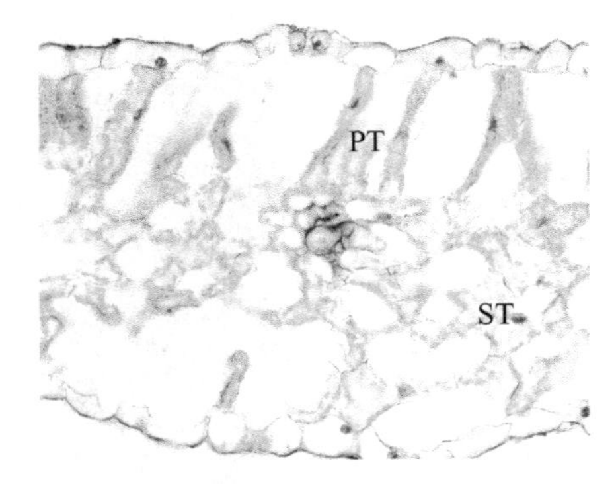

图3-21　蚕豆（*Vicia faba*）叶片横切，示同化组织

PT：栅栏组织；ST：海绵组织

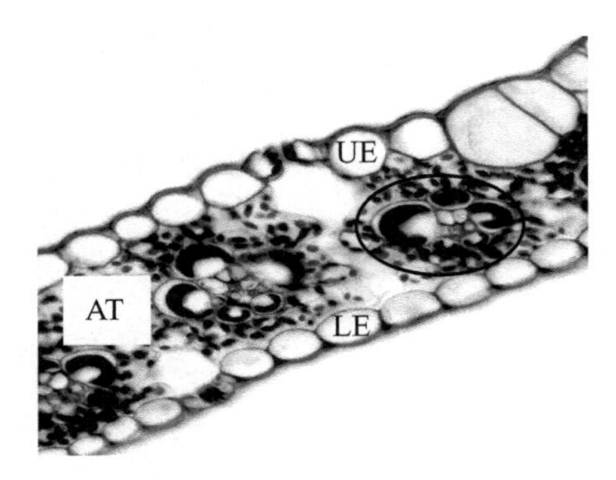

图3-22　玉米（*Zea mays*）叶片横切，示同化组织

UE：上表皮；AT：同化组织；LE：下表皮；黑圈所示为一个维管束

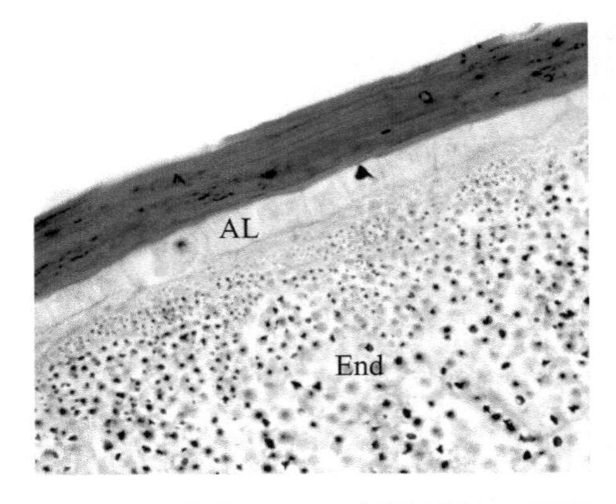

图3-23　玉米（*Zea mays*）颖果切片，示贮藏组织

End：胚乳（内为淀粉粒，贮藏淀粉）；
AL：糊粉层（内为糊粉粒，贮藏蛋白质）

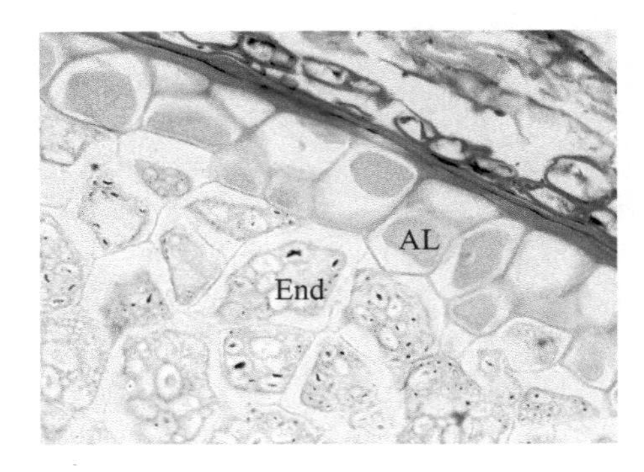

图3-24　小麦（*Triticum aestivum*）颖果切片，示贮藏组织

End：胚乳（内为淀粉粒，贮藏淀粉）；
AL：糊粉层（内为糊粉粒，贮藏蛋白质）

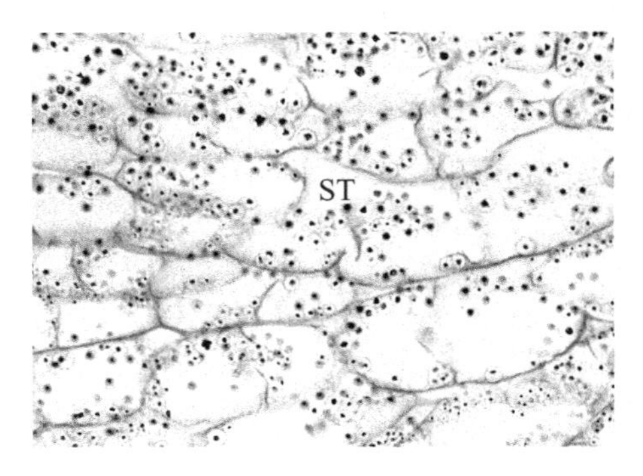

图3-25　甘薯[*Dioscorea esculenta* (Lour.) Burkill] 根切片，示贮藏组织

ST：贮藏组织（内为淀粉粒，贮藏淀粉）

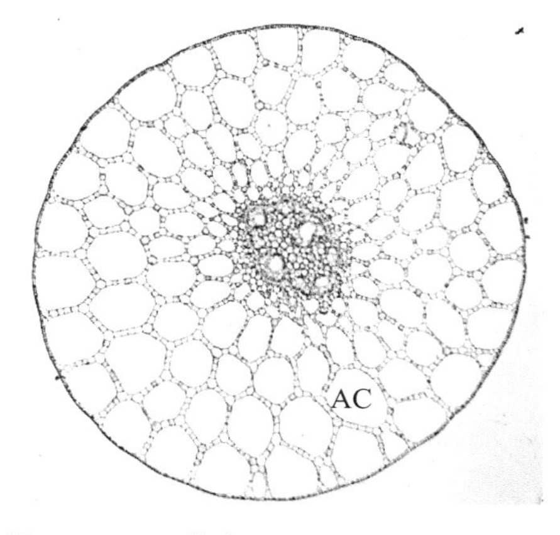

图3-26　眼子菜（*Potamogeton distinctus*）茎横切装片，示通气组织

AC：气腔

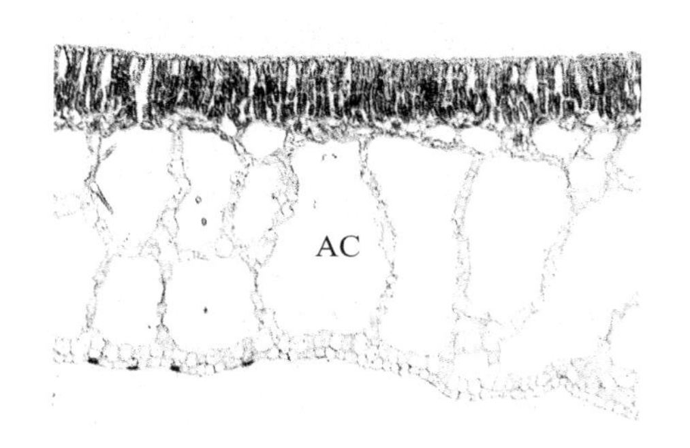

图3-27　睡莲（*Nymphaea tetragona*）叶片横切装片，示通气组织

AC：气腔

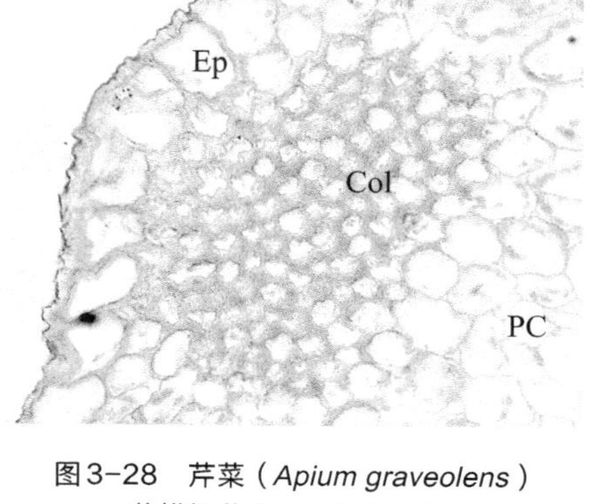

图3-28　芹菜（*Apium graveolens*）茎横切装片，示厚角组织

Col：厚角组织，红色多边形为几个相邻细胞的角隅加厚区域；Ep：表皮；PC：薄壁细胞

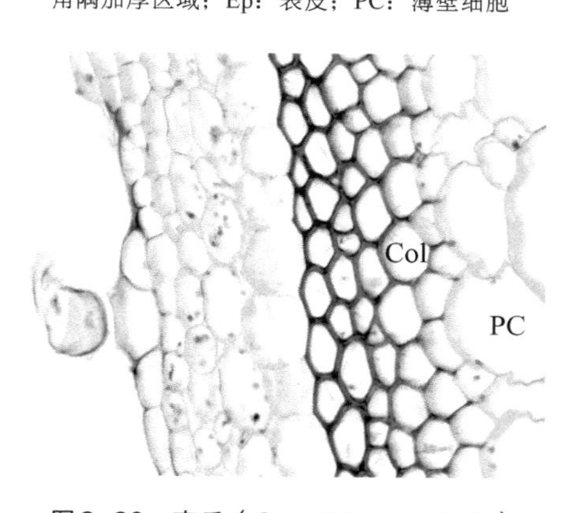

图3-29　南瓜（*Cucurbita moschata*）茎横切装片，示厚角组织

Col：厚角组织；PC：薄壁细胞

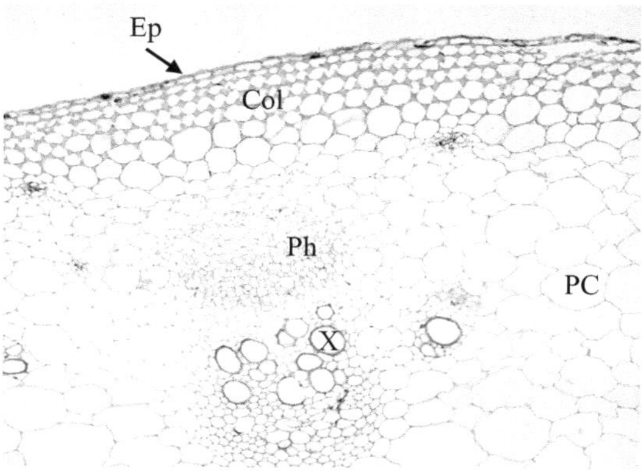

图3-30　大丽花（*Dahlia pinnata*）叶柄横切装片，示厚角组织

Col：厚角组织；Ep：表皮；PC：薄壁细胞；Ph：韧皮部；X：木质部

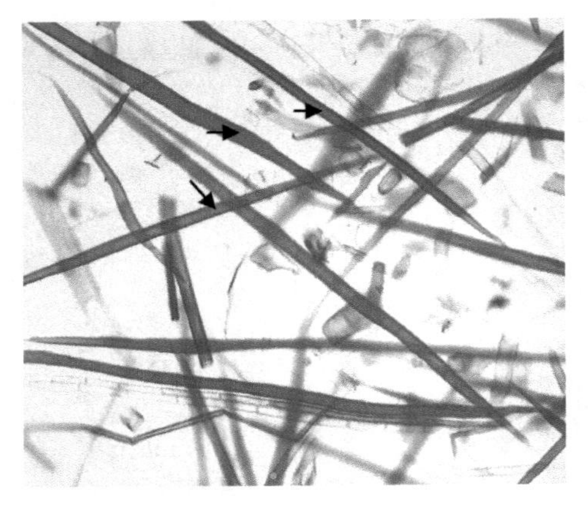

图3-31　葡萄（*Vitis vinifera*）茎离析装片，示厚壁组织

箭头所指为纤维

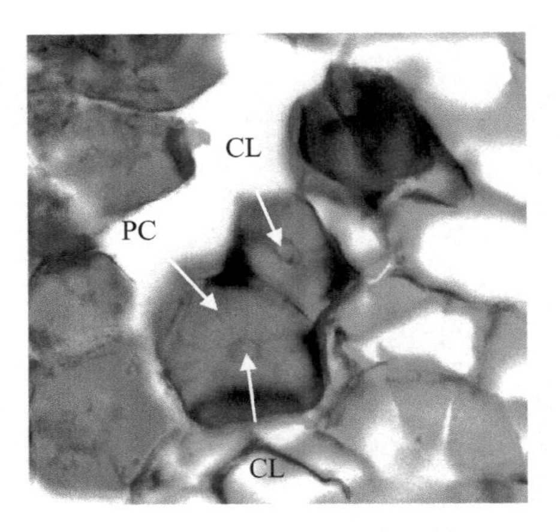

图3-33　梨（*Pyrus* spp.）果肉装片，示石细胞

CL：细胞腔；PC：纹孔道

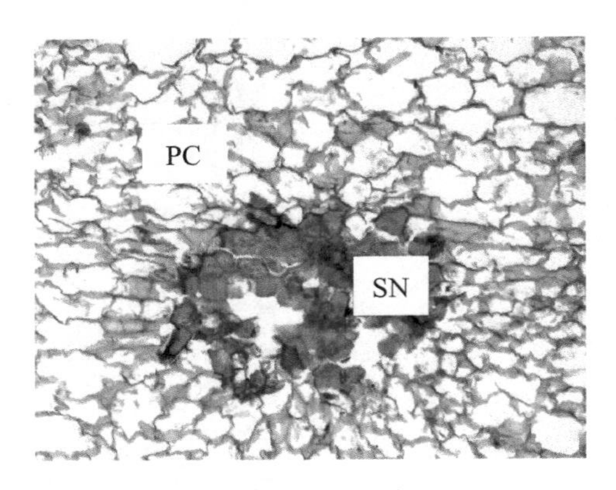

图3-32　梨（*Pyrus* spp.）果肉装片，示厚壁组织

SN：石细胞群；PC：薄壁细胞

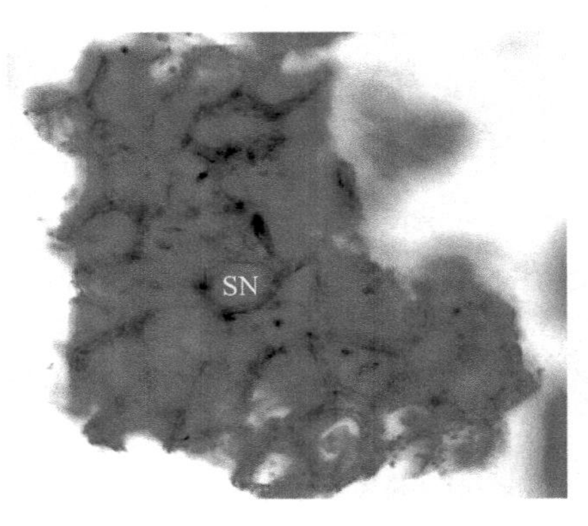

图3-34　核桃（*Juglans regia*）壳装片，示厚壁组织

SN：石细胞群

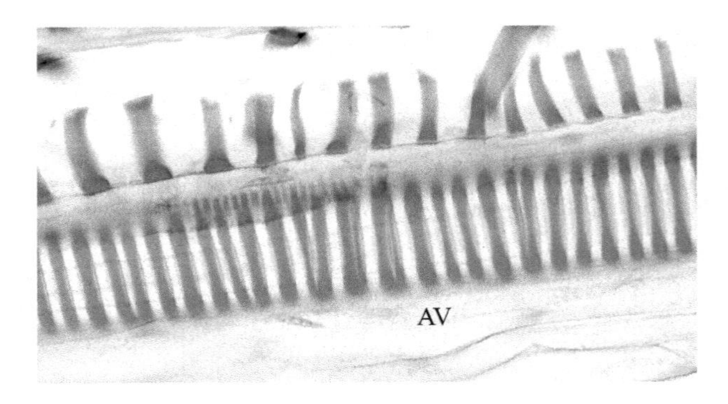

图3-35　玉米（*Zea mays*）茎纵切装片，示导管类型

AV：环纹导管

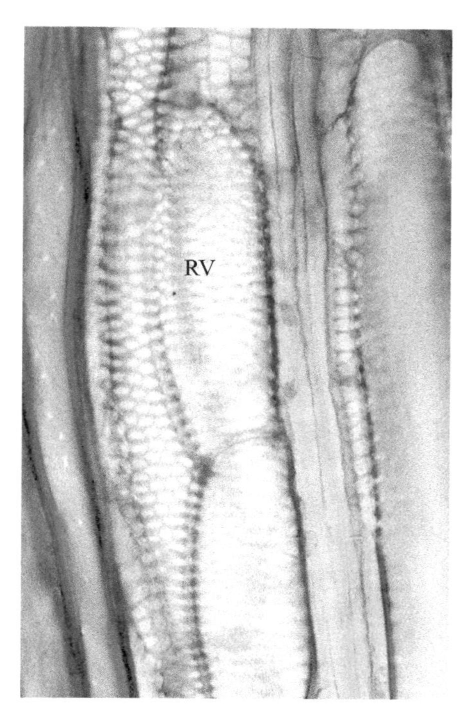

图3-36　玉米（*Zea mays*）茎纵切装片，示导管类型

RV：网纹导管

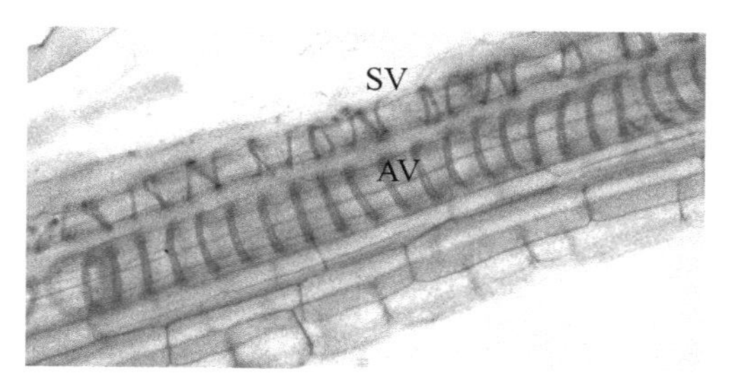

图3-37　南瓜（*Cucurbita moschata*）茎离析装片，示导管类型

SV：螺纹导管；AV：环纹导管

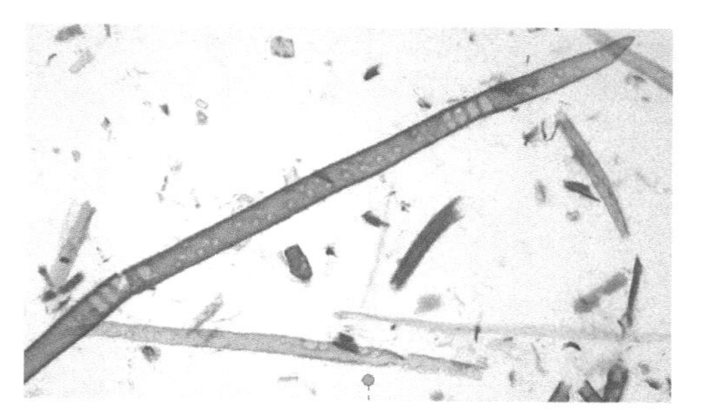

图3-38　松（*Pinus* spp.）茎离析装片，示管胞

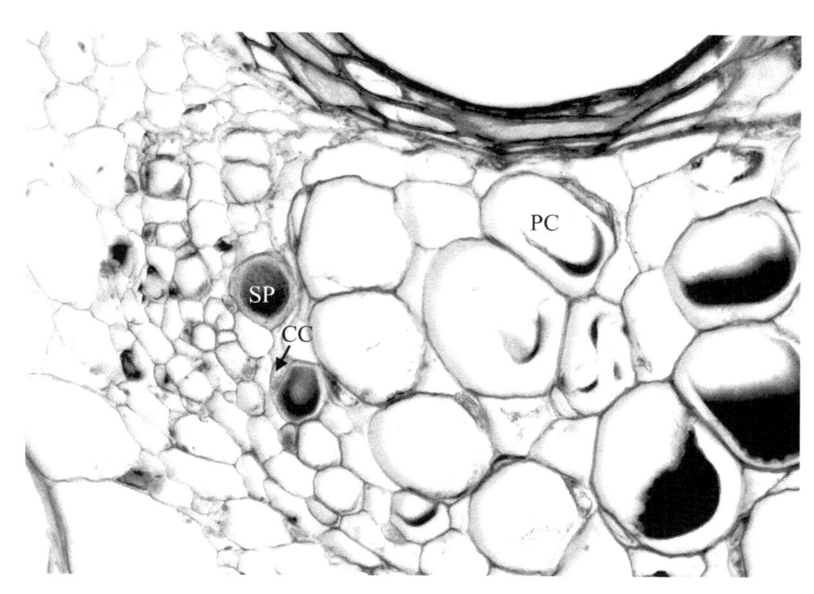

图3-39　南瓜（*Cucurbita moschata*）茎横切，示韧皮部结构

PC：韧皮薄壁细胞；CC：伴胞；SP：筛板，上有筛孔

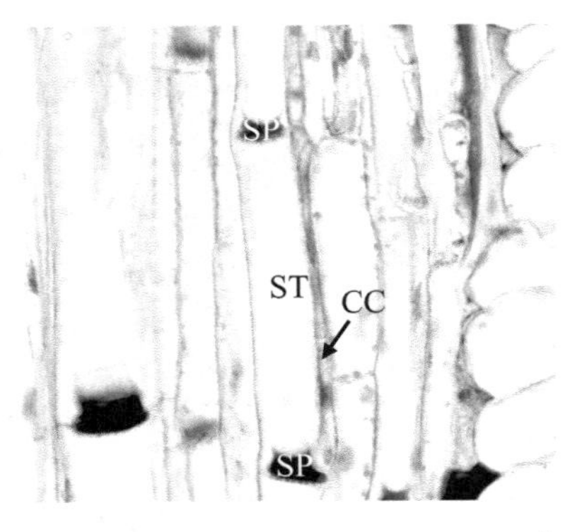

图3-40　南瓜（*Cucurbita moschata*）
茎纵切，示韧皮部结构

CC：伴胞；SP：筛板；ST：筛管

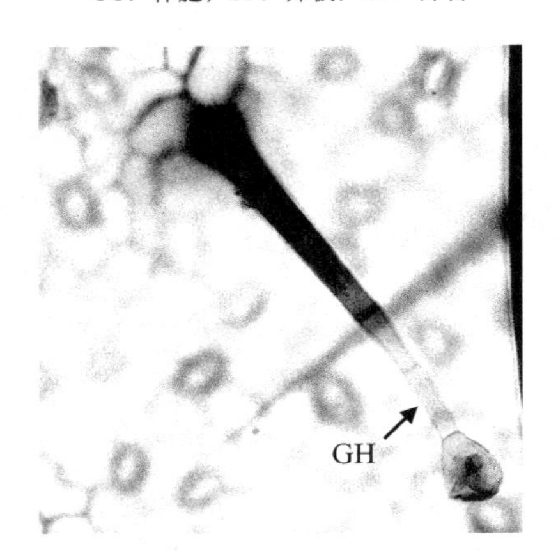

图3-41　天竺葵（*Pelargonium hortorum*）
叶下表皮，示腺毛

GH：腺毛

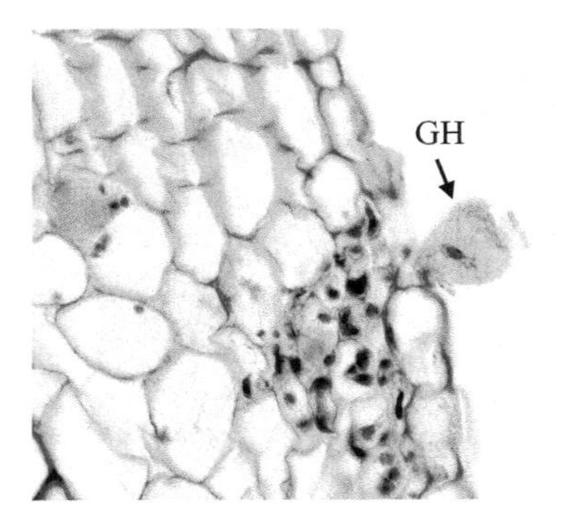

图3-42　南瓜（*Cucurbita moschata*）
茎横切，示腺毛

GH：腺毛

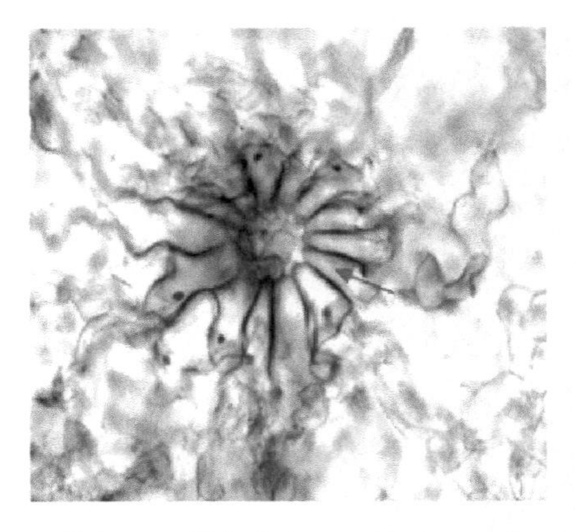

图3-43　薄荷（*Mentha haplocalyx*）
叶下表皮，示腺鳞

箭头所指为腺鳞

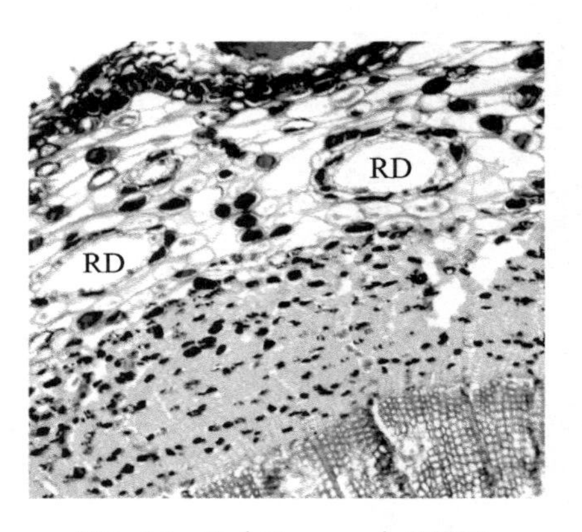

图3-44　松（*Pinus* sp.）茎横切，
示树脂道

RD：树脂道

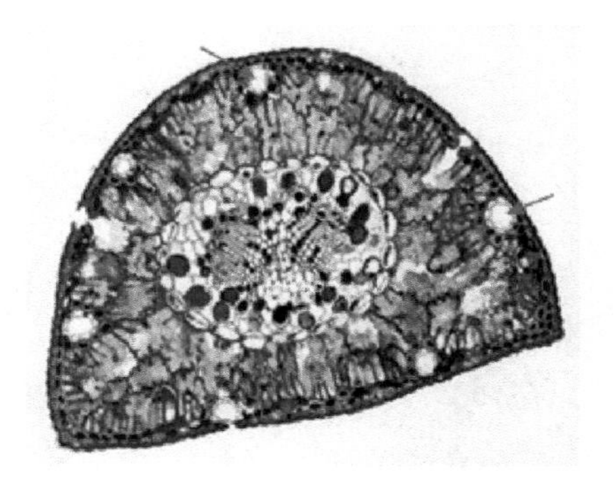

图3-45　松（*Pinus* sp.）叶横切，
示树脂道

箭头所指为树脂道

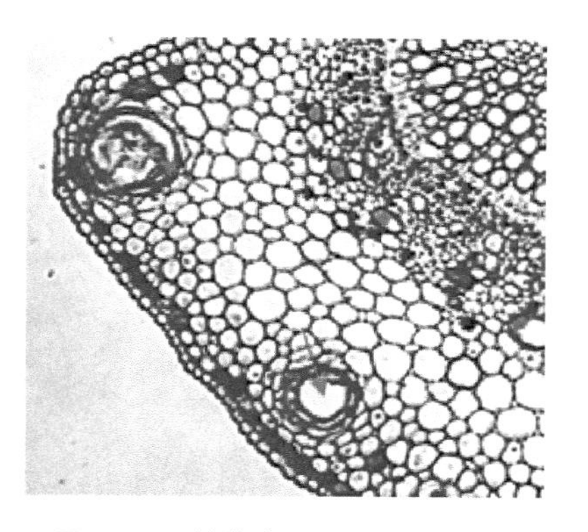

图3-46　棉花（*Gossypium* spp.）叶横切，示分泌腔

箭头所指为分泌腔

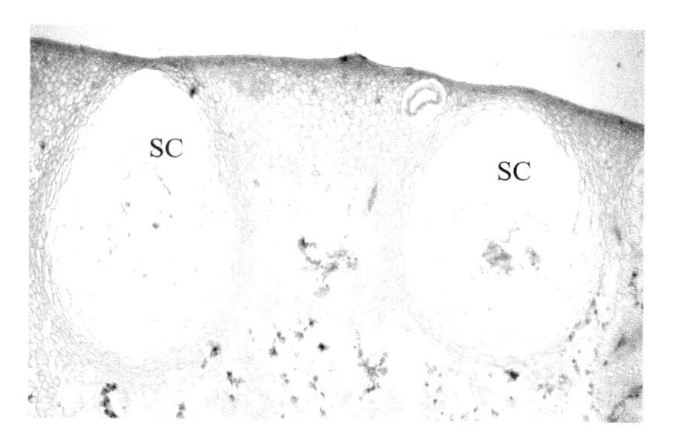

图3-47　橘（*Citrus reticulata*）果皮横切，示分泌腔

SC：分泌腔

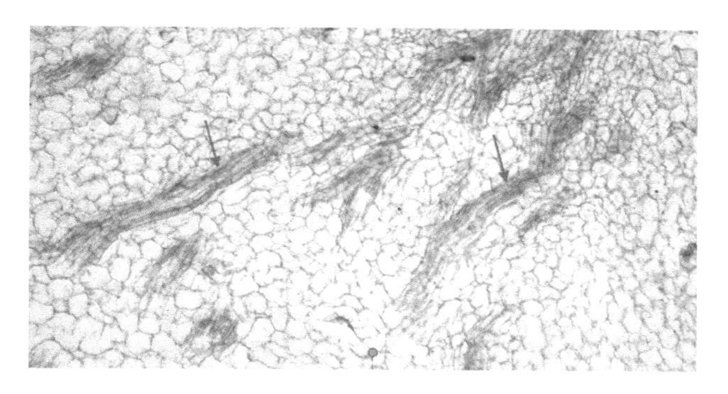

图3-48　生姜（*Zingiber officinale Roscoe*）切片，示乳汁管

箭头所指为乳汁管

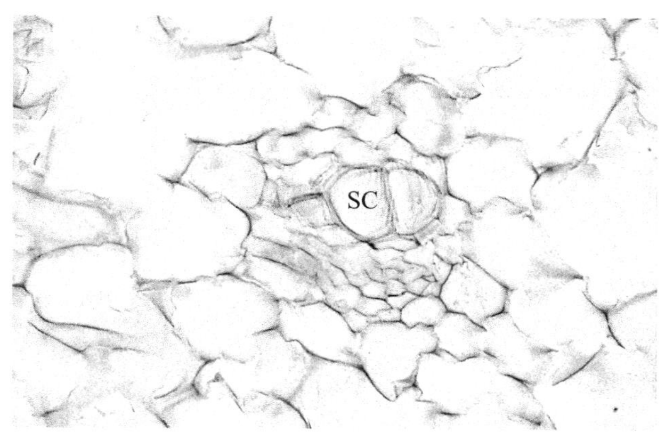

图3-49　生姜（*Zingiber officinale Roscoe*）切片，示分泌细胞

SC：分泌细胞

第4章　植物营养器官的结构和功能

器官是由多种组织构成的能行使一定功能的结构单位。高等被子植物有根、茎、叶、花、果实、种子六大器官。根、茎、叶是植物进行吸收、同化、输导、贮藏等的器官，担负植物的营养生长，称为营养器官。本章主要介绍植物营养器官的结构和功能。

实验六　植物根的结构和功能

种子萌发过程中，胚根首先突破种皮形成根。根的主要功能有吸收、同化、输导、固着、支撑、繁殖、贮藏等。双子叶植物根有初生结构和次生结构。

【实验目的】

1. 了解根的外部形态和根系类型。
2. 识别根尖各分区所在部位及细胞构造特点。
3. 掌握根的内部结构。
4. 了解石蜡切片法制备植物永久装片技术。
5. 学习生物绘图方法。

【实验条件】

1. 实验器材

显微镜、载玻片、盖玻片、刀片、培养皿、滤纸等。

2. 实验材料

拟南芥种子、蚕豆（或玉米、小麦）籽粒、玉米根尖纵切装片、蚕豆根尖纵切装片、毛茛根横切装片、蚕豆幼根横切装片（初生结构）、棉花幼根横切装片（初生结构）、棉花老根横切装片（次生结构）、蚕豆老根横切装片（次生结构）、小麦幼根横切装片、小麦老根横切装片、水稻幼根横切装片、水稻老根横切装片、鸢尾根横切装片、蚕豆根纵切装片（示侧根形成）、花生根横切装片（示根瘤）、蚕豆根横切装片（示根瘤）、兰花根横切装片（示外生菌根）。

【实验内容】

1. 根系类型

一株植物地下部分根的总体称为根系。根系分为直根系和须根系两种。主根和侧根能明显区分的根系为直根系，大多数双子叶植物和裸子植物为直根系。各条根没有主侧根之分，粗细几近相等，呈丛生状态的根系为须根系，单子叶植物多为须根系。

取棉花（或蚕豆等其他植物）和狗尾草（或小麦等其他植物）根系，观察比较两者区别。棉花（或蚕豆）根系为直根系，主根和侧根能明显区分；狗尾草

（或小麦）为须根系，各条根的粗细差别不明显，呈丛生状态。

2. 根尖外形和分区

（1）根尖的外部形态及分区

根尖是指从根的最先端到根毛的一段，是根生命活动最旺盛的部分。根尖是根吸收、合成、分泌等作用的主要部位。

在实验前5～7天，将蚕豆（或玉米、小麦）籽粒浸水吸胀，置于垫有潮湿滤纸的培养皿内并加盖，放在25～28℃恒温培养箱中培养。在此期间补充水分保持滤纸湿润。待幼根长到2cm左右时，即可作为实验观察的材料。实验时，取植物幼根，截下根尖1～2cm放在载玻片上，用肉眼（或放大镜、体视解剖镜）观察幼根的外部形态。根尖最先端有一透明的帽状结构，即为根冠，根冠包裹生长锥（分生区）。幼根上有一区域密布白色绒毛，即根毛，这个部分即为根毛区（成熟区）。在生长锥和根毛区之间透明发亮的一段，即为伸长区。

用70%乙醇将拟南芥种子表面消毒5min，无菌水冲洗3～4次，而后浸没在无菌水中置4℃冰箱3～6天。将种子播种在MS固体培养基中，25℃垂直培养10天。取根尖置显微镜下观察根尖外部形态和分区。

（2）根尖的内部结构

取玉米（或蚕豆）根尖纵切装片，低倍镜下观察辨认根冠、生长锥、伸长区、根毛区所在的部位，然后转高倍镜仔细观察各部位细胞的形态、结构和特点。

根冠：位于根尖的最先端，由数层薄壁细胞组成，排列疏松，外层细胞较大，内部细胞较小，整个形状似帽状，罩在分生区外部。根冠外部细胞可产生和分泌大量黏液，使根在生长过程中容易深入土层，保护幼嫩的生长点。

分生区：包于根冠之内，长约1～2mm，由排列紧密的小型多面体细胞组成。细胞壁薄、核大、质浓，染色较深，在高倍镜下有时可见到有丝分裂的分裂相。分生区是根的顶端分生组织，不断进行细胞分裂，产生新细胞，增加细胞数目。在分生区的最前端有一团细胞，其分裂频率明显低于周围细胞，称为不活动中心或静止中心。

伸长区：位于分生区上方，长约2～5mm，此区细胞一方面沿长轴方向迅速伸长，另一方面开始分化，向成熟区过渡。

根毛区：位于伸长区上方，表面密生根毛。根毛是由表皮细胞外壁向外延伸而形成的管状突起。中央部分可见到已分化成熟的螺纹、环纹导管。根毛区是根吸收水分和矿物质的主要部分。

3. 双子叶植物根的初生构造

取蚕豆（或棉花、毛茛）幼根（初生结构）永久制片，在显微镜下观察，从外到内辨认以下各部分。

表皮：幼根的最外层细胞，排列整齐紧密，细胞壁薄，有些表皮细胞向外突出形成根毛，扩大了根的吸收面积。

皮层：位于表皮之内，由多层薄壁细胞组成，分为外皮层、中皮层和内皮层三部分。紧接表皮的1至数层排列整齐紧密的细胞为外皮层，细胞较小，无胞间隙。皮层最内一层细胞，排列整齐紧密为内皮层。内皮层细胞的上下壁和径向壁上，常有木质化和栓质化加厚，呈带状环绕细胞一周的凯氏带。在横切面上，凯氏带在相邻的径向壁上呈点状，称为凯氏点。内皮层和外皮层之间的数层薄壁细胞，为中皮层，占皮层的绝大部分，细胞较大，排列疏松，具有发达的细胞间隙，细胞常有各种贮藏物质。

维管柱：内皮层以内部分为维管柱，位于根的中央，由中柱鞘、初生木质部、初生韧皮部、薄壁细胞组成。

① 中柱鞘：紧接内皮层里面的一层薄壁细胞，排列整齐而紧密。中柱鞘细胞可转变成具有分裂能力的分生细胞，侧根、不定根、不定芽、木栓形成层和维管形成层的一部分发生于中柱鞘。

② 初生木质部：蚕豆多为四原型根，初生木质部呈辐射状排列，具四个辐射角。木质部细胞常被染成红色，明显可见，外始式发育。角尖端是最先发育的原生木质部，细胞管腔小，由一些螺纹和环纹导管组成；角的后方是分化较晚的后生木质部，细胞管腔大。

③ 初生韧皮部：位于初生木质部两个辐射角之间，与初生木质部相间排列，细胞较小、壁薄、排列紧密，其中呈多角形的是筛管或薄壁细胞，呈三角形或方形的小细胞为伴胞。初生韧皮部外始式发育，外侧为原生韧皮部，内侧为后生韧皮部。

④ 薄壁细胞：介于初生木质部和初生韧皮部之间的细胞。当根次生加粗生长时，其中一层细胞与中柱鞘的细胞联合起来发育成为维管形成层。

4. 单子叶植物根的结构

取小麦（或水稻）根横切面装片，先在低倍镜下区分出表皮、皮层和维管束三部分，再转高倍镜由外向内逐层观察。

表皮：最外的一层细胞，寿命较短。当根毛枯死后，表皮细胞往往解体而脱落。

皮层：靠近表皮的一至数层细胞，体积较小，排列紧密，为外皮层。在根发育后期，外皮层细胞常栓化成厚壁组织，替代表皮起保护和支持作用。单子叶植物（稍老）内皮层细胞多为五面加厚，并栓质化，在横切面上呈马蹄形，仅外向壁是薄壁，但在正对初生木质部处的内皮层细胞常不加厚，保持薄壁状态，即为通道细胞。玉米、大麦等无通道细胞，但具丰富的胞间连丝。皮层中间的皮层薄壁细胞，细胞排列疏松，间隙明显，在水稻等湿生植物中，有明显的气腔。

维管束：初生木质部和初生韧皮部相间排列，多原型，外始式发育。位于木质部和韧皮部之间的薄壁细胞，在根发育后期转变为厚壁组织，增强根的支持能力。中央是薄壁细胞组成的髓，占据根的中心，为单子叶植物根的典型特征之一。在发育后期，髓转变为木化的厚壁组织，增加机械支持力。

5.双子叶植物根的次生结构

取蚕豆（或棉花）老根横切装片，先在低倍镜下观察周皮、次生维管组织和中央的初生木质部的位置，然后在高倍镜下观察次生结构的各个部分。

周皮：位于老根最外方，在横切面上呈扁方形，径向壁排列整齐，常被染成棕红色的几层无核木栓细胞，即为木栓层。在木栓层内方，有一层被固绿染成蓝绿色的扁方形的薄壁活细胞，细胞质较浓，有的细胞能见到细胞核，即为木栓形成层。接木栓形成层的内侧，有1～2层较大的薄壁细胞，即为栓内层。

初生韧皮部：在栓内层以内，大部分被挤压而呈破损状态，一般分辨不清。

次生韧皮部：位于初生韧皮部内侧被固绿染成蓝绿色的部分，为次生韧皮部，它由筛管、伴胞、韧皮薄壁细胞和韧皮纤维组成。其中细胞口径较大，呈多角形的为筛管；细胞口径较小，位于筛管的侧壁呈三角形或长方形的为伴胞；韧皮薄壁细胞较大，在横切面上与筛管形态相似，常不易区分；细胞壁薄，被染成淡红色的为韧皮纤维。此外，还有许多薄壁细胞在径向方向上排列成行，呈放射状的倒三角形，为韧皮射线。

维管形成层：位于次生韧皮部和次生木质部之间，是由一层扁长形的薄壁细胞组成的圆环，染成浅绿色，有时可观察到细胞核。

次生木质部：位于形成层以内，在次生根横切面上占较大比例，常被番红染成红色，由导管、管胞、木薄壁细胞和木纤维细胞组成。其中口径较大，呈圆形或近圆形，增厚的木质化次生壁被染成红色的死细胞为导管；管胞和木纤维在横切面上口径较小，可与导管区分，一般也被染成红色，其中木纤维细胞壁较管胞壁更厚。此外，还有许多被染成绿色的薄壁细胞夹在其中。呈放射状、排列整齐的薄壁细胞，为木射线。木射线与韧皮射线是相通的，可合称为维管射线。

初生木质部：在次生木质部之内，位于根的中心，呈星芒状。

6.侧根的形成

观察蚕豆根（示侧根形成）纵切装片。侧根发生时，中柱鞘的某些细胞脱分化形成侧根原基，侧根原基分化出生长点和根冠，穿过主根皮层和表皮形成侧根。侧根的维管束与主根连成一体，基本结构与主根相同。

7.根瘤和菌根的结构

观察蚕豆和花生的根瘤装片。根瘤是植物根与细菌的共生体，根瘤菌侵入植物根的皮层，刺激皮层细胞分裂形成瘤状突起。根瘤菌具有固氮作用。

菌根是植物根与真菌的共生体。菌根有三种类型：外生菌根的真菌菌丝体生长于根外表，只有少数菌丝侵入表皮和最外几层皮层细胞的胞间隙。内生菌根的真菌菌丝体侵入到根表皮和皮层细胞内和胞间隙中。内外生菌根的真菌菌丝体在根的表面、胞间隙和细胞内部。

【实验作业】

1.绘根尖图，并注明各区名称。
2.绘双子叶植物幼根（初生结构）横切面结构图，并注明各部分结构名称。
3.绘单子叶植物根横切面结构图，并注明各部分结构名称。
4.绘双子叶植物老根（次生结构）横切面结构图，并注明各部分结构名称。

图4-1　灯芯草（*Juncus effuses*）须根系（左侧）和桑树（*Morus alba*）直根系（右侧）

PR：主根；LR：侧根

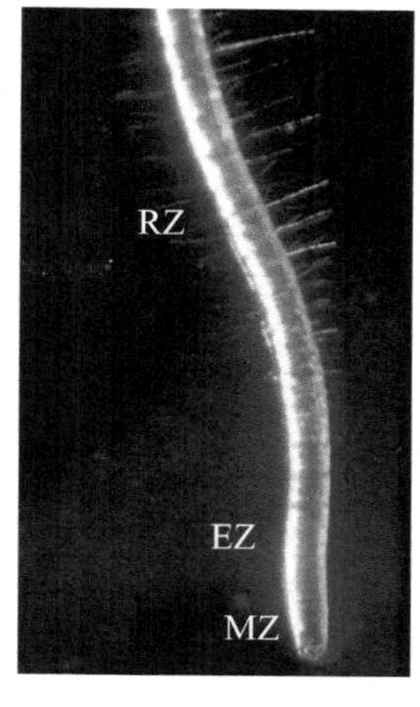

图4-2　拟南芥（*Arabidopsis thaliana*）根尖

MZ：分生区；EZ：伸长区；RZ：根毛区

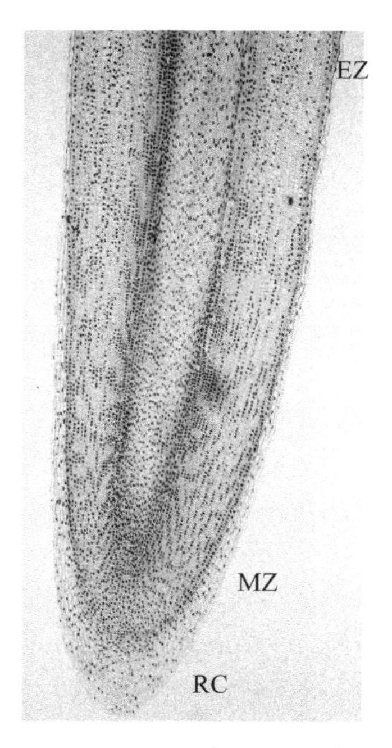

图4-3　蚕豆（*Vicia faba*）根尖纵切，示根尖分区

RC：根冠；MZ：分生区；EZ：伸长区

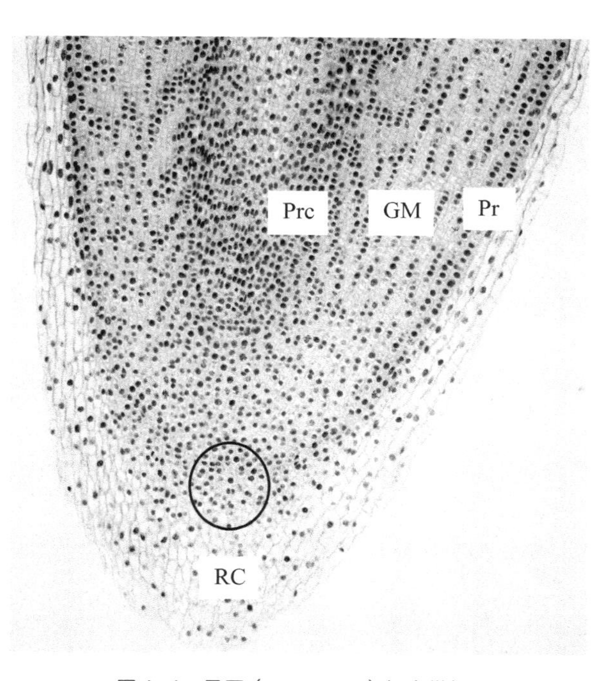

图4-4　蚕豆（*Vicia faba*）根尖纵切，示分生区和静止中心

RC：根冠；Pr：原表皮；Prc：原形成层；GM：基本分生组织　黑环所示为静止中心

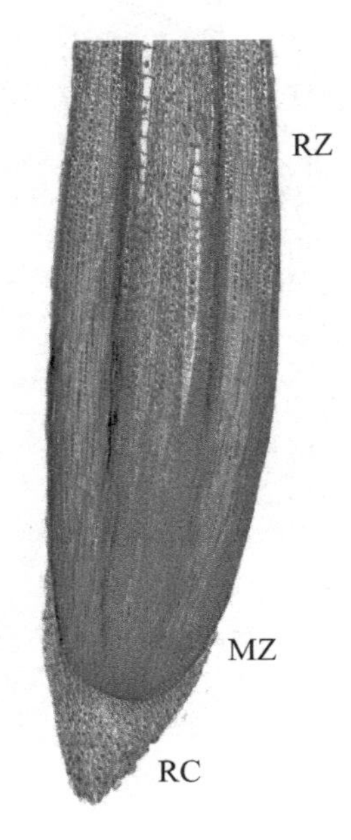

图4-5　玉米（*Zea mays*）
根尖纵切，示根尖分区

RC：根冠；MZ：分生区；
EZ：伸长区

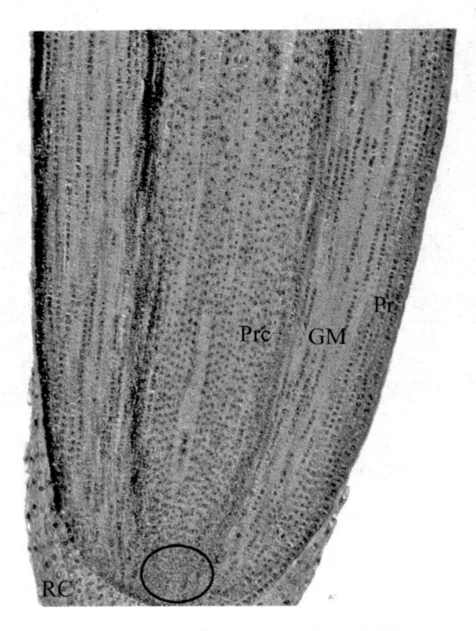

图4-6　玉米（*Zea mays*）根尖纵切，
示分生区和静止中心

RC：根冠；Pr：原表皮；Prc：原形成层；
GM：基本分生组织　黑环所示为静止中心

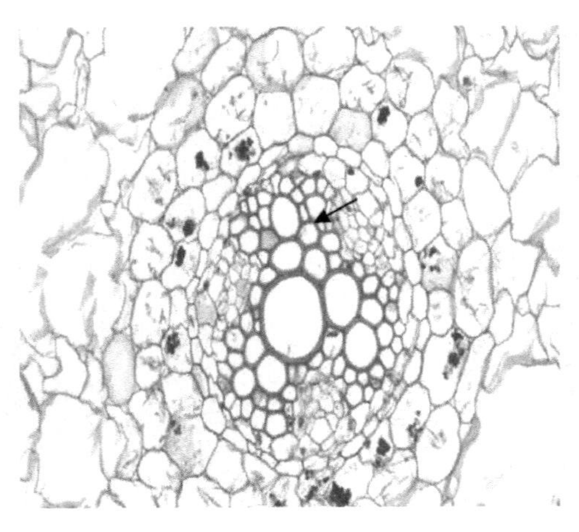

图4-7　毛茛（*Ranunculus japonicas*）
幼根横切，示三原型幼根（箭头所指）

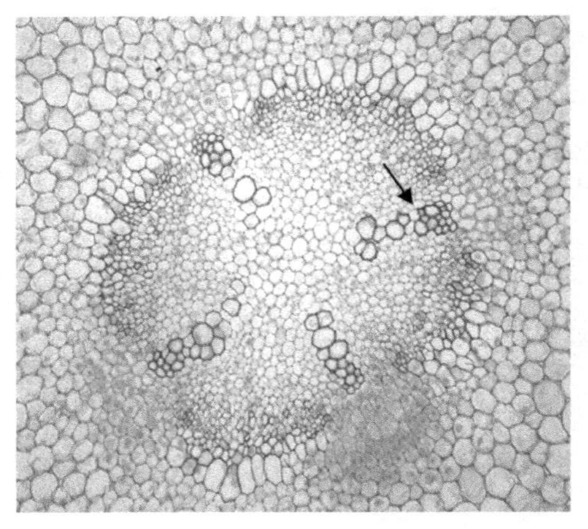

图4-8　蚕豆（*Vicia faba*）幼根横切，
示四原型幼根（箭头所指）

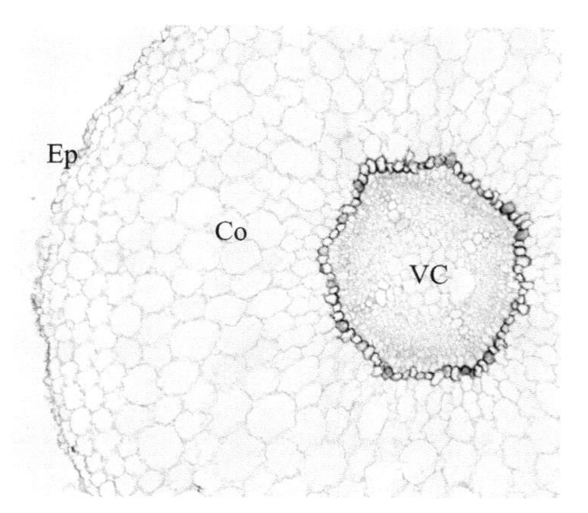

图4-9　棉花（*Gossypium* spp.）幼根横切，示双子叶植物根的初生结构

Ep：表皮；Co：皮层；VC：维管柱

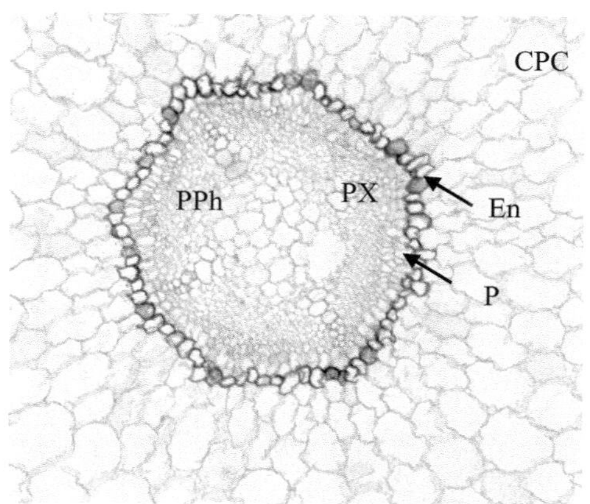

图4-10　棉花（*Gossypium* spp.）幼根横切，示双子叶植物根初生结构的维管柱

CPC：皮层薄壁细胞；En：内皮层；P：中柱鞘；PX：初生木质部；PPh：初生韧皮部

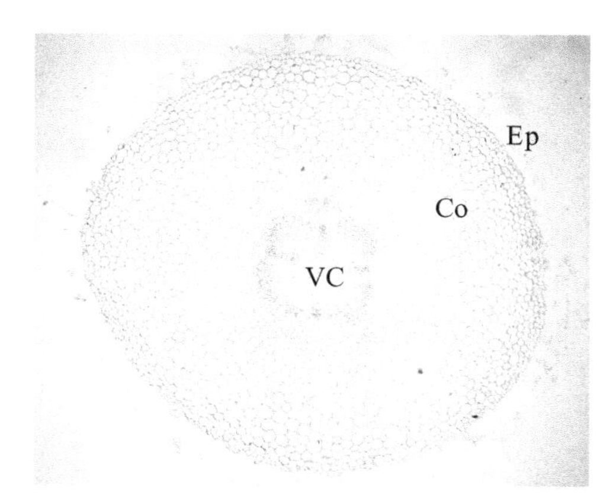

图4-11　蚕豆（*Vicia faba*）幼根横切，示双子叶植物根的初生结构

Ep：表皮，上有根毛；Co：皮层；VC：维管柱

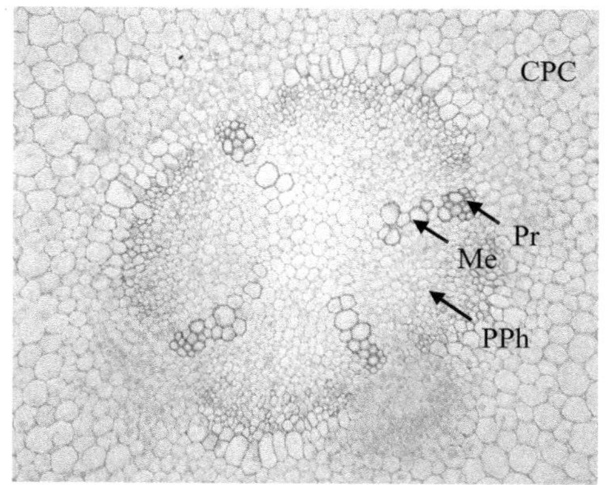

图4-12　蚕豆（*Vicia faba*）幼根横切，示双子叶植物根初生结构的维管柱

CPC：皮层薄壁细胞；Pr：原生木质部；Me：后生木质部；PPh：初生韧皮部

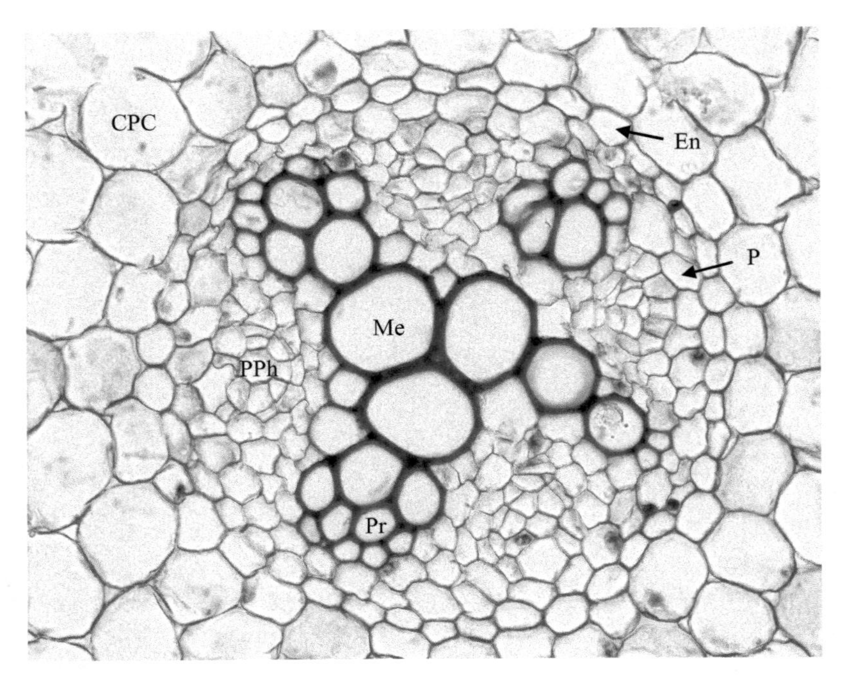

图4-13　毛茛（*Ranunculus japonicus*）根横切，示双子叶植物根初生结构的维管柱

CPC：皮层薄壁细胞；En：内皮层；Pr：原生木质部；
Me：后生木质部；PPh：初生韧皮部；P：中柱鞘

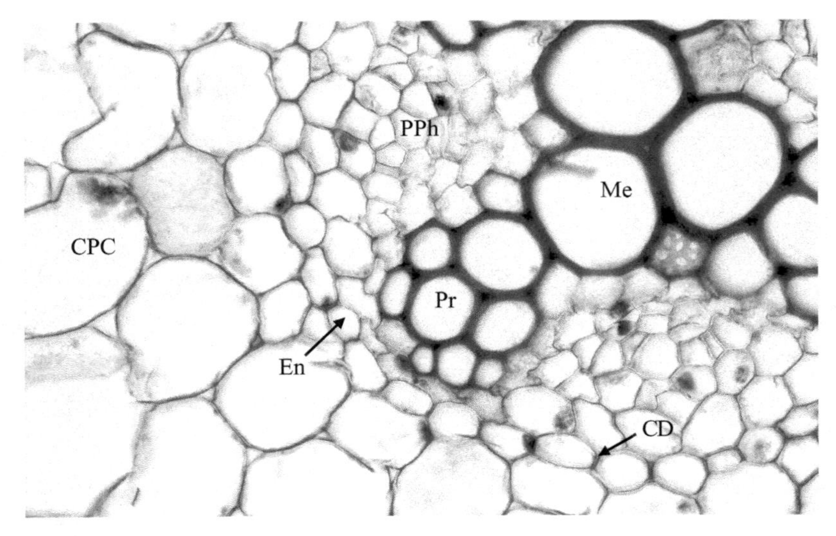

图4-14　毛茛（*Ranunculus japonicus*）根横切，示内皮层细胞上的凯氏点

CPC：皮层薄壁细胞；En：内皮层；CD：凯氏点；Me：后生木质部；
PPh：初生韧皮部；Pr：原生木质部

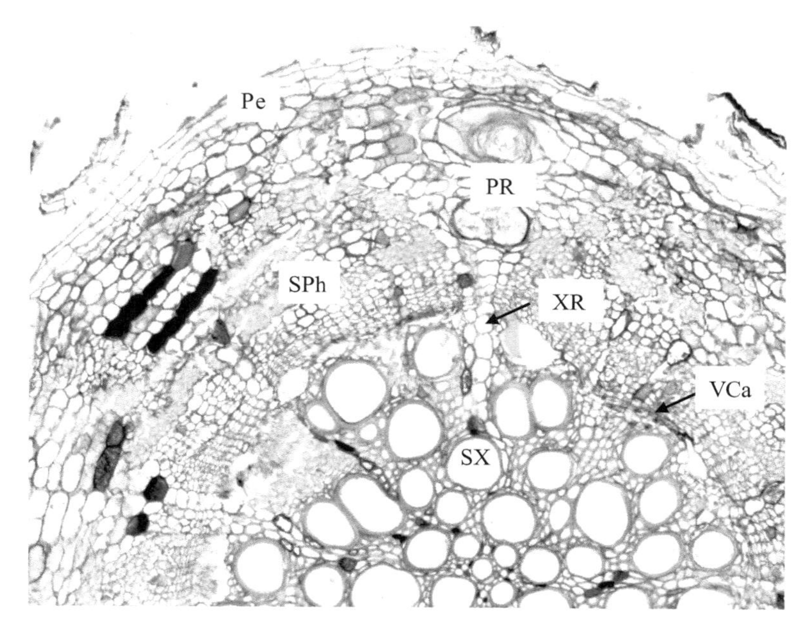

图4-15　棉花（*Gossypium* spp.）老根横切，示双子叶植物根的次生结构

Pe：周皮；SPh：次生韧皮部；XR：木射线；PR：韧皮射线；
VCa：维管形成层；SX：次生木质部

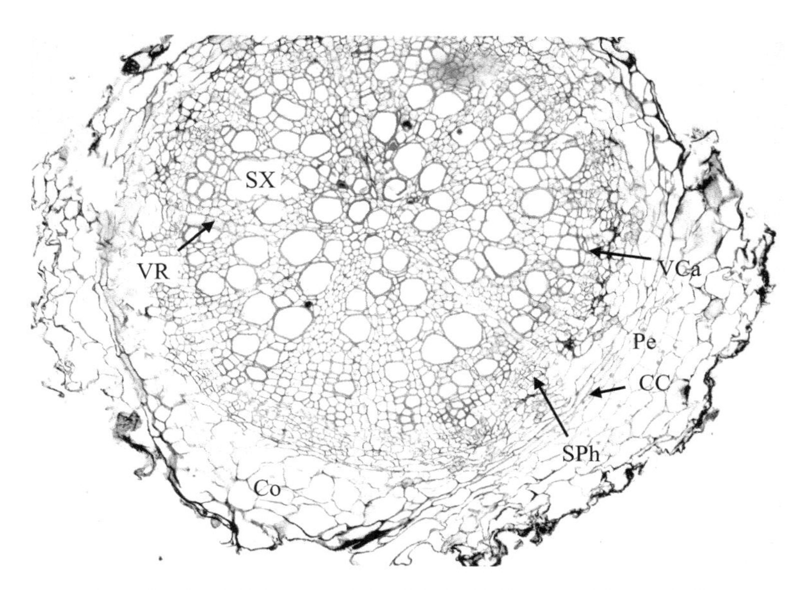

图4-16　蚕豆（*Vicia faba*）老根横切，示双子叶植物根的次生结构

Pe：周皮；CC：木栓形成层；SPh：次生韧皮部；Co：破坏的皮层；
VCa：维管形成层；SX：次生木质部；VR：维管射线

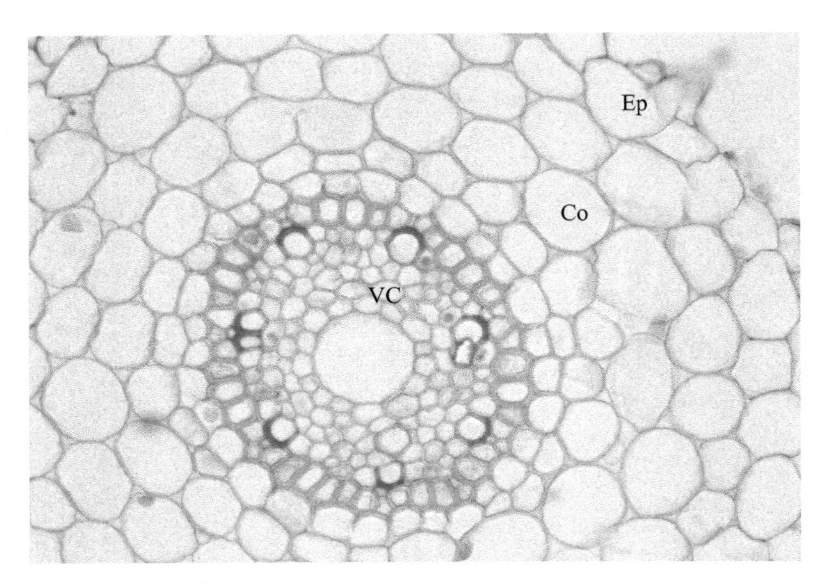

图4-17　小麦（*Triticum aestivum*）幼根横切，示单子叶植物根的结构

EP：表皮；Co：皮层；VC：维管柱

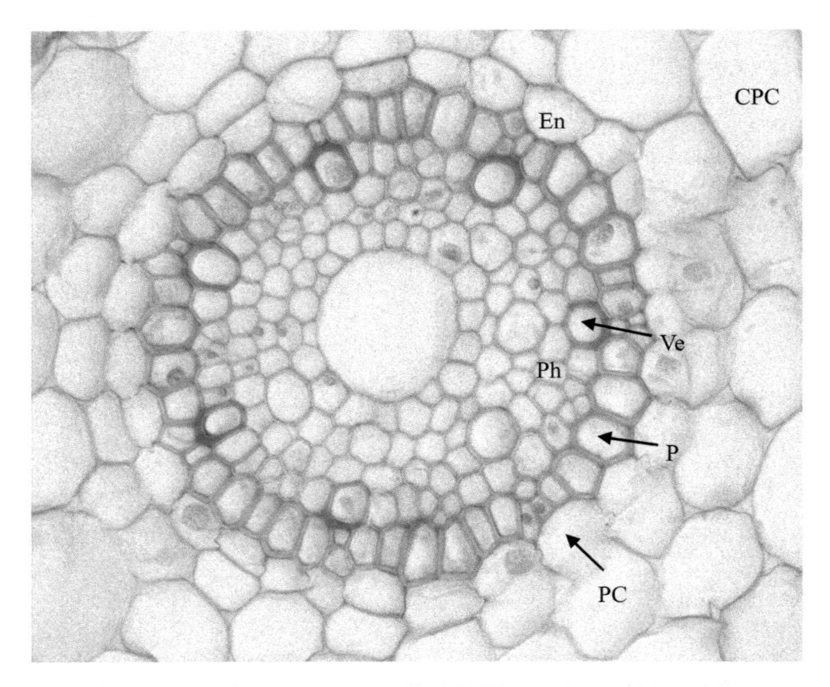

图4-18　小麦（*Triticum aestivum*）幼根横切，示单子叶植物根的中柱

CPC：皮层薄壁细胞；En：内皮层（细胞五面加厚）；P：中柱鞘；
PC：通道细胞；Ve：导管；Ph：韧皮部

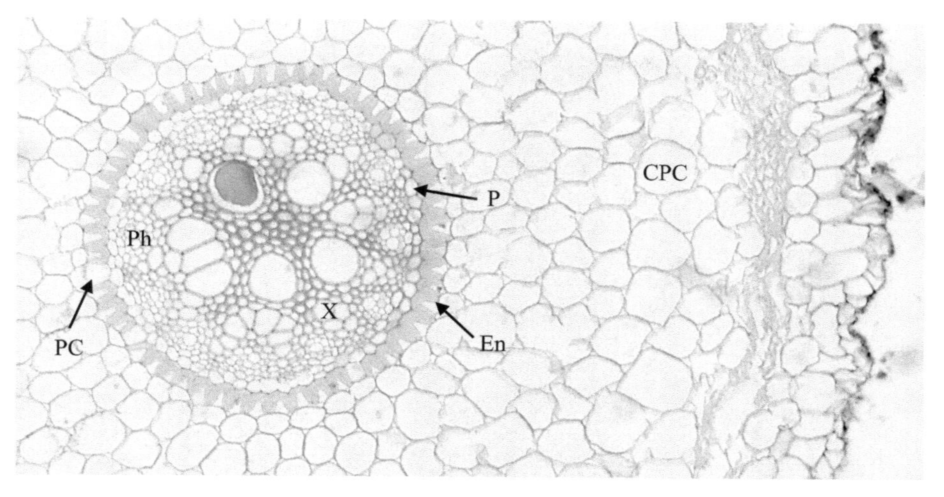

图4-19　鸢尾（*Iris tectorum*）根横切，示单子叶植物根的中柱

CPC：皮层薄壁细胞；En：内皮层（细胞五面加厚）；P：中柱鞘；
Ph：韧皮部；X：木质部；PC：通道细胞

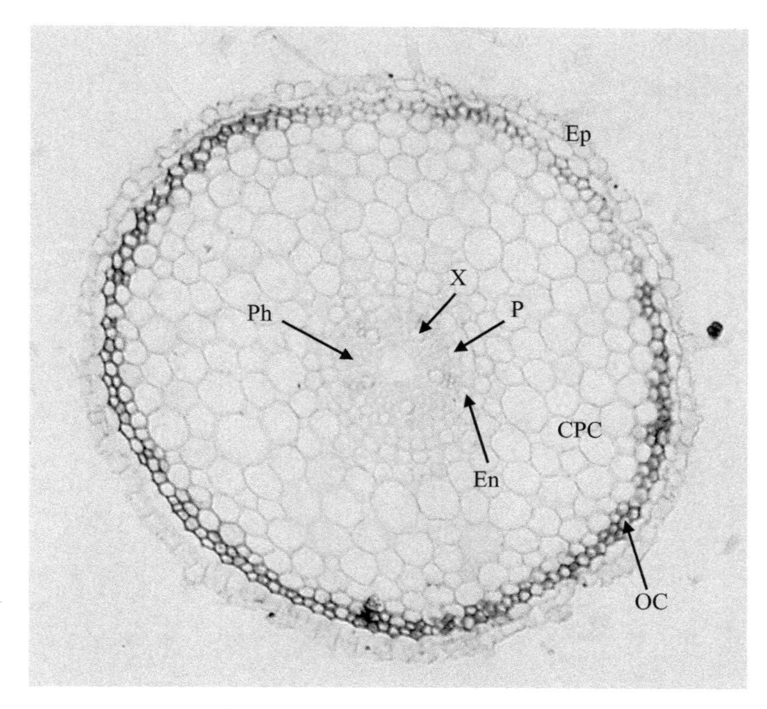

图4-20　水稻（*Oryza sativa*）幼根横切，示单子叶植物根的结构

Ep：表皮；OC：外皮层；CPC：皮层薄壁细胞；
En：内皮层（细胞五面加厚）；
P：中柱鞘；Ph：韧皮部；X：木质部

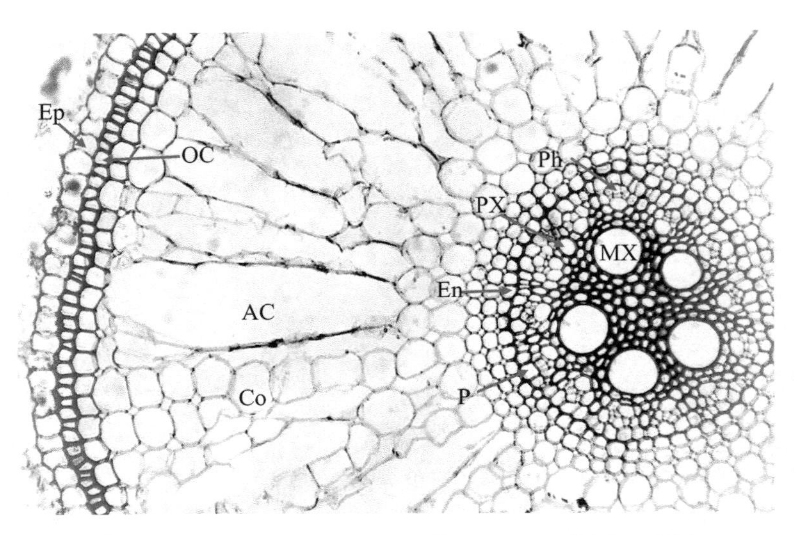

图4-21 水稻（*Oryza sativa*）老根横切，示单子叶植物根的结构

Ep：表皮；OC：外皮层；Co：皮层；AC：气腔；En：内皮层（细胞五面加厚）；P：中柱鞘；Ph：韧皮部；PX：原生木质部；MX：后生木质部

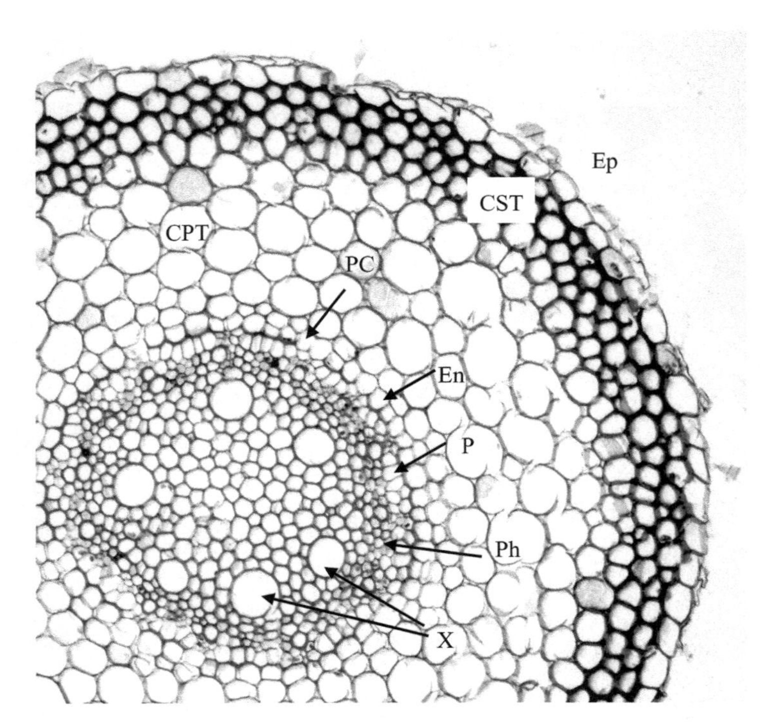

图4-22 小麦（*Triticum aestivum*）老根横切，示单子叶植物根的结构

Ep：表皮；CST：皮层厚壁组织；CPT：皮层薄壁组织；En：内皮层（细胞五面加厚，具通道细胞）；PC：通道细胞；P：中柱鞘；X：木质部；Ph：韧皮部

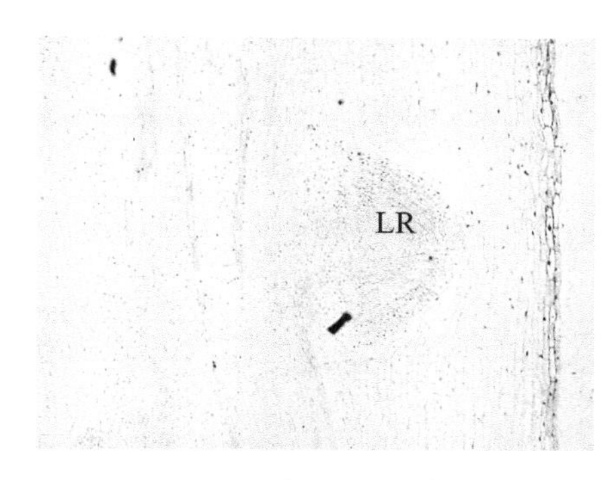

图4-23　蚕豆（*Vicia faba*）根纵切，示侧根形成

LR：侧根

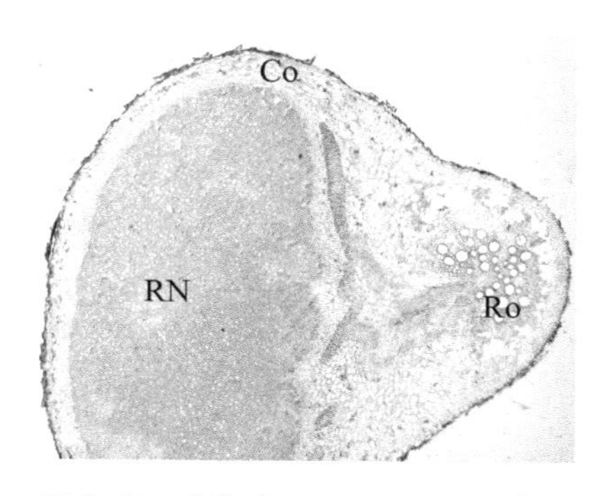

图4-24　花生（*Arachis hypogaea*）根横切，示根瘤结构

Ro：根；Co：根的皮层；RN：根瘤

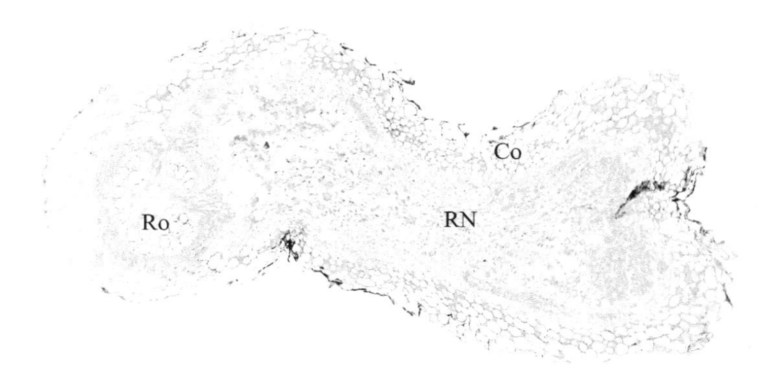

图4-25　蚕豆（*Vicia faba*）幼根横切，示根瘤结构

Ro：根；Co：根的皮层；RN：根瘤

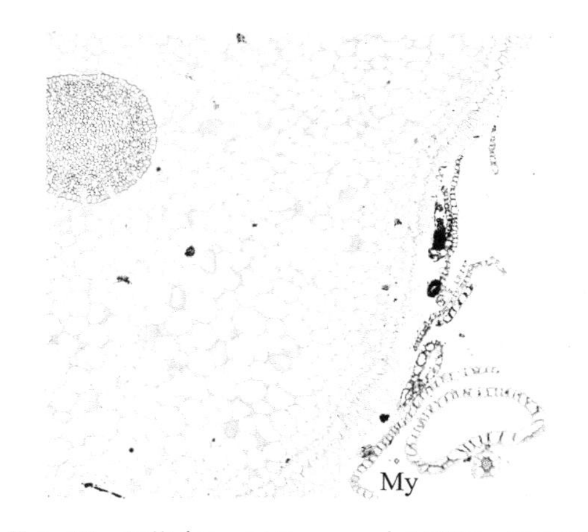

图4-26　兰花（*Cymbidium* ssp.）根横切，示外生菌根

My：菌根

实验七　植物茎的结构和功能

种子萌发以后，随着根系的发育，上胚轴和胚芽向上发展成为地上部分的茎和叶。茎的主要功能是支撑、输导、贮藏和繁殖以及光合作用等。

【实验目的】

1. 观察枝条的外部形态。
2. 掌握双子叶植物茎的初生结构。
3. 掌握禾本科植物茎的结构。
4. 掌握双子叶植物茎的次生结构。
5. 了解石蜡切片法制备植物永久装片技术。
6. 学习生物绘图方法。

【实验条件】

1. 实验器材

显微镜、擦镜纸、吸水纸等。

2. 实验材料

新鲜枝条、棉花幼茎横切装片、南瓜茎横切装片、向日葵茎横切装片、棉花老茎横切装片、一年生椴木茎横切装片、二年生椴木茎横切装片、三年生椴木茎横切装片、夹竹桃茎横切装片、眼子菜茎横切装片、水稻茎横切装片、小麦茎横切装片、玉米茎横切装片、松树茎横切装片、马尾松茎横切装片，毛竹茎横切装片。

【实验内容】

1. 枝条外部形态

植物茎多为圆柱形，也有三角形、方柱形、扁柱形等，长短也有很大的区别。茎上着生叶和芽的位置叫节，两节之间的部分为节间。着生在茎顶端的芽叫顶芽，叶腋处的芽叫腋芽。叶子脱落后在节上留下的痕迹称为叶痕，叶痕中维管束的痕迹称为叶迹。被芽外面芽鳞脱落后的痕迹称为芽鳞痕。

取枝条观察，辨认节与节间、顶芽与侧芽（腋芽）、叶痕与叶迹、芽鳞痕和皮孔等。

2. 双子叶植物茎的初生结构

取植物幼茎的横切装片，置显微镜下自外向内依次观察各部分结构。

表皮：茎最外面的一层活细胞，为茎的初生保护组织，由原表皮发育而来。细胞排列紧密，形状规则，不含叶绿体；外向壁常加厚，并角质化，形成角质层。有些植物在角质层外面还有蜡质，增加表皮的不透水性和坚韧性；有的表皮细胞转化成单细胞或多细胞的表皮毛；有的植物表皮还有气孔器或腺毛。

皮层：位于表皮之内，维管束之外部分。紧接表皮的几层比较小的细胞，为厚角组织，成束分布，形成幼茎的棱角。厚角组织细胞的内侧是数层薄壁细胞，细胞之间有明显的细胞间隙，可贮藏营养物质。有些植物薄壁细胞层中还可以观察到分泌道和乳汁管。茎一般没有内皮层，只有一些草本植物、水生植物和某些植物的地下茎中才具有内皮层。有些植物，如旱金莲、蚕豆等在相当于根的内皮层处的细胞中富含淀粉，称为淀粉鞘。

维管柱：皮层以内的部分为维管柱，在低倍镜下观察时，茎的维管柱明显分为维管束、髓射线、髓三部分。

① 维管束：多呈束状，在横切面上许多染色较深的维管束排列成一环。转换高倍镜，观察一个维管束，韧皮部和木质部呈相对排列，维管束外方是初生韧皮部，外始式发育。紧接韧皮部的内侧是束中形成层，位于初生韧皮部和初生木质部之间，是原形成层分化初生维管束后留下的潜在分生组织，在横切面上观察细胞呈扁平状、壁薄。维管束内方，形成层之内是初生木质部，内始式发育。

② 髓射线：相邻两个维管束之间的薄壁组织，外接皮层，内接髓。在横切面上呈放射状排列。在次生生长时部分细胞恢复分裂能力，转变为束间形成层。

③ 髓：位于茎的中央部分，由薄壁细胞组成，排列疏松。髓具有贮藏功能。有些植物随着生长，髓形成中空的腔，称为髓腔。

3. 禾本科植物茎的结构

禾本科植物无形成层，不形成次生结构。维管束有两种排列方式：分散在整个基本组织中（内少外多）或者内外两轮排列。

取小麦（或玉米、水稻）茎横切装片，置显微镜下自外向内依次观察各部分结构。

表皮：茎的最外一层细胞为表皮，在横切面上，细胞呈扁方形，排列整齐、紧密、外壁增厚。如果撕下表皮，可见表皮由长细胞和短细胞组成，长细胞间夹杂短细胞；短细胞分为木栓化的栓质细胞和含有二氧化硅的硅质细胞两种。表皮细胞间有气孔器，气孔器由保卫细胞和副卫细胞组成，保卫细胞哑铃型。

基本组织：表皮以内为基本组织，主要由薄壁细胞组成，维管束散生在其中。

靠近表皮被染成红色，呈多角形紧密相连的1～3层为厚壁细胞，构成机械组织环，起机械支持作用；在机械组织以内，为薄壁的基本组织细胞，占茎的绝大部分，细胞较大，排列疏松，具明显胞间隙，越靠近茎的中央，细胞直径越大。有些植物茎中央部分解体，形成髓腔，周围分布着多层石细胞。

维管束：在基本组织中，有许多维管束。维管束在茎的边缘分布多，较小；在茎的中央部分分布少，较大。

在低倍镜下选择一个典型维管束移至视野中央，后转高倍镜仔细观察维管束结构。

① 维管束鞘：位于维管束的外围，由木质化的厚壁组织组成鞘状结构。

② 韧皮部：位于维管束的外方，被染成绿色，其中原生韧皮部位于初生韧皮部的外侧，但已被挤毁或仅留有痕迹。后生韧皮部主要由筛管和伴胞组成，通常没有韧皮薄壁细胞和其他成分。

③ 木质部：位于韧皮部内侧，被染成红色的部分为木质部，其明显特征是由3～4个导管组成V字形。V形的上半部，含有两个大的孔纹导管，两者之间分布着一些管胞，即为后生木质部；V形的下半部有1～2个较小的环纹、螺纹导管和少量薄壁细胞，即为原生木质部。

4.双子叶植物茎次生结构的观察

取双子叶植物次生结构茎横切装片，置显微镜下，从外向内，观察其次生结构。

表皮：在茎的最外面，由一层排列紧密的表皮细胞组成。但多年生的枝条上，表皮已不完整，大多脱落。

周皮：表皮以内的数层扁平细胞，观察时注意区别木栓层、木栓形成层和栓内层。

① 木栓层：位于周皮最外层，紧接表皮沿径向排列数层整齐的扁平细胞，壁厚，栓质化，是无原生质体的死细胞。

② 木栓形成层：位于木栓层内方，只有一层细胞，在横切面上细胞呈扁平状，壁薄，质浓，有时可观察到细胞核。

③ 栓内层：位于木栓形成层内方，有1～2层薄壁的活细胞，常与外面的木栓细胞排列成同一整齐的径向行列，区别于皮层薄壁细胞。

皮层：位于周皮之内，维管柱之外，由数层薄壁细胞组成，在切片中可观察到有些细胞内含有簇晶。

韧皮部：位于维管形成层之外，细胞排列呈梯形，其底边靠近维管形成层。在韧皮部中有成束被染成红色的韧皮纤维，其他被染成绿色的部分为筛管、伴胞和韧皮薄壁细胞。与韧皮部相间排列着一些薄壁细胞，为髓射线，髓射线细胞越靠近外部越多越大，呈倒梯形，其底边靠近皮层。

维管形成层：位于韧皮部内侧，由1～2层排列整齐的扁平细胞组成，呈环状，被染成浅绿色。

木质部：维管形成层以内染成红色的部分，即为木质部，在横切面上所占面积最大，在低倍镜下可清楚地区分为多个同心圆环，即多个年轮。

髓：位于茎的中心，由薄壁细胞组成。有些植物髓部与木质部相接处，有一些染色较深的小型细胞，排列紧密呈带状，为环髓带。

射线：由髓的薄壁细胞辐射状向外排列，经木质部时，是一列或二列细胞；至韧皮部时，薄壁细胞变多变大，呈倒梯形，即为髓射线，是维管束之间的射线。

在维管束之内，横向贯穿于次生韧皮部和次生木质部的薄壁细胞，即为维管射线。

【实验作业】

1.绘双子叶植物茎初生结构局部横切面（包括一个维管束）轮廓图，并注明各部分结构名称。

2.绘禾本科植物茎横切面中一个维管束的结构图，并注明各部分结构名称。

3.试比较双子叶植物茎与根的初生结构。

4.绘三年生椴树茎横切面详图，并注明各部分结构名称。

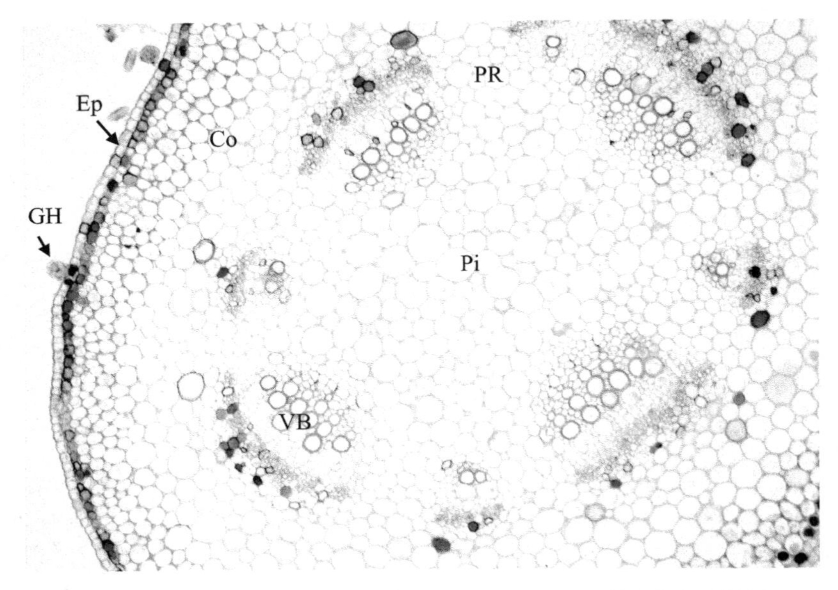

图4-27　棉花（*Gossypium* spp.）幼茎横切，示双子叶植物茎的初生结构

Ep：表皮；Co：皮层；VB：维管束；Pi：髓；GH：腺毛；PR：髓射线

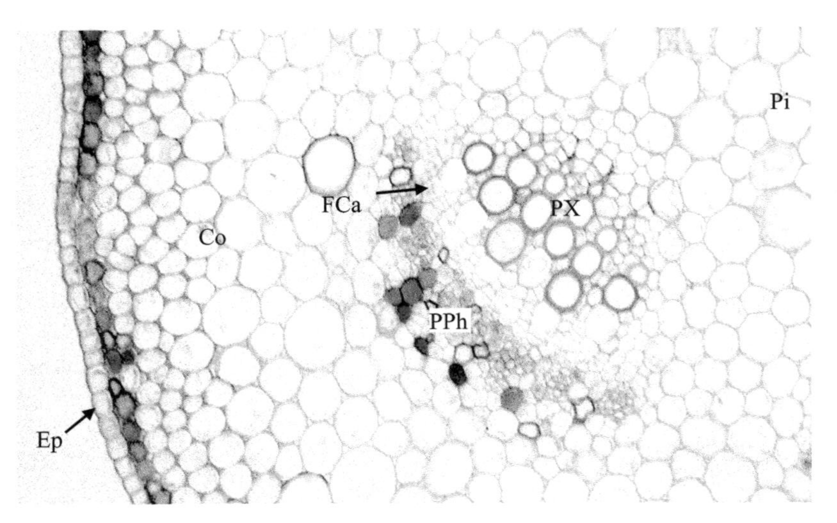

图4-28　棉花（*Gossypium* spp.）幼茎横切，示双子叶植物茎初生结构和外韧维管束

Ep：表皮；Co：皮层；PPh：初生韧皮部；
FCa：束中形成层；PX：初生木质部；Pi：髓

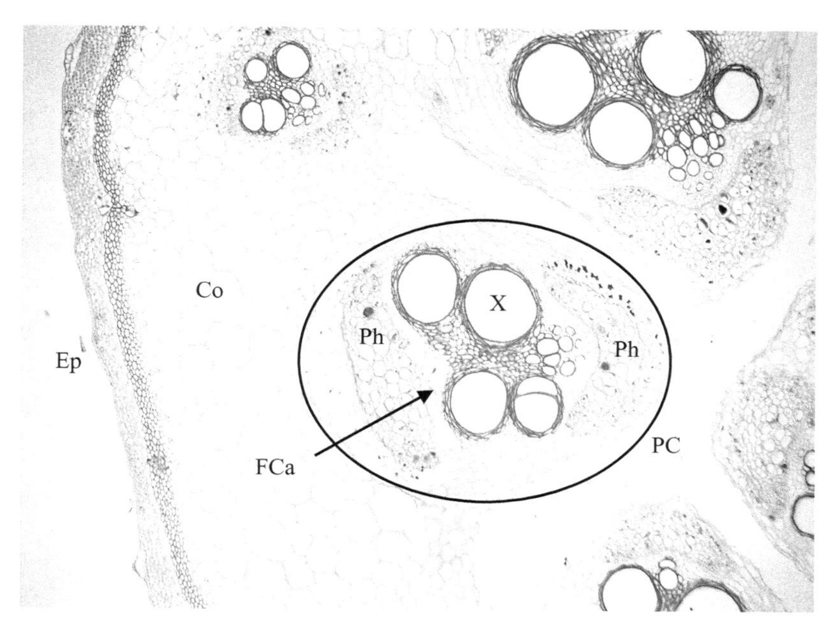

图4-29　南瓜（*Cucurbita moschata*）茎横切，
示葫芦科植物茎结构

Ep：表皮；Co：皮层；PC：髓腔；Ph：韧皮部；FCa：束中形成层；
X：木质部；黑圈所示为一个双韧维管束

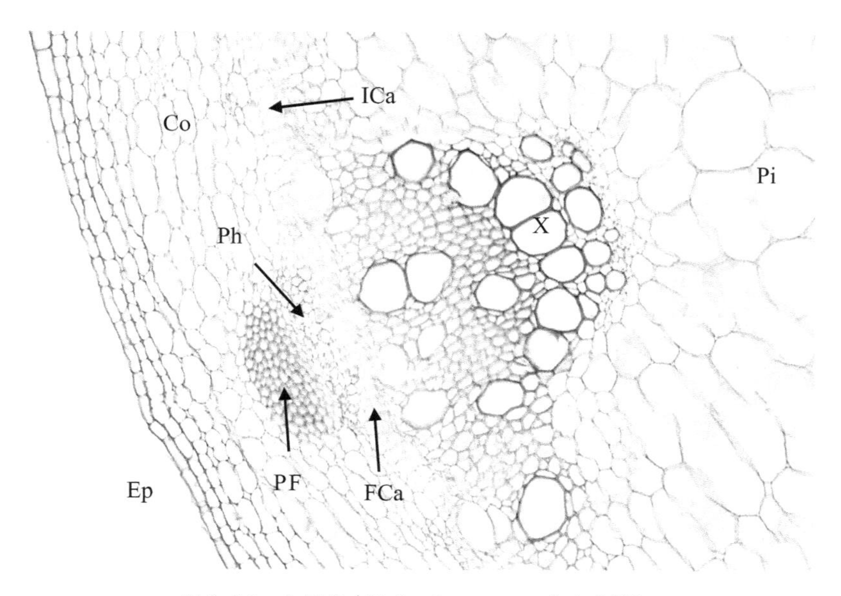

图4-30　向日葵（*Helianthus annuus*）老茎横切

Ep：表皮；Co：皮层；Ph：韧皮部；PF：韧皮纤维；FCa：束中形成层；
X：木质部；ICa：束间形成层；Pi：髓

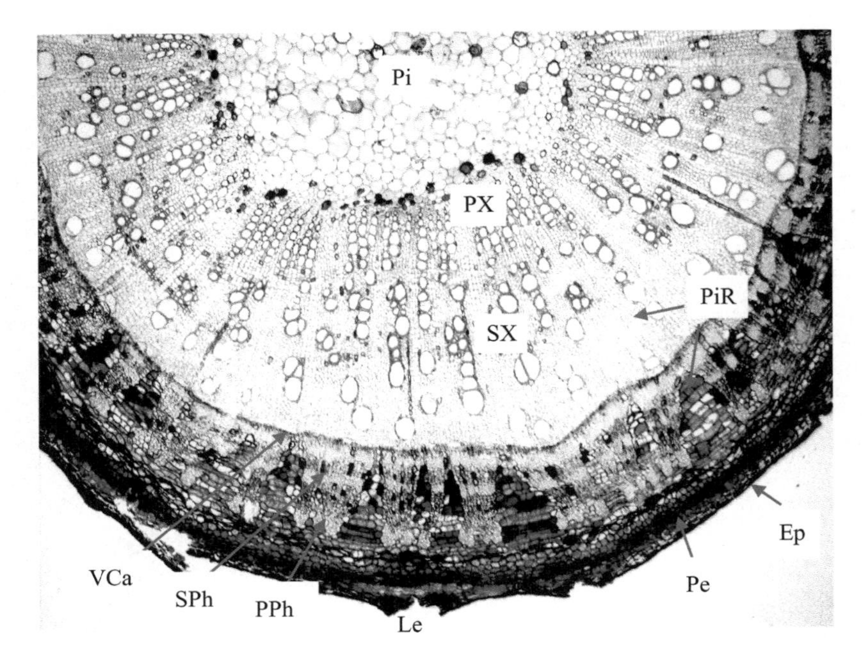

图4-31　棉花（*Gossypium* spp.）老茎横切，示双子叶植物茎次生结构

Ep：表皮；Pe：周皮；PPh：初生韧皮部；SPh：次生韧皮部；Le：皮孔；
VCa：维管形成层；PX：初生木质部；SX：次生木质部；Pi：髓；PiR：髓射线

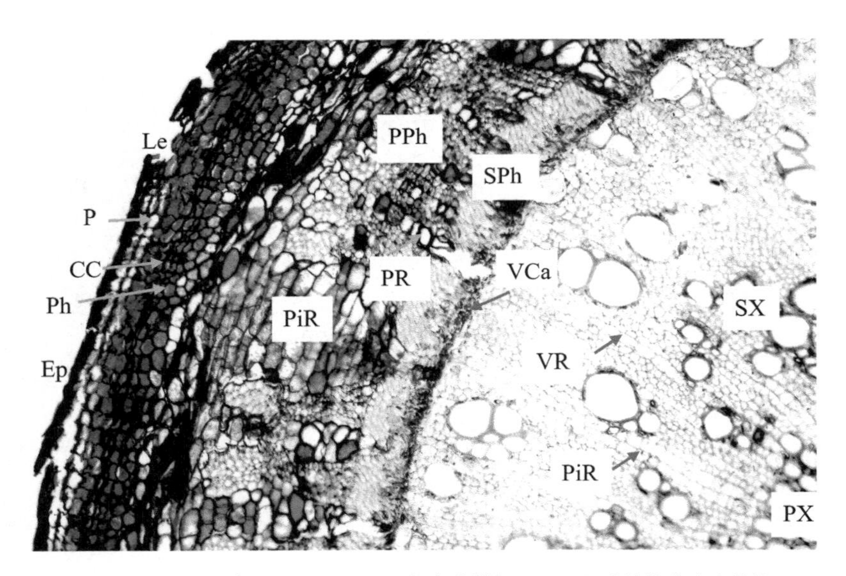

图4-32　棉花（*Gossypium* spp.）老茎横切，示双子叶植物茎次生结构

Ep：表皮；Le：皮孔；P：木栓层；CC：木栓形成层；Ph：栓内层；
PX：初生木质部；SX：次生木质部；PiR：髓射线；SPh：次生韧皮部；
PPh：初生韧皮部；VCa：维管形成层；VR：木射线；PR：韧皮射线

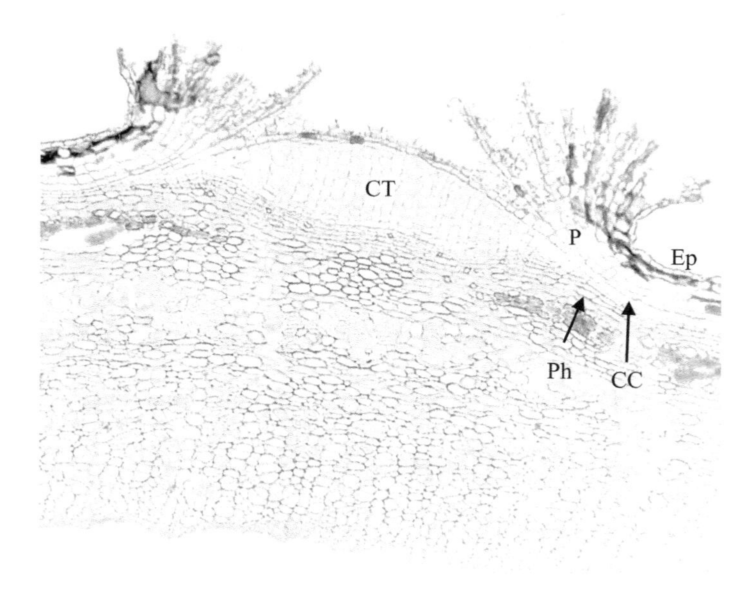

图4-33　桑树（*Morus alba*）皮孔

Ep：表皮；CT：补充组织；P：木栓层；CC：木栓形成层；Ph：栓内层

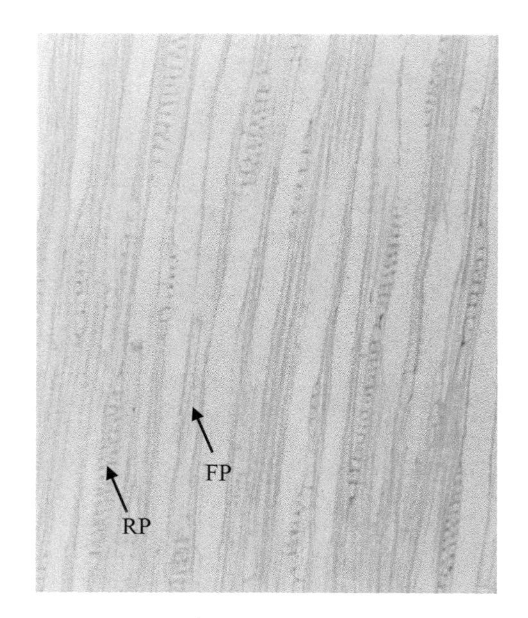

图4-34　杜仲（*Eucommia ulmoides* Oliver）维管形成层，示非叠生的纺锤状原始细胞和射线原始细胞

RP：射线原始细胞；FP：纺锤状原始细胞

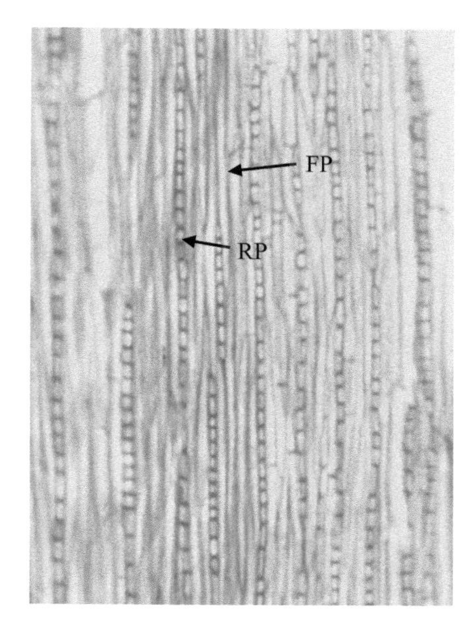

图4-35　洋槐（*Robinia pseudoacacia*）维管形成层，示叠生的纺锤状原始细胞和射线原始细胞

RP：射线原始细胞；FP：纺锤状原始细胞

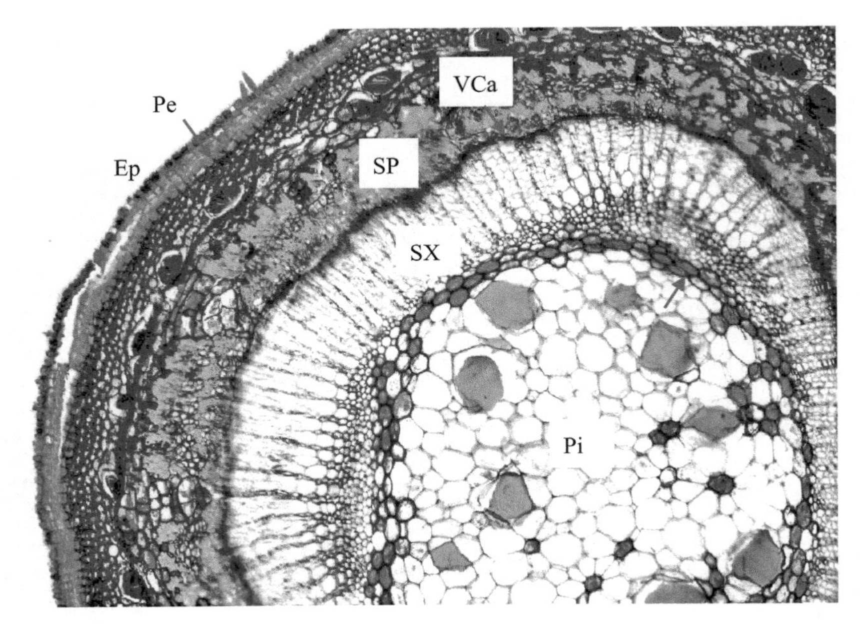

图4-36　一年生椴树（*Tilia tuan*）茎横切，示茎次生结构

Ep：表皮；Pe：周皮；SP：次生韧皮部；SX：次生木质部；
VCa：维管形成层；Pi：髓；红色箭头所示为环髓带

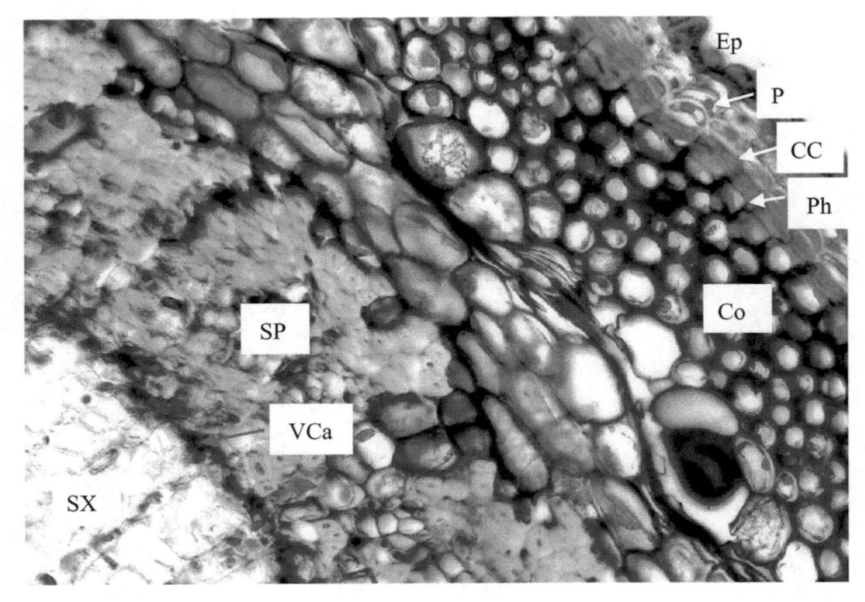

图4-37　一年生椴树（*Tilia tuan*）茎横切，示茎次生结构

Ep：表皮；P：木栓层；CC：木栓形成层；Ph：栓内层；SP：次生韧皮部；
SX：次生木质部；VCa：维管形成层；Co：皮层

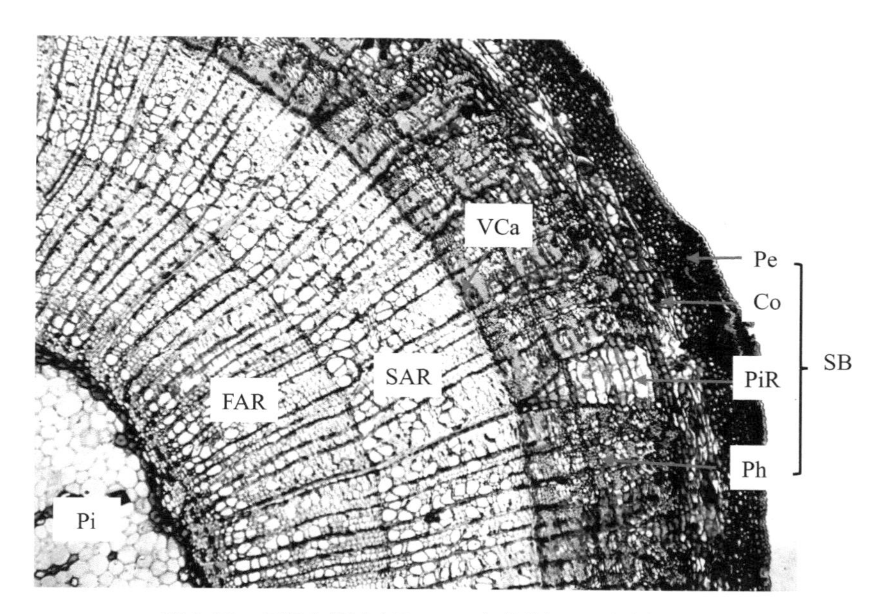

图4-38　二年生椴树（*Tilia tuan*）茎横切，示软树皮和年轮

Pe：周皮；Co：皮层；Ph：韧皮部；SB：软树皮；PiR：髓射线；FAR：第一年年轮；SAR：第二年年轮；Pi：髓；VCa：维管形成层

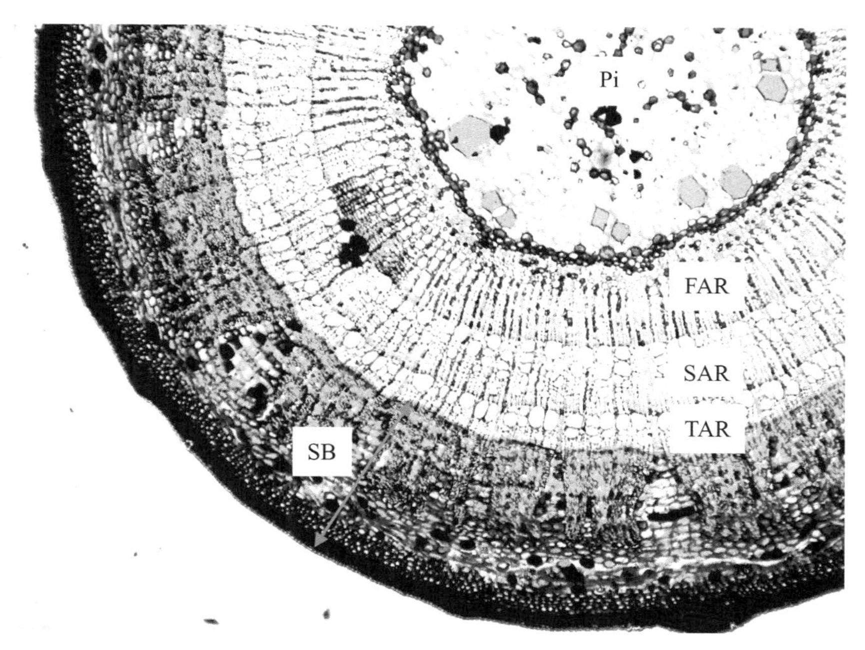

图4-39　三年生椴树（*Tilia tuan*）茎横切，示软树皮和年轮

SB：软树皮；FAR：第一年年轮；SAR：第二年年轮；TAR：第三年年轮；Pi：髓

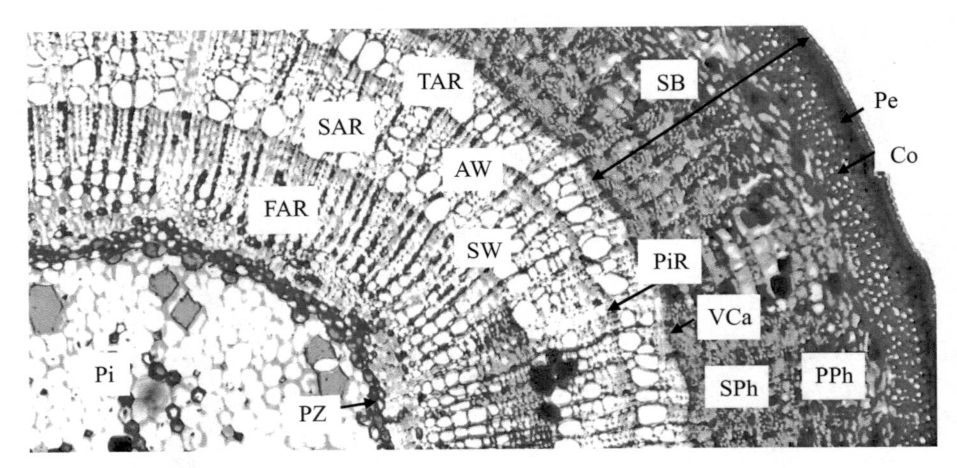

图4-40　三年生椴树（*Tilia tuan*）茎横切，示软树皮和年轮

SB：软树皮；Pe：周皮；Co：皮层；PPh：初生韧皮部；SPh：次生韧皮部；PiR：髓射线；VCa：维管形成层；FAR：第一年年轮；SAR：第二年年轮；TAR：第三年年轮；Pi：髓；SW：春材；AW：秋材；PZ：环髓带

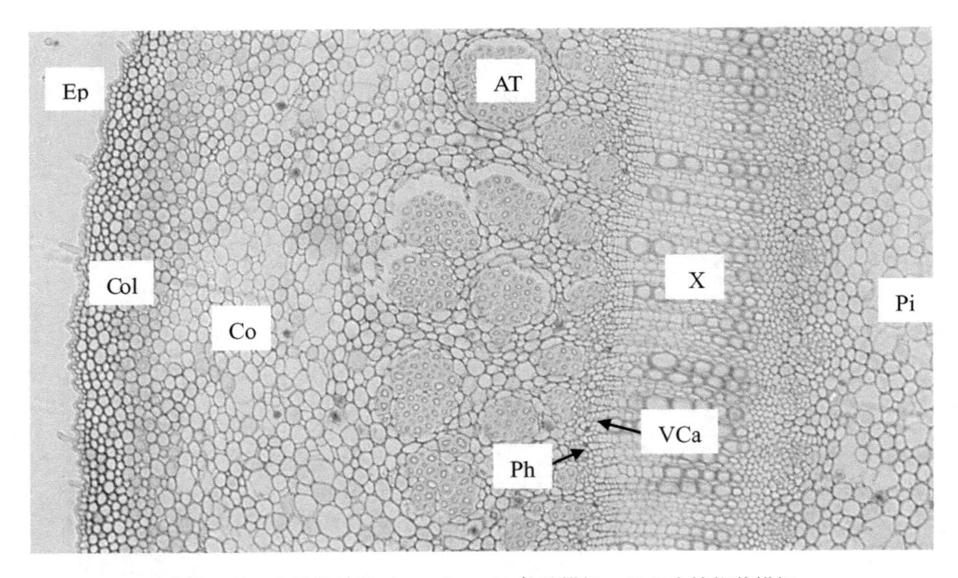

图4-41　夹竹桃（*Nerium oleander*）茎横切，示旱生植物茎横切

Ep：表皮（外壁厚）；Col：厚角组织（含叶绿体丰富）；Co：皮层（细胞排列紧密）；AT：蓄水组织；Ph：韧皮部；VCa：维管形成层；X：木质部；Pi：髓

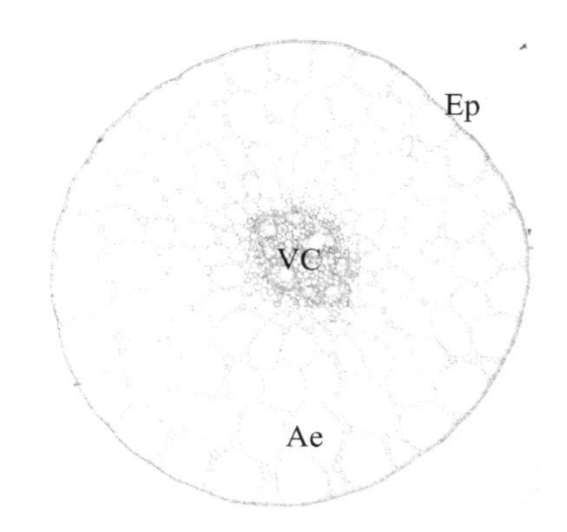

图4-42 眼子菜（*Potamogeton distinctus*）茎横切，示水生植物茎横切

Ep：表皮；VC：维管柱；Ae：通气组织

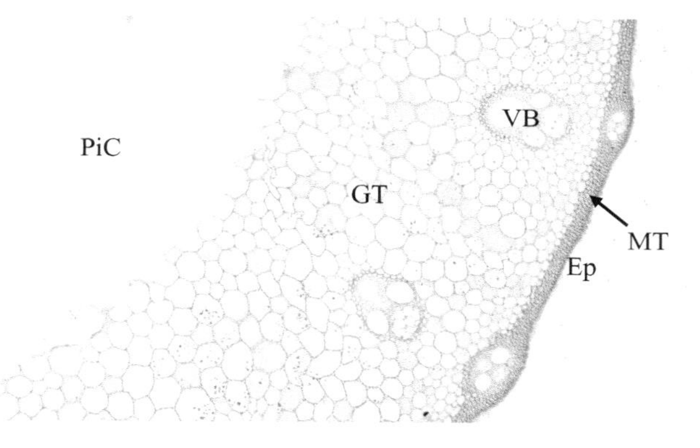

图4-43 水稻（*Oryza sativa*）茎横切，示禾本科植物茎结构

Ep：表皮；VB：维管束；GT：基本组织；PiC：髓腔；MT：机械组织

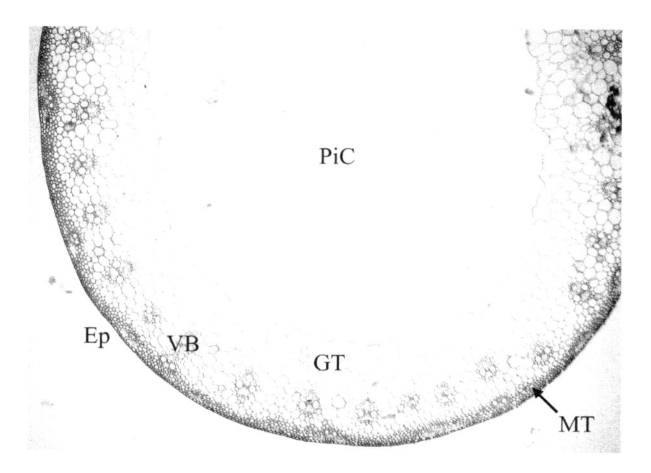

图4-44 小麦（*Triticum aestivum*）茎横切，示禾本科植物茎结构

Ep：表皮；VB：维管束；GT：基本组织；PiC：髓腔；MT：机械组织

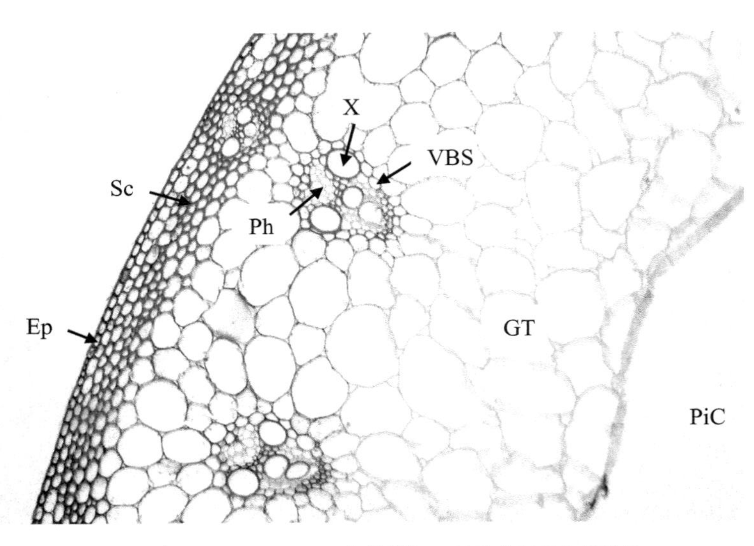

图4-45　小麦（*Triticum aestivum*）茎横切，示禾本科植物茎结构

Ep：表皮；Sc：厚壁组织；GT：基本组织；PiC：髓腔；
Ph：韧皮部；X：木质部；VBS：维管束鞘

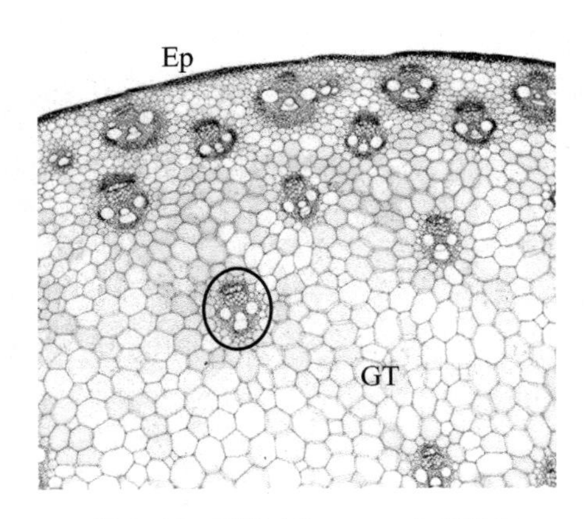

图4-46　玉米（*Zea mays*）茎横切，示禾本科植物茎结构

Ep：表皮；GT：基本组织
黑圈所示为一个维管束

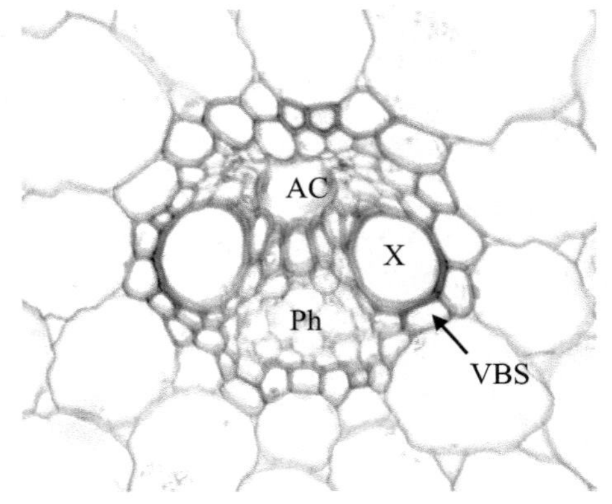

图4-47　玉米（*Zea mays*）茎横切，示维管束结构

Ph：韧皮部；X：木质部；
VBS：维管束鞘；AC：气腔

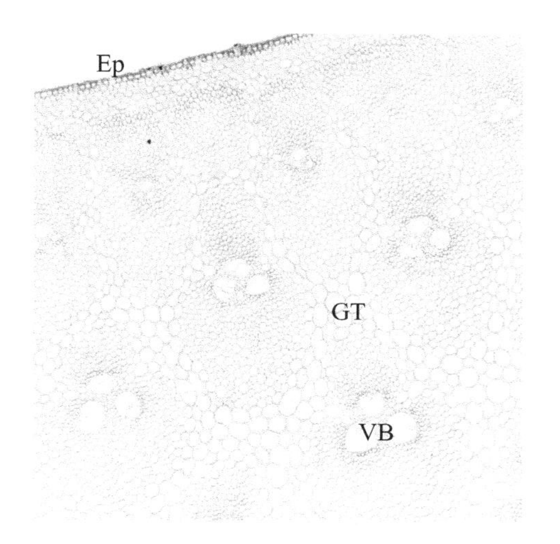

图4-48 毛竹［*Phyllostachys edulis* (Carriere) J. Houzeau］茎横切，示禾本科植物茎结构

Ep：表皮；GT：基本组织；VB：维管束

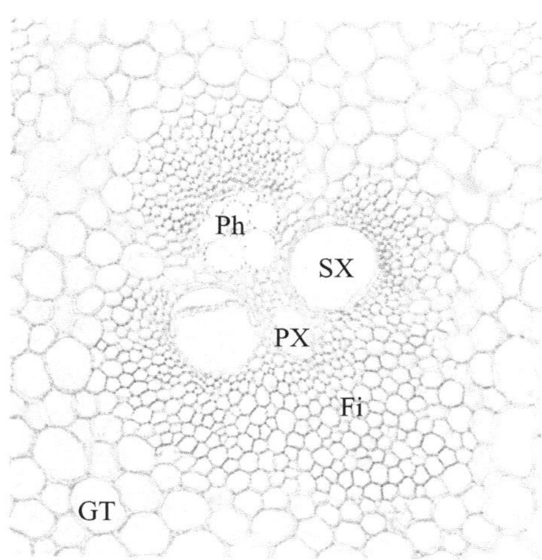

图4-49 毛竹［*Phyllostachys edulis* (Carriere) J. Houzeau］茎横切，示维管束结构

Ph：韧皮部；SX：次生木质部；PX：原生木质部；Fi：纤维；GT：基本组织

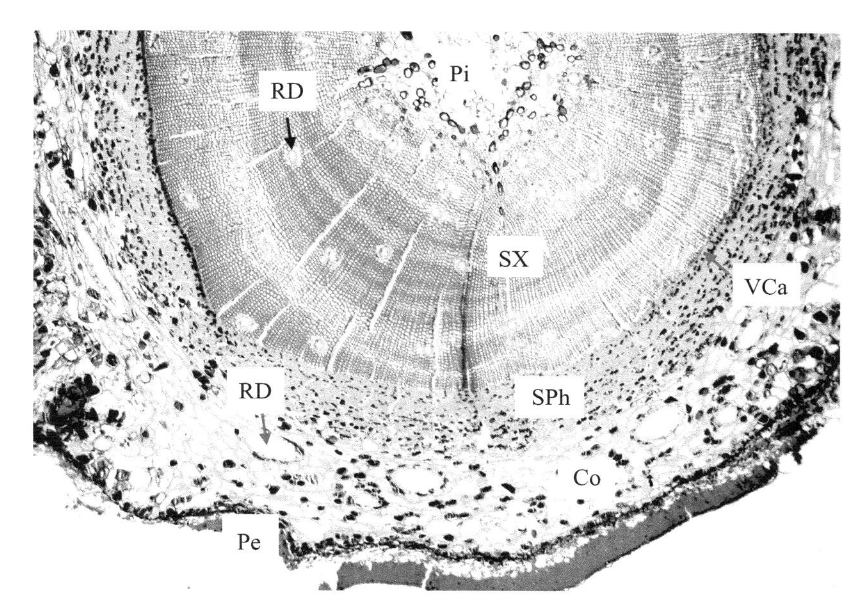

图4-50 松（*Pinus* spp.）茎横切，示裸子植物茎的次生结构

Pe：周皮；Co：皮层；SPh：次生韧皮部；VCa：维管形成层；SX：次生木质部；Pi：髓；RD：树脂道

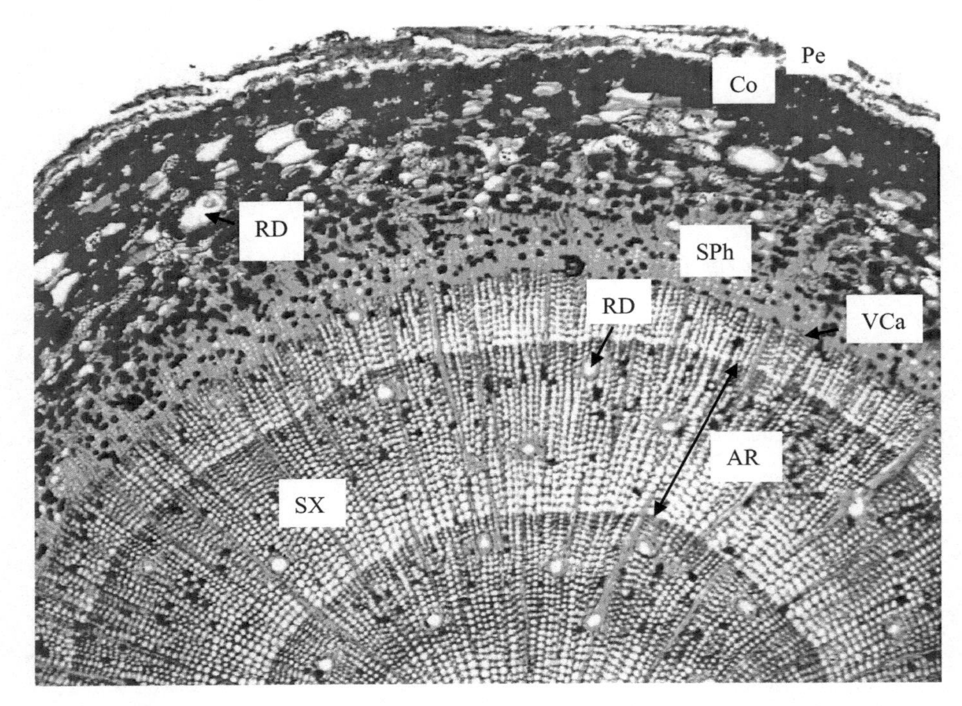

图4-51　马尾松（*Pinus massoniana*）茎横切，示裸子植物茎的次生结构

Pe：周皮；Co：皮层；SPh：次生韧皮部；VCa：维管形成层；
SX：次生木质部；RD：树脂道；AR：年轮

实验八　植物叶的结构和功能

植物的叶有规律地着生在枝上，主要功能为光合作用、蒸腾作用、繁殖作用和贮藏作用等。

【实验目的】

1. 观察了解一般叶和变态叶的形态特征。
2. 掌握双子叶植物和单子叶植物叶的结构。
3. 了解石蜡切片法制备植物永久装片技术。
4. 学习生物绘图方法。

【实验条件】

1. 实验器材

显微镜、擦镜纸等。

2. 实验材料

蚕豆叶横切装片、榕树叶横切装片、夹竹桃叶横切装片、睡莲叶横切装片、玉米叶横切装片、水稻叶横切装片、雪松叶横切装片、马尾松叶横切装片。

【实验内容】

1. 叶的外部形态

成熟的叶片一般分为叶片、叶柄和托叶三部分。叶柄位于叶片的基部，连接叶片和茎；托叶通常位于叶柄基部两侧（或上部）的成对附属物。三部分均具有的叶称为完全叶；缺少其中任何一部分或者二部分的叶称为不完全叶。1个叶柄上只着生1个叶片的，称为单叶；1个叶柄上生有2片以上叶片的称为复叶。复叶的叶柄称总叶柄，总叶柄上着生的叶称小叶，小叶叶柄称小叶柄。

禾本科植物的叶有叶片、叶鞘，有的有叶舌、叶耳和叶颈。

2. 双子叶植物叶的结构

取不同植物叶片装片，置显微镜下观察叶片的内部结构。

表皮：在叶片横切面上，上下各有一层长方形细胞排列整齐而紧密，即为表皮。表皮一般为一层细胞，但是少数植物叶片的表皮是由多层细胞组成，称为复表皮。表皮细胞的外壁加厚，覆盖有角质层，内无叶绿体，表面多呈不规则形。表皮细胞之间可以看到一双染色较深的小细胞，即为保卫细胞。一对保卫细胞和它们之间的孔称为气孔器。在气孔器下方，可见有较大的细胞间隙，称为孔下室。一般下表皮的气孔数量比上表皮多。有的植物表皮上有单细胞或多细胞组成的表皮毛。

叶肉：上下表皮之间的绿色部分为叶肉，是光合作用的场所。叶肉分化为栅栏组织和海绵组织。紧接上表皮有一至多层长柱状细胞，垂直于表皮排列整齐而紧密，即为栅栏组织。位于栅栏组织和下表皮之间的细胞形状不规则，排列疏松，有发达的胞间隙，即为海绵组织。观察时注意这两种组织细胞中的叶绿体数目是否相同。有明显栅栏组织和海绵组织之分的叶称为两面叶（异面叶）；无栅栏组织和海绵组织之分或上下两面为栅栏组织中央为海绵组织的叶称为等面叶。

叶脉：叶肉中的维管束就是叶脉。主脉的近轴面（上面）是木质部，远轴面（下面）是韧皮部，在木质部和韧皮部之间还可看到扁平的形成层细胞，只产生少量的次生结构。在木质部和上表皮，韧皮部和下表皮之间常有数层机械组织。主脉两侧为侧脉，侧脉越小，其结构越简单。

3.单子叶植物叶的结构

取玉米叶（或小麦叶）的横切装片，置显微镜下观察叶片的内部结构。

表皮：玉米叶表皮细胞在横切面上呈近方形，排列规则，细胞外壁被有角质层，在表皮细胞之间有气孔器，气孔器的组成除有两个保卫细胞外，两侧还有两个较大副卫细胞，断面近乎呈正方形，气孔内侧有孔下室。在上表皮中，两个维管束之间可看到几个薄壁的大型细胞，称为泡状细胞。下表皮细胞中无泡状细胞。干旱时泡状细胞失水收缩，使叶子卷曲成筒，可减少水分蒸发，也称为运动细胞。表皮细胞有长细胞和短细胞两类，短细胞夹杂在长细胞之间。短细胞又分为硅质细胞和栓质细胞。表皮上常有乳头状突起、刺或茸毛，因此叶片表面比较粗糙。

叶肉：玉米叶肉细胞中含有叶绿体，无栅栏组织和海绵组织之分，为等面叶。细胞形状不一，排列紧密，细胞间隙小。

叶脉：玉米的维管束是有限维管束，没有形成层，木质部靠上表皮，韧皮部靠下表皮。维管束外有一层较大的薄壁细胞排列整齐，即为维管束鞘，玉米维管束鞘细胞内含有许多较大的叶绿体，维管束上下方均可见成束的厚壁细胞，在中脉处尤为突出。

4.旱生植物叶和水生植物叶的内部结构

旱生植物（如夹竹桃）叶片的表皮细胞厚，角质层发达。有些植物的表皮由多层细胞组成，气孔下陷或生于气孔窝内。栅栏组织层数较多，海绵组织不发达，机械组织较多。

水生植物（如睡莲、眼子菜）叶片的表皮细胞壁薄，无角质层或角质层很薄，无表皮毛和气孔。叶肉组织不发达，层数少，无栅栏组织和海绵组织的分化，胞间隙特别发达，形成通气组织，气腔内充满空气。叶脉中导管不发达，机械组织十分退化。

5. 裸子植物叶的内部结构

显微镜下观察马尾松叶横切面，结构包括表皮、叶肉组织和维管组织三部分。

表皮：一层厚壁细胞，细胞腔小，细胞壁木质化，有厚的角质层；气孔纵行排列，保卫细胞下陷到下皮层中。下皮层在表皮下方，为一至多层木质化的厚壁细胞。

叶肉组织：细胞排列紧密，细胞壁内陷，有皱褶，叶绿体沿皱褶分布。叶肉中常有树脂道。叶肉组织的中央有明显的内皮层。

维管组织：有1～2个维管束；木质部在近轴面（上面），韧皮部在远轴面（下面）；维管束外面被转输组织包围，有助于叶肉组织与维管组织之间的物质交流。

【实验作业】

1. 绘蚕豆叶通过主脉的横切面图，并注明各部分结构的名称。
2. 绘玉米叶横切面图，并注明各部分结构的名称。
3. 试比较单双子叶植物叶的结构。

图4-52 桑树（*Morus alba*）叶，示有托叶的单叶

St：托叶；Pe：叶柄；Bl：叶片

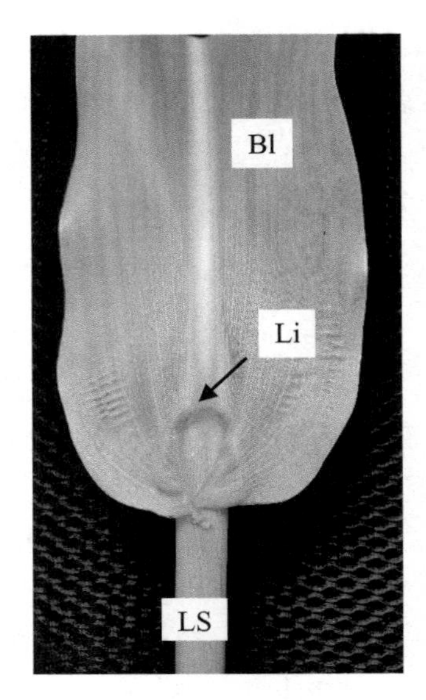

图4-55 高粱（*Sorghum bicolor*）叶，示单子叶植物禾本科叶的结构

Bl：叶片；Li：叶舌；LS：叶鞘

图4-53 樱花（*Cerasus* sp.）叶，示有托叶的单叶

St：托叶；Pe：叶柄；Bl：叶片

图4-54 紫荆（*Cercis chinensis*）叶，示无托叶的单叶

Pe：叶柄；Bl：叶片

图4-56 无患子（*Sapindus mukorossi*）叶，示复叶

Le：小叶；Pe：小叶柄；CP：总叶柄

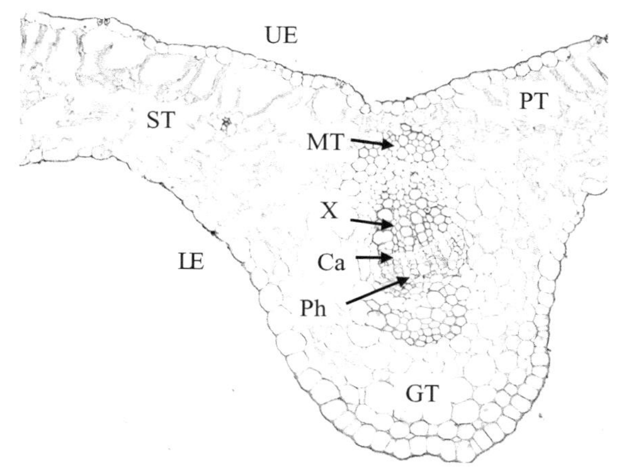

图4-57　蚕豆（*Vicia faba*）叶横切，示双子叶植物叶的结构（示主脉）

UE：上表皮；LE：下表皮；GT：基本组织；X：木质部；Ca：形成层；

Ph：韧皮部；MT：机械组织；PT：栅栏组织；ST：海绵组织

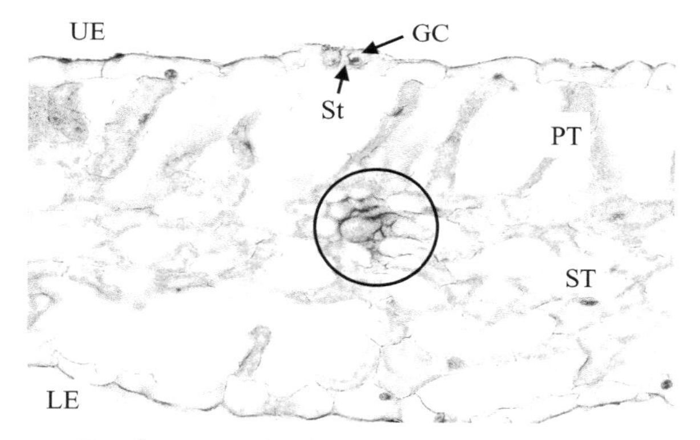

图4-58　蚕豆（*Vicia faba*）叶横切，示双子叶植物叶的结构（示侧脉）

UE：上表皮；LE：下表皮；PT：栅栏组织；ST：海绵组织；

GC：保卫细胞；St：气孔；黑圈所示为叶脉

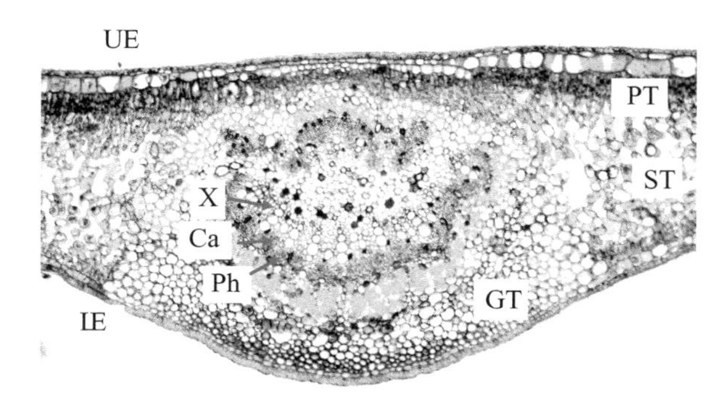

图4-59　榕树（*Ficus microcarpa*）叶横切，示双子叶植物叶的结构（示主脉）

UE：上表皮；LE：下表皮；GT：基本组织；X：木质部；Ca：形成层；

Ph：韧皮部；PT：栅栏组织；ST：海绵组织

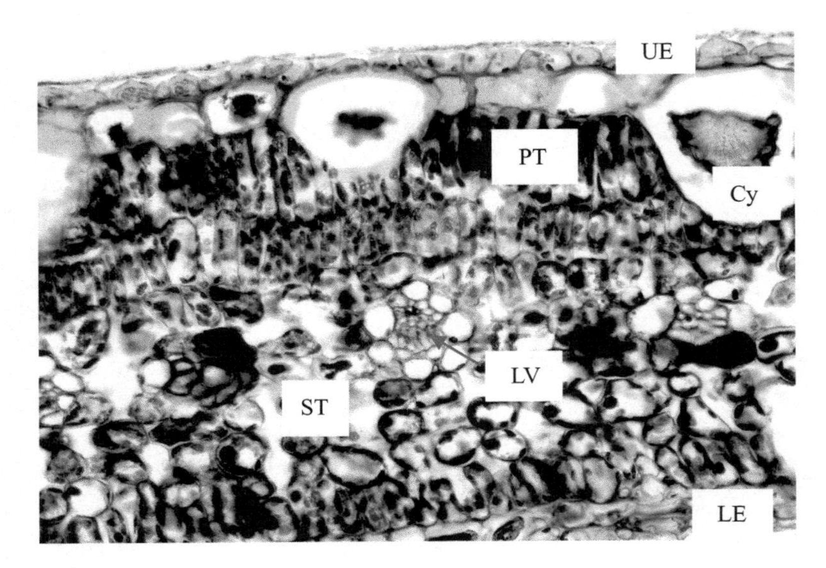

图4-60 榕树（*Ficus microcarpa*）叶横切，示双子叶植物叶的结构（示侧脉）

UE：上表皮；LE：下表皮；PT：栅栏组织；ST：海绵组织；LV：叶脉；Cy：钟乳体

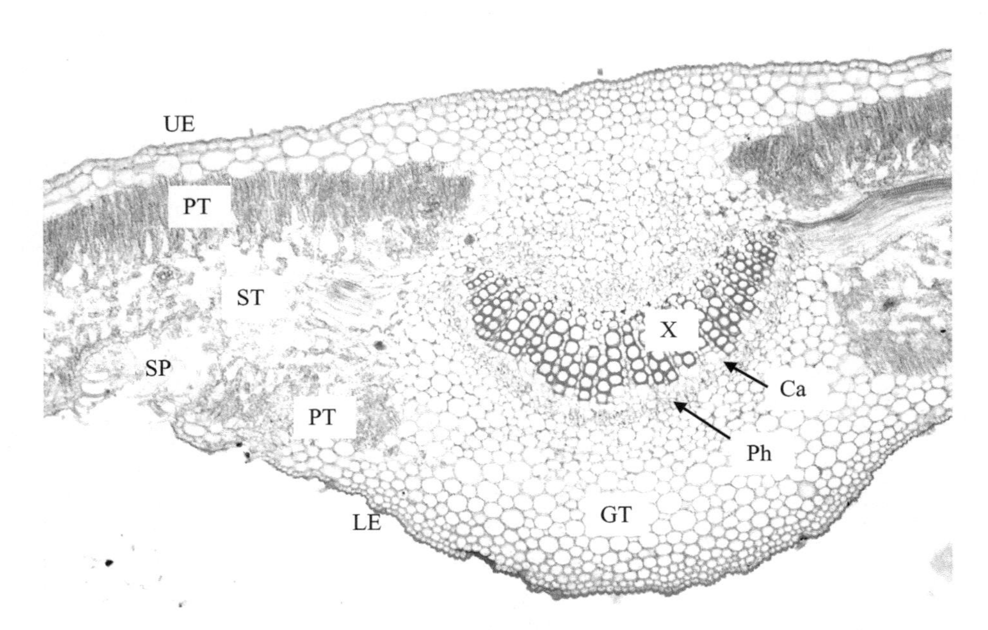

图4-61 夹竹桃（*Nerium oleander*）叶横切，示旱生植物叶的结构（示主脉）

UE：上表皮；LE：下表皮；SP：气孔窝；GT：基本组织；X：木质部；

Ca：形成层；Ph：韧皮部；PT：栅栏组织；ST：海绵组织

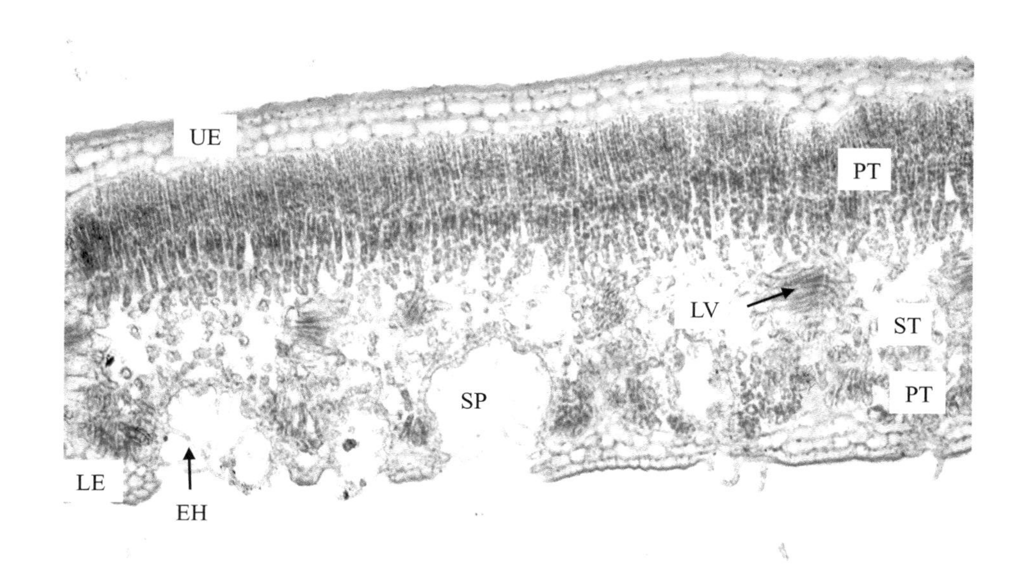

图4-62　夹竹桃（*Nerium oleander*）叶横切，示旱生植物叶的结构（示侧脉）

UE：上表皮；LE：下表皮；PT：栅栏组织；ST：海绵组织；
LV：叶脉；SP：气孔窝；EH：表皮毛

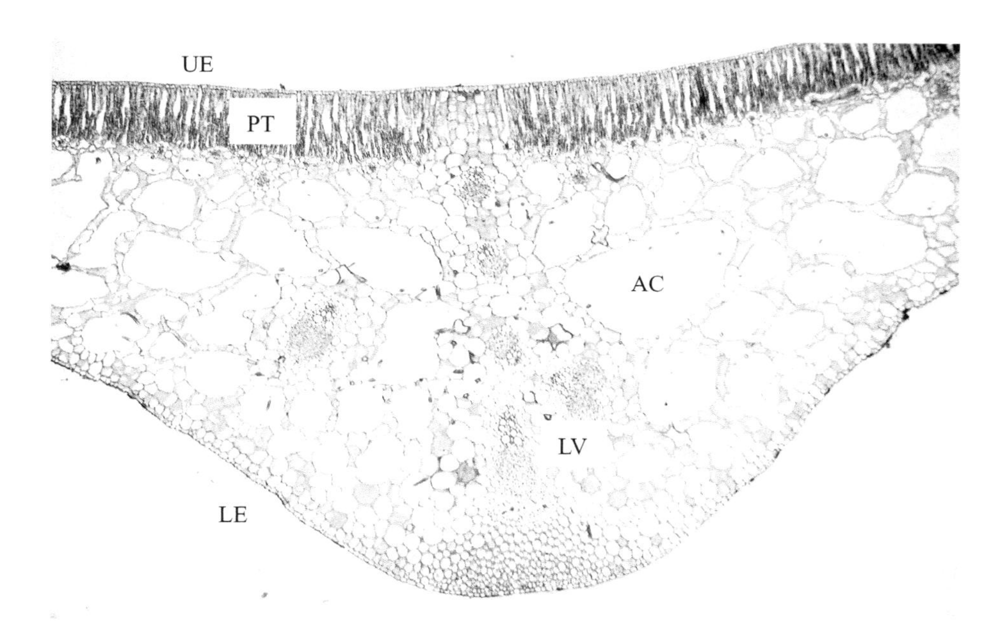

图4-63　睡莲（*Nymphaea tetragona*）叶横切，示水生植物叶的结构（示主脉）

UE：上表皮；LE：下表皮；PT：栅栏组织；AC：气腔；LV：叶脉

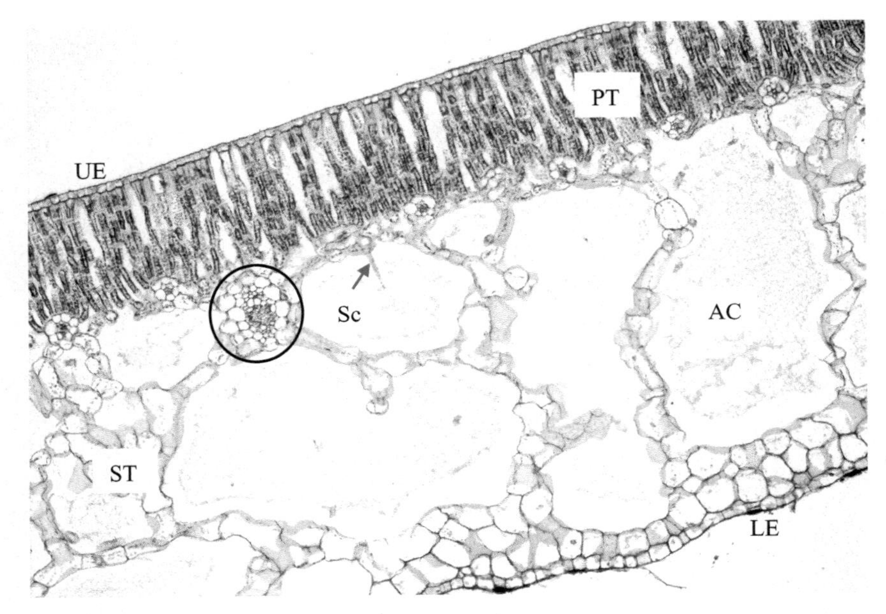

图4-64　睡莲（*Nymphaea tetragona*）叶横切，示水生植物叶的结构（示侧脉）

UE：上表皮；LE：下表皮；PT：栅栏组织；ST：海绵组织；AC：气腔；
Sc：石细胞；黑圈所示为一个叶脉维管束

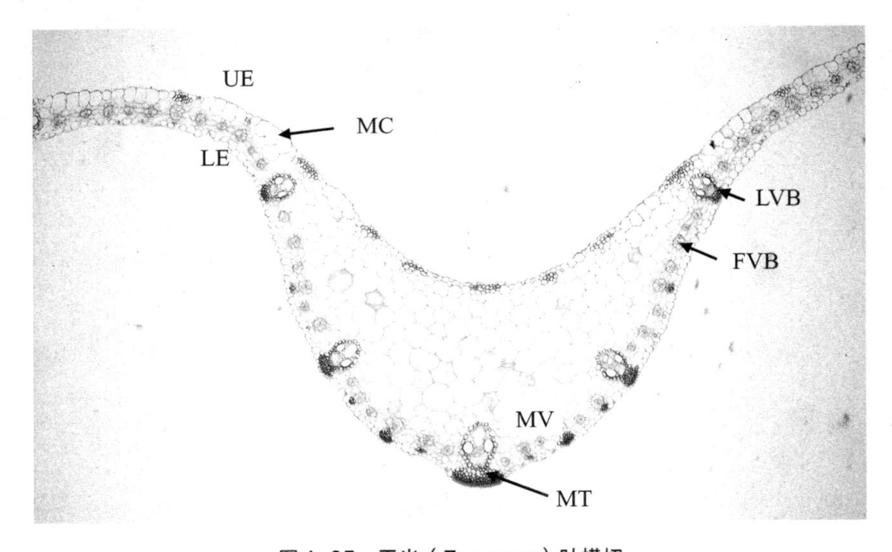

图4-65　玉米（*Zea mays*）叶横切

UE：上表皮；LE：下表皮；MV：主脉；MC：运动细胞；LVB：侧脉维管束；
FVB：细脉维管束；MT：机械组织

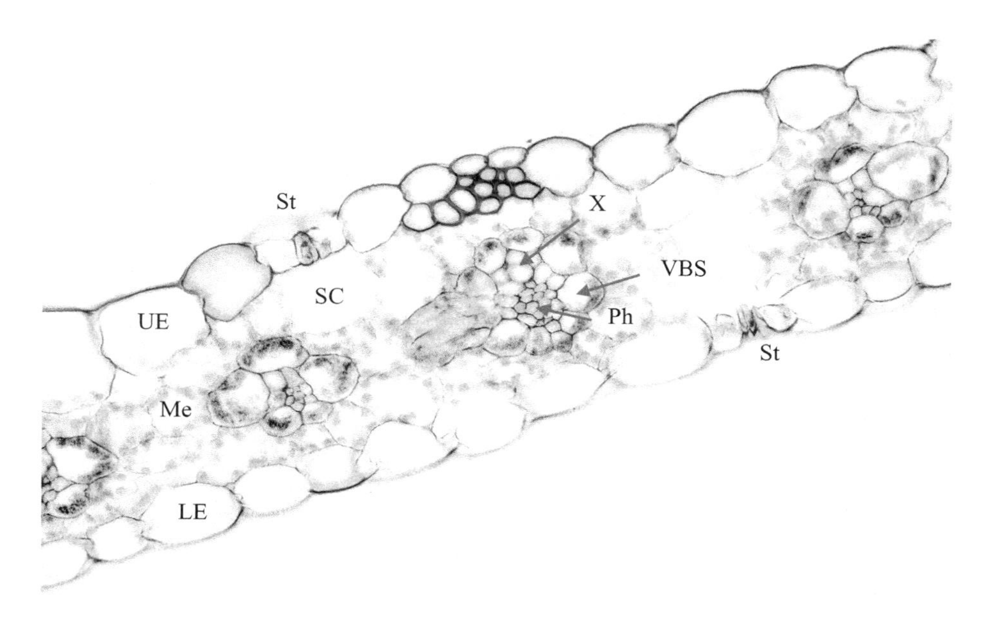

图4-66　玉米（*Zea mays*）叶横切，示C_4植物“花环”结构

UE：上表皮；LE：下表皮；Me：叶肉；X：木质部；Ph：韧皮部；St：气孔器；SC：孔下室；VBS：维管束鞘（1层细胞），含大型叶绿体，与外层叶肉细胞组成花环

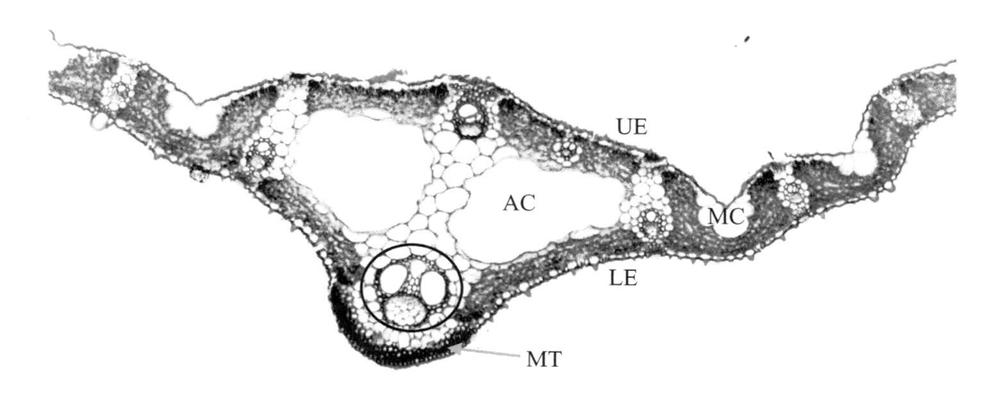

图4-67　水稻（*Oryza sativa*）叶横切

UE：上表皮；LE：下表皮；MC：运动细胞；MT：机械组织；AC：气腔

黑圈所示为叶脉维管束

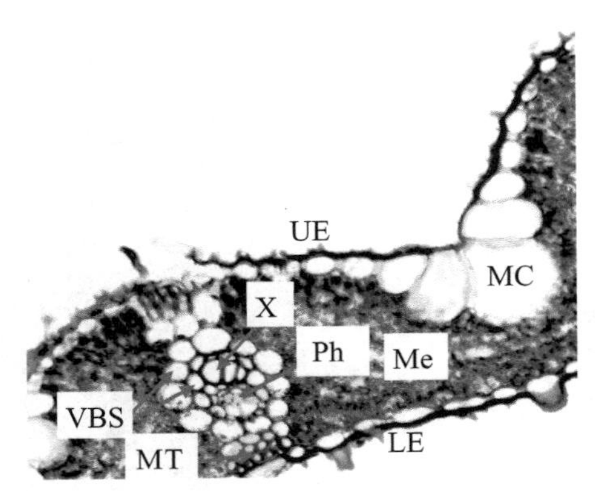

图4-68　水稻（*Oryza sativa*）叶横切，示C_3植物维管束结构

UE：上表皮；LE：下表皮；Me：叶肉；X：木质部；Ph：韧皮部；MC：运动细胞；MT：机械组织；VBS：维管束鞘（2层细胞）

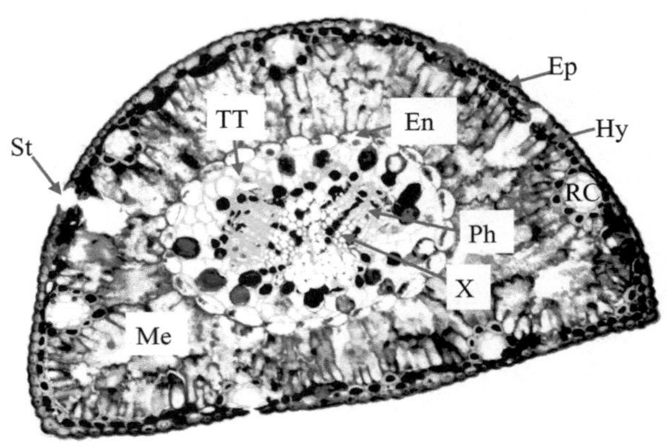

图4-69　马尾松（*Pinus massoniana*）叶横切

Ep：表皮；Hy：下皮层；Me：叶肉；En：内皮层；TT：转输组织；Ph：韧皮部；X：木质部；RC：树脂道；St：气孔（下陷）

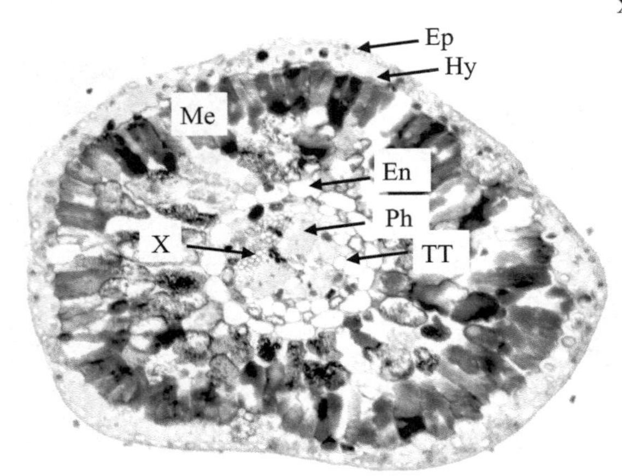

图4-70　雪松（*Cedrus deodara*）叶横切

Ep：表皮；Hy：下皮层；Me：叶肉；En：内皮层；TT：转输组织；Ph：韧皮部；X：木质部

第5章　植物生殖器官的结构和功能

被子植物从种子萌发出幼苗，经过营养生长阶段后进入生殖生长，形成花芽，然后开花、产生种子。花、果实和种子与被子植物的生殖有关，所以称为生殖器官。本章主要介绍植物生殖器官的结构和功能。

实验九　植物花的结构和功能

花是被子植物特有的生殖器官。从形态发生和解剖结构来看，花是适应生殖的变态枝条。其节间极度缩短，而花萼、花瓣、雄蕊、雌蕊都是变态叶。典型的被子植物花可分为花柄、花托、花萼、花冠、雄蕊群、雌蕊群六部分。花萼和花冠合称为花被。禾本科植物的小穗由小穗轴、颖片（2枚）、小花（1至数朵）组成。小花有内稃、外稃各1枚，浆片2枚，雄蕊3～6枚，雌蕊1枚，柱头呈羽毛状。

【实验目的】

1. 观察认识被子植物花的外部形态和组成。
2. 掌握花药、子房、胚珠等的结构。
3. 了解石蜡切片法制备植物永久装片技术。
4. 学习植物浸制标本的制作方法。
5. 掌握植物花程式的书写。

【实验条件】

1. 实验器材

显微镜、镊子、刀片、载玻片、盖玻片、滴管、培养皿、吸水纸、解剖镜、放大镜、解剖针等。

2. 实验材料

桃花（或月季花等蔷薇科植物的花）、扁豆花（或蚕豆、豌豆、洋槐花等蝶形花科植物的花）、白菜花（或萝卜花、油菜花等十字花科植物的花）、小麦（或水稻等禾本科植物的花）、百合花药幼期横切装片、百合花药成熟期横切装片、百合子房横切装片、百合胚珠纵切装片、白菜花蕾纵切装片、小麦成熟花药横切、百合二胞花粉、油菜花蕾纵切装片、棉花成熟花药横切装片、百合花粉萌发装片、桃花柱头纵切装片、百合柱头纵切装片、棉花柱头纵切装片、棉花花柱横切装片、百合花柱横切装片、白菜花蕾横切装片、桃花纵切装片、小麦花装片、棉花子房横切装片、百合胚囊不同发育时期装片。

【实验内容】

本实验最好能创造条件，使学生观察新鲜的花朵和花序，以求达到较好的效果。如果做此实验时受时间的限制，实验前将所需要的代表性的植物花和花序，在初开时及时采摘，采取适合的方法保存备用。

1. 花外部形态和组成的观察

（1）桃花（或月季花）

桃花（或月季花）为双子叶蔷薇科植物。花柄是花下面所生的短柄，连接花与茎。花柄顶端凹陷成杯状的部分为花托，花的其他部分都着生在花托的边缘上。花萼着生在杯状花托边缘的最外层，由五个绿色叶片状萼片组成，离生。花萼里面一层，由五片粉红色花瓣组成的离生花冠。雄蕊在花托边缘作轮状排列，数目多，不定数，每一雄蕊由花丝和花药两部分组成；花丝细长，花药呈囊状。雌蕊着生于杯状花托的底部，由一个心皮组成的单雌蕊，顶端稍膨大的部分为柱头；基部膨大部分为子房；柱头和子房之间的细长部分为花柱。

观察雌蕊时，分析它属于何种子房位置。用刀片将子房纵切为二，观察桃花胚珠着生位置，分析它属于何种胎座。

（2）扁豆花

扁豆花（或蚕豆、豌豆、洋槐花）为双子叶蝶形花科植物。花萼绿色、基部合生、呈钟状，上部有五个裂片。花冠白色或淡紫色，为两侧对称的蝶形花冠，由5片形状不同的花瓣组成。最外面的一个大瓣为旗瓣，近于扁圆形；其内为两个侧生的翼瓣，呈宽卵形，基部具爪；最里面的两个花瓣合生成半圆形的龙骨瓣。雄蕊位于龙骨瓣里面，呈弯曲状，共10枚，其中1枚离生，9枚下部联合成筒状，为二体雄蕊。雌蕊被包围在9枚联合雄蕊筒状结构之内，偏扁，顶端具羽毛状柱头。

注意观察子房位置，去掉花冠、雄蕊，细心解剖子房，观察它是由几个心皮及几室组成的，胚珠数目和胎座类型，并写出扁豆花花程式。

（3）油菜花

油菜花（或萝卜花、白菜花）为双子叶十字花科植物。花萼4个，绿色，基部离生。花冠4个花瓣，构成十字，这是十字花科的特征。雄蕊通常6枚，4长2短，称为“四强雄蕊”。雌蕊二心皮构成，子房位置靠上。

根据观察的花的结构写出油菜花的花程式。

（4）小麦花

小麦为单子叶禾本科植物。小麦小花外面有2片稃片，最外面的一片为外稃，脉明显，有的小麦品种，外稃中脉处长成芒，为苞片的变态；里面一片为内稃，薄膜状，船形有两条明显的叶脉，为萼片的变态。外稃里面有两个小型囊状突起，即为浆片，为花瓣的变态。雄蕊3枚，花丝细长，花药较大。雌蕊1枚，2个心皮合生，柱头二裂，呈羽毛状，花柱短而不明显，子房上位，一室。

2.花程式和花图式

花程式是用简单的符号表示花的各部分特征，即花各部分的组成、数目、子房的位置和构成。花程式中各符号含义如下。

K：花萼；C：花冠；A：雄蕊；G：雌蕊；P：花被；右下角数字：各轮的数目；∝：数目多数，不定数；*：辐射对称；↑：两侧对称；()：联合；$\underline{G}$：子房上位；$\overline{G}$：子房下位；$\overline{\underline{G}}$：子房半下位；G右下角3个数字，以“:”连接，依次表示心皮数、子房室数、每室胚珠数；♂：雄花；♀：雌花；⚥两性花；(♂♀)：雌雄同株；♂/♀：雌雄异株。

花图式是以图解的方式说明花各部分的数目、排列方式、离合情况，排列情况和胎座类型，本质是花各部分在垂直花轴平面上的投影。

3.花药结构的观察

（1）造孢组织时期

取幼期百合花药横切装片，置低倍镜下观察。花药的轮廓似蝴蝶形状，整个花药分为左右两部分，中间由药隔相连，在药隔处可看到自花丝通入的维管束。药隔两侧各有两个花粉囊。转换高倍镜，由外向内仔细观察一个花粉囊的结构。

表皮：最外一层排列整齐的生活细胞，细胞较小，具角质层，有保护功能。

药室内壁：紧靠表皮的一层细胞，围绕着整个花粉囊，细胞近方形，体积较大，径向壁和内切向壁尚未增厚，壁内含有淀粉粒。

中层：药室内壁以内的1～3层较小的扁平细胞，初期可贮藏淀粉等营养物质。在花粉粒形成过程中，贮藏的营养物质往往被分解吸收，细胞也被挤压破坏而消失。

绒毡层：中层以内的一层细胞，细胞大，径向伸长成柱状，细胞核较大，质浓，排列紧密。初期为单核，在花粉母细胞减数分裂时，绒毡层细胞核内DNA增加很快，常进行核分裂，但不伴随细胞壁的形成，所以每个细胞常具有双核或多核。绒毡层细胞在花粉发育到四分体时期，发育到达顶点，以后逐渐退化。

绒毡层以内的药室中有许多造孢细胞，细胞呈多角形，核大，质浓，排列紧密，有时可以见到正在进行有丝分裂的细胞。

（2）成熟花粉粒形成时期

取成熟百合花药横切装片，置低倍镜下观察。表皮已萎缩，药室内壁的细胞径向壁和内切向壁上形成木质化加厚条纹，此时称纤维层，在制片中常被染成红色；中层和绒毡层细胞均破坏消失；两个花粉囊的间隔已不存在，二室相互沟通，花粉粒已发育成熟。

选择一个完整的花粉囊，在高倍镜下观察，注意所见到的花粉粒呈什么形状？有几层壁？是否见到大小两个核，并考虑它们各有什么功能？

4.子房与胚珠结构的观察

取百合子房横切（示胚珠结构）永久制片，置低倍镜下观察。百合子房由三个心皮联合构成，子房3室，每两个心皮边缘联合向中央延伸形成中轴，胚珠着生在中轴上。在整个子房中，共有胚珠六行，在横切面上可见每个室内有2个倒生的胚珠着生在中央轴上，称中央胎座。

再转换低倍镜，辨认背缝线、腹缝线、隔膜、中轴和子房室。选择一个通过胚珠正中的切面，用高倍镜仔细观察胚珠的结构。

珠柄在心皮边缘所组成的中轴上，是胚珠与胎座相连接的部分。胚珠最外面有两层薄壁细胞，外层为外珠被，内层为内珠被；两层珠被延伸生长到胚珠的顶端但并不联合，留有一孔，即为珠孔。胚珠中央部分为珠心，包在珠被里面。珠心、珠被和珠柄相联合的部分为合点。珠心中间的囊状结构即为胚囊。

5.胚囊的发育和结构

取百合胚囊不同发育时期装片，置显微镜下观察。百合胚珠为倒生胚珠，胚囊发育类型属于贝母型（四孢子八核类型），即四个大孢子核共同参与胚囊的发育。

珠心最初是由一些薄壁细胞组成。随着胚珠的发育，靠近珠孔端的珠心表皮下，出现一个体积大、质浓、核大而显著的细胞，叫孢原细胞。孢原细胞进一步形成胚囊母细胞。显微镜下胚囊母细胞的体积比其他珠心细胞大得多，并具浓厚的细胞质和相对较大的细胞核。

胚囊母细胞经减数分裂，在第一次分裂后，形成两个大小相等的细胞核（二分体）；再经第二次核分裂，形成四个大小相等的细胞核（四分体）。由于百合胚囊母细胞减数分裂不伴随细胞壁的形成，所以最后形成的四个子细胞核处于共同的细胞质之中。四个细胞核的染色体数目均为母细胞染色体数的一半，为单倍体。

四个大孢子（实际上是四个大孢子核）共同参与胚囊的发育。首先有三个大孢子核移向合点端，然后这三个细胞核在进行分裂的同时相互融合在一起。分裂的结果，形成了两个大的细胞核（思考：这两个大的细胞核按其染色体倍数，应属于几倍体？）。在合点端三个细胞核分裂融合的同时，珠孔端的另一个大孢子核单独进行一次有丝分裂，结果形成了两个小的细胞核（思考：这两个小细胞核的染色体倍数属于几倍体？）。这时在制片中可以看到在胚囊的合点端有两个大的细胞核，珠孔端有两个小的细胞核，也是一个四核（二大二小）时期，为胚囊发育过程中的四核胚囊时期。然后，这四个细胞核各自再进行一次有丝分裂，形成了具八个细胞核（四大四小）的胚囊。

胚囊两端各有一大细胞核和一小细胞核向中央移位并相互靠拢，即为极核

（思考：若二极核融合，其染色体倍数应为几倍体？）。合点端的三个大细胞核进一步发育成为反足细胞（染色体倍数为三倍体），珠孔端三个小细胞核分别发育成为一个卵细胞和两个助细胞（染色体倍数均属单倍体）。

此时期为成熟的八核胚囊。在同一切面上不可能同时观察到八个大、小细胞核（思考：为什么？），只有通过观察连续切片才能看清成熟胚囊结构的全貌。

【实验作业】

1. 绘桃花正中纵切剖面图，并注明各部分名称。
2. 绘百合成熟花药横切面结构图，并注明各部分名称。
3. 绘百合子房横切面结构图，并注明各部分名称。

图5-1 桃花（*Prunus persica*）外观形态

Co：花冠；St：雄蕊；Pi：雌蕊；
Ca：花萼；FS：花柄

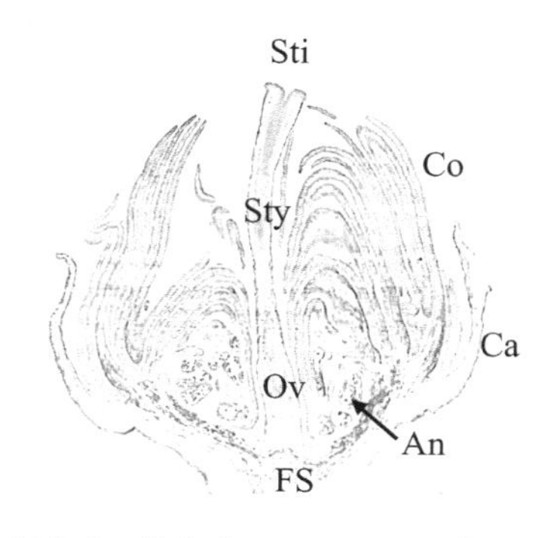

图5-2 桃花（*Prunus persica*）纵切

Ca：花萼；FS：花柄；Co：花冠；Ov：子房；
Sty：花柱；Sti：柱头；An：花药

桃花花图式：

$⚥ * K_{(5)} C_5 A_{\infty} \underline{G}_{1:1}$

两性花，辐射对称；萼片5枚合生；花瓣5枚离生；雄蕊多数；雌蕊1心皮1心室，子房上位。

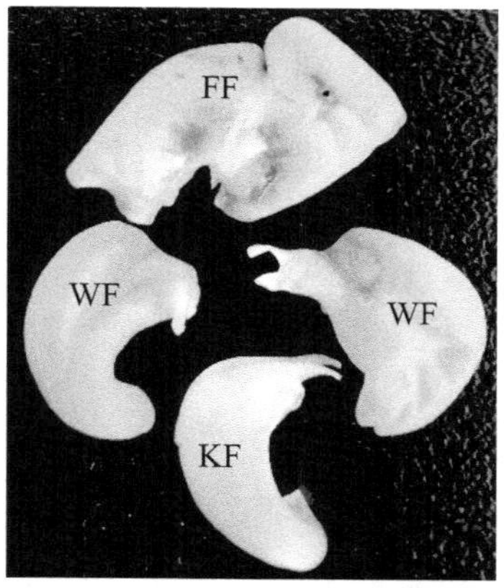

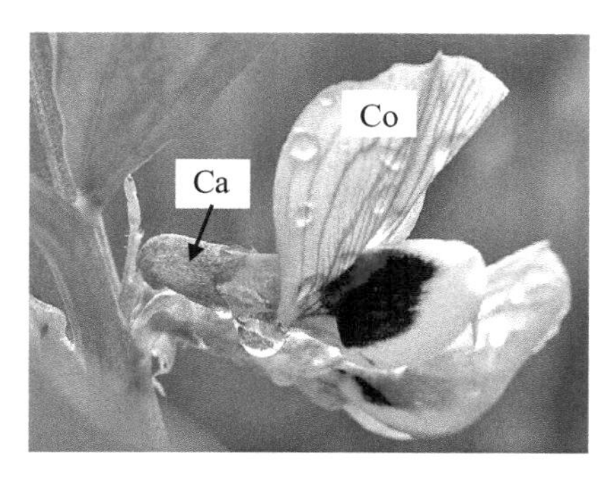

图5-3 蚕豆（*Vicia faba*）花外观形态

Co：花冠；Ca：花萼

蚕豆花花图式：

$⚥ \uparrow K_{(5)} C_5 A_{(9)+1} \underline{G}_{(1:1:\infty)}$

两性花，两侧对称；萼片5枚合生；花瓣5枚离生；雄蕊10枚，9枚合生，1枚分离；雌蕊1心皮1心室，胚珠多数，子房上位。

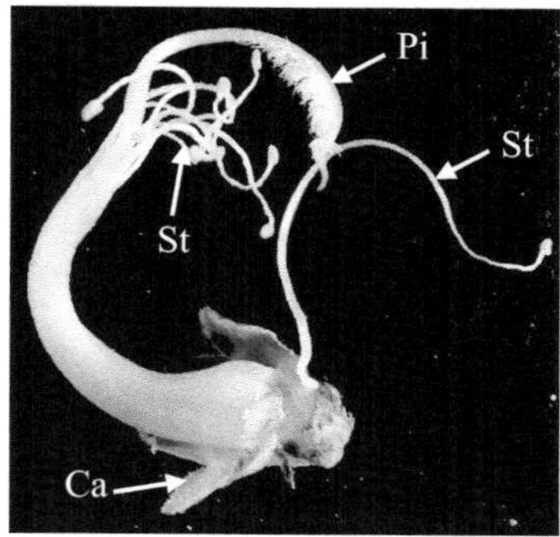

图5-4 绿豆[*Vigna radiata* (Linn.) Wilczek]花解剖结构

FF：旗瓣；WF：翼瓣；KF：龙骨瓣（2片合生）；Ca：花萼；St：雄蕊（9枚合生，1枚分离）；Pi：雌蕊

图5-5　油菜（*Brassica napus*）花外观形态

Co：花冠，十字形排列；St：雄蕊（6枚）；Pi：雌蕊；Ca：花萼

油菜花花图式：

$⚥*K_4C_4A_{2+4}\underline{G}_{(2:1:\infty)}$

两性花，辐射对称；萼片4枚离生；花瓣4枚，十字花冠；雄蕊6枚，四强雄蕊；子房上位，2心皮1心室，胚珠多数。

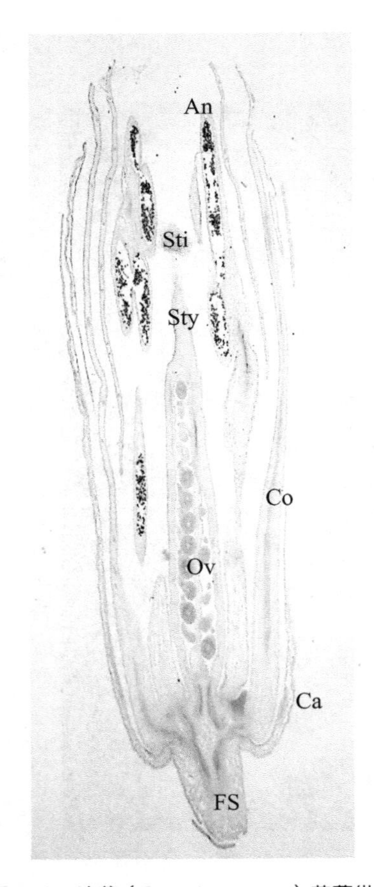

图5-6　油菜（*Brassica napus*）花蕾纵切

Co：花冠；Ca：花萼；An：花药；Sti：柱头；Ov：子房；Sty：花柱；FS：花柄

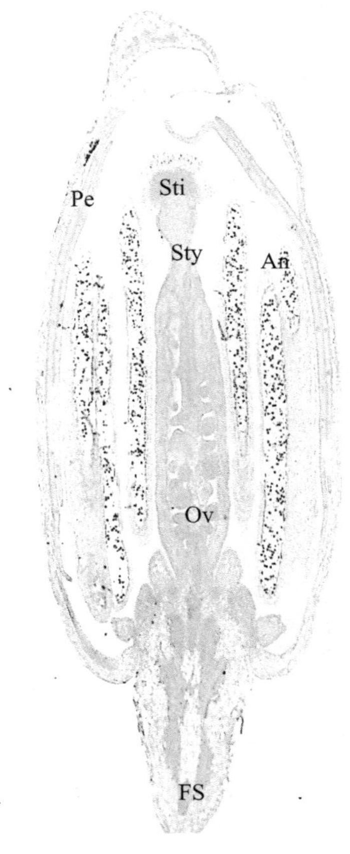

图5-7　白菜[*Brassica pekinensis* (Lour.) Rupr.]花蕾纵切

Pe：花被；An：花药；Sti：柱头；Ov：子房；Sty：花柱；FS：花柄

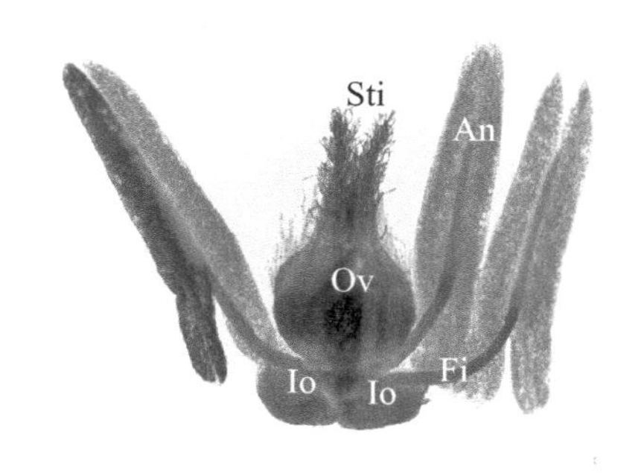

图5-8　小麦（*Triticum aestivum*）花结构

Sti：柱头；Io：浆片；Ov：子房；
An：花药；Fi：花丝

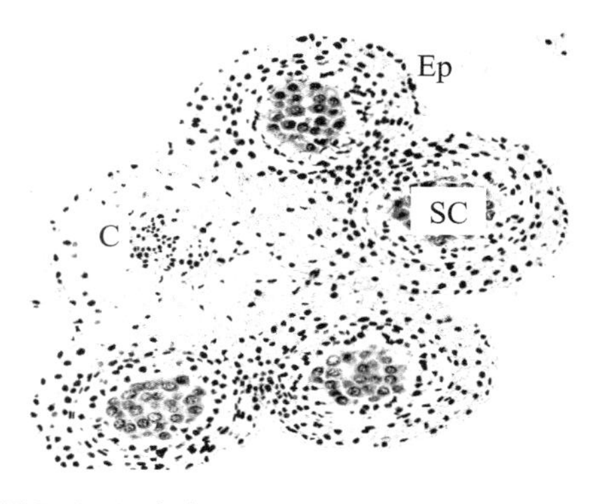

图5-9　百合（*Lilium brownii*）幼期花药横切

Ep：表皮；SC：造孢组织；C：药隔

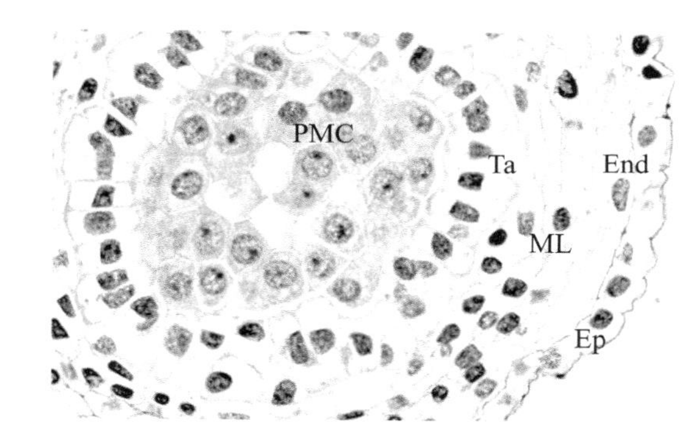

图5-10　百合（*Lilium brownii*）幼期花药横切，示1个花粉囊结构

Ep：表皮；End：药室内壁；ML：中层；Ta：绒毡层；PMC：花粉母细胞

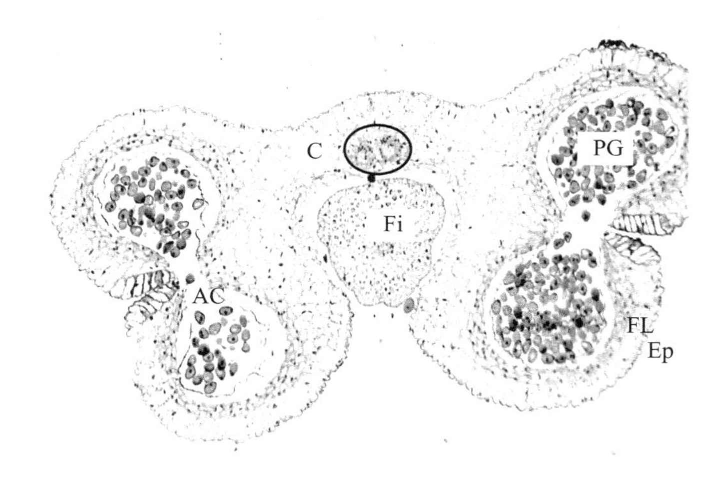

图5-11　百合（*Lilium brownii*）成熟花药横切

Ep：表皮；FL：纤维层；AC：药室；C：药隔；PG：花粉粒；Fi：花丝
黑环所示为药隔维管束

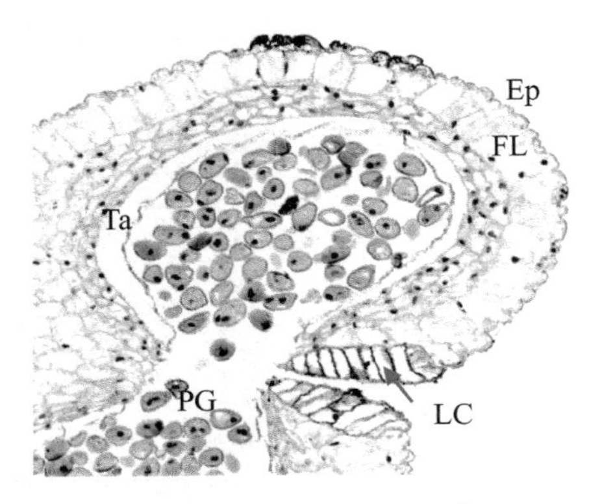

图5-12　百合（*Lilium brownii*）成熟花药横切，示1个花粉囊

Ep：表皮；Ta：绒毡层（解体）；FL：纤维层；PG：花粉粒；LC：唇细胞

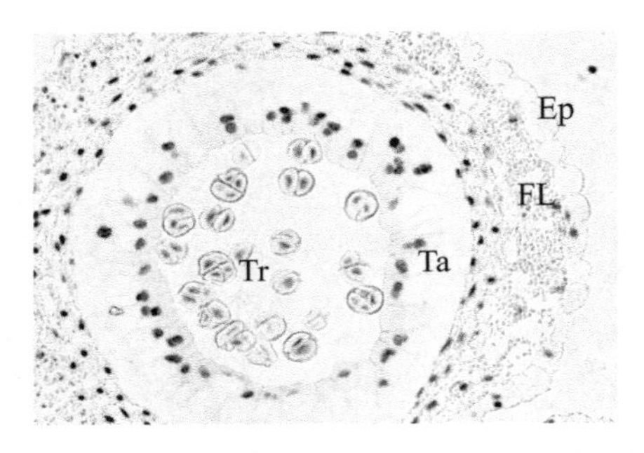

图5-13　百合（*Lilium brownii*）1个花粉囊横切，示小孢子四分体时期

Ep：表皮；Ta：绒毡层；Tr：四分体；FL：纤维层

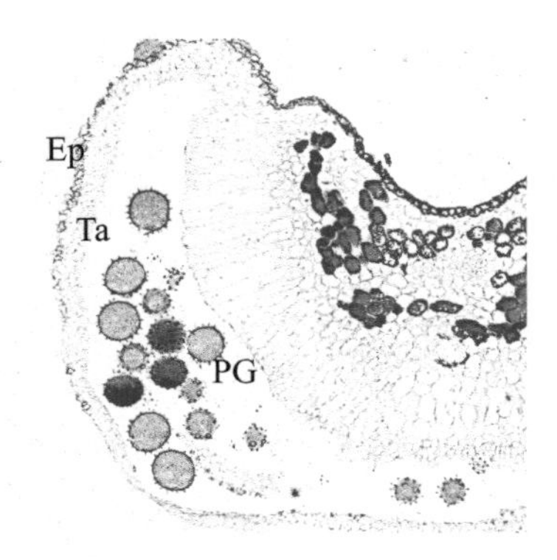

图5-14　棉花（*Gossypium* spp.）成熟花药横切

Ep：表皮；Ta：绒毡层；PG：花粉粒

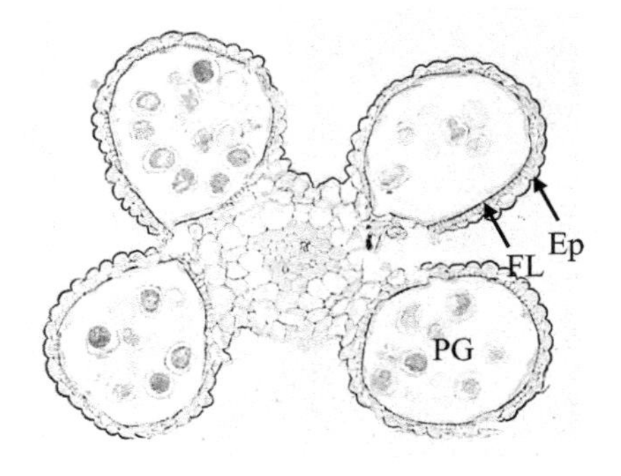

图5-15　小麦（*Triticum aestivum*）成熟花药横切

Ep：表皮；FL：纤维层；PG：花粉粒

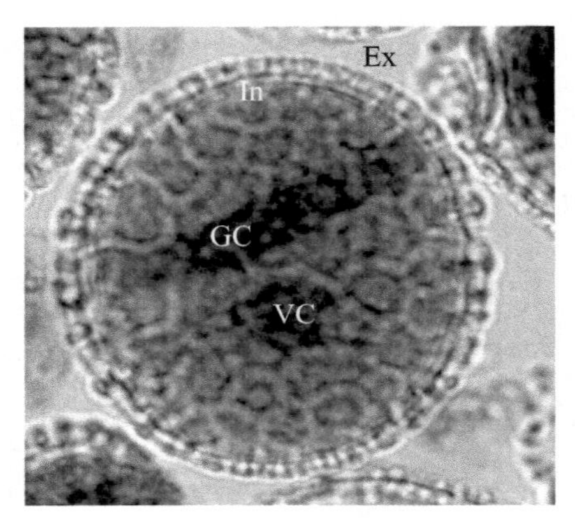

图5-16　百合（*Lilium brownii*）二胞花粉粒

Ex：外壁；In：内壁；VC：营养细胞；GC：生殖细胞

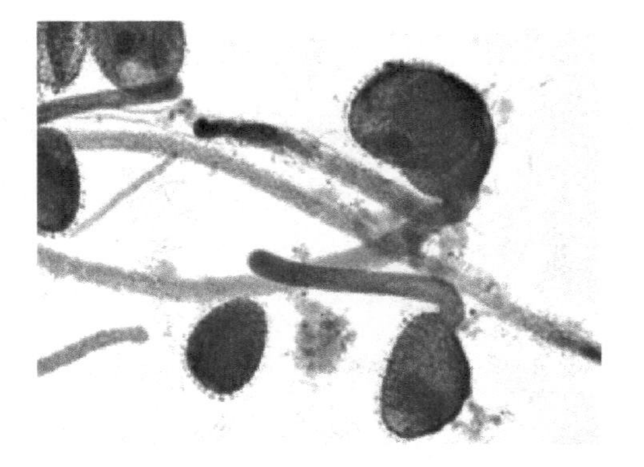

图5-17　百合（*Lilium brownii*）花粉萌发

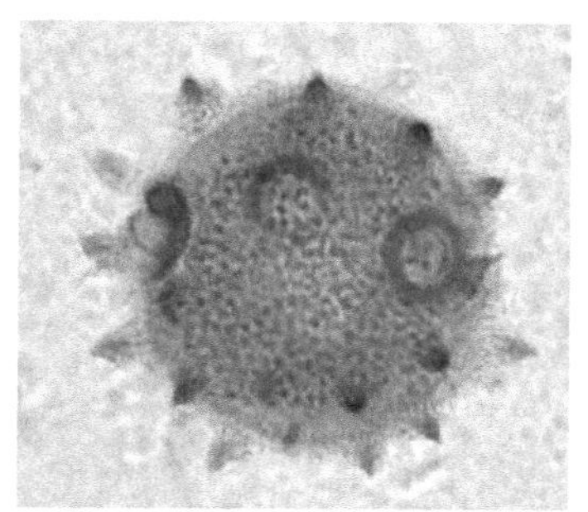

图5-18　棉花（*Gossyipium* spp.）成熟花粉粒

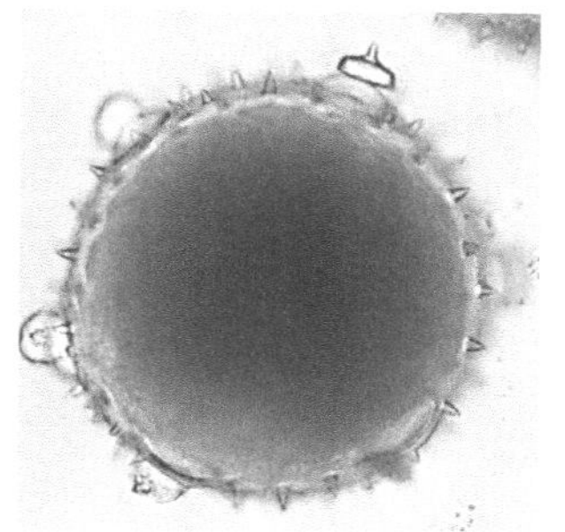

图5-19　南瓜（*Cucurbita moschata*）成熟花粉粒

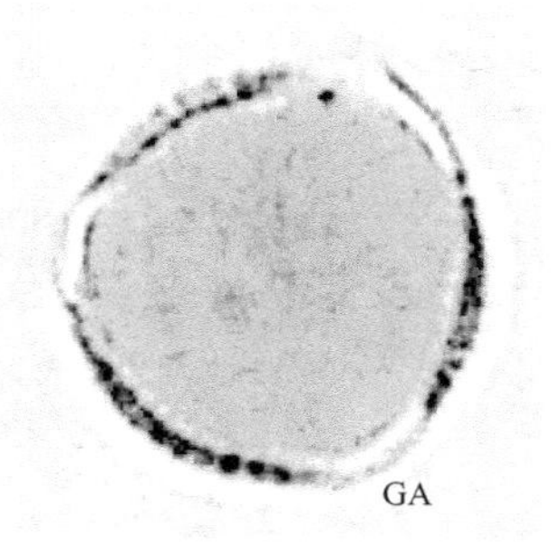

图5-20　油菜（*Brassica napus*）成熟花粉粒

GA：萌发孔

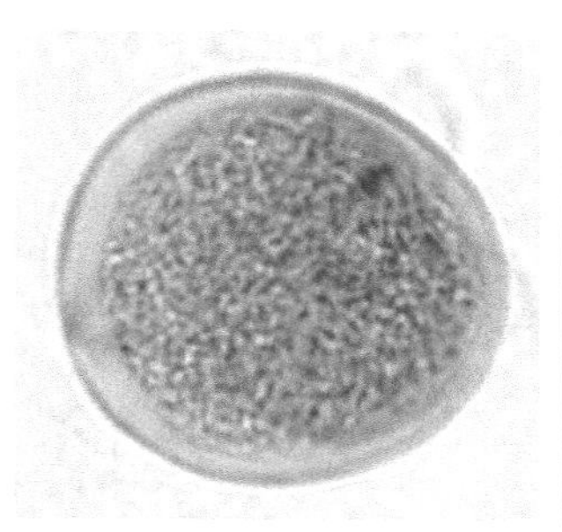

图5-21　小麦（*Triticum aestivum*）成熟花粉粒

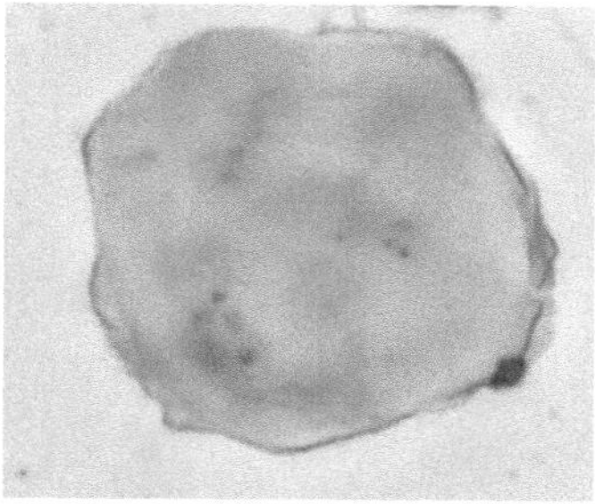

图5-22　一串红（*Salvia splendens*）成熟花粉粒

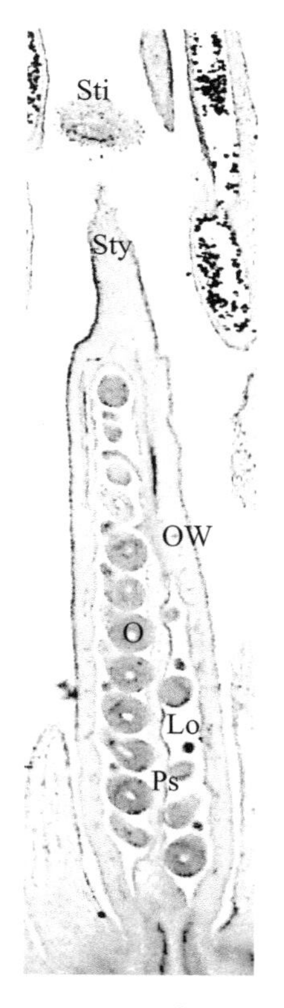

图5-23　油菜（*Brassica napus*）雌蕊纵切，示子房结构

Sti：柱头；Sty：花柱；O：胚珠；OW：子房壁；Lo：子房室；Ps：假隔膜

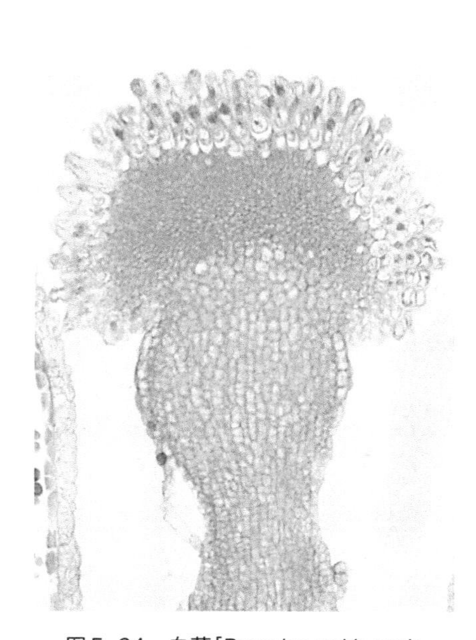

图5-24　白菜[*Brassica pekinensis* (Lour.) Rupr.]柱头纵切

图5-25　豌豆（*Pisum sativum*）柱头纵切

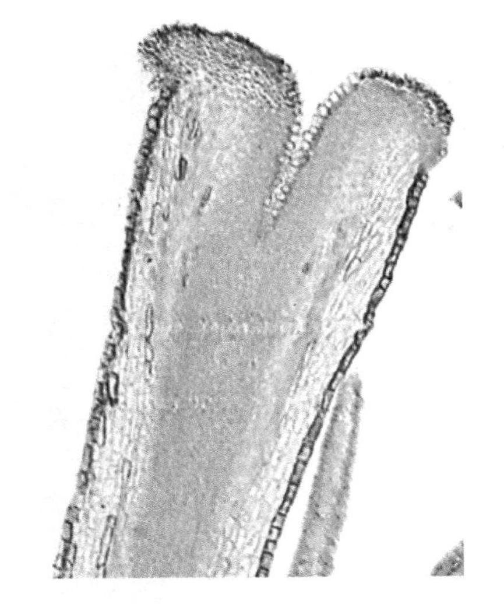

图5-26　桃花（*Prunus persica*）柱头纵切

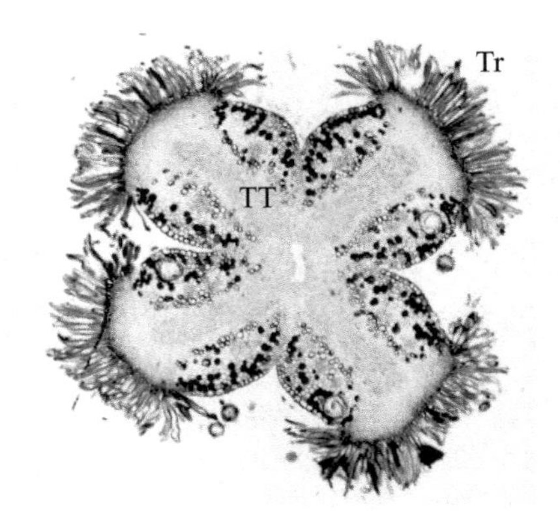

图5-29　棉花（*Gossyipium* spp.）花柱横切，示实心花柱

Tr：表皮毛；TT：引导组织

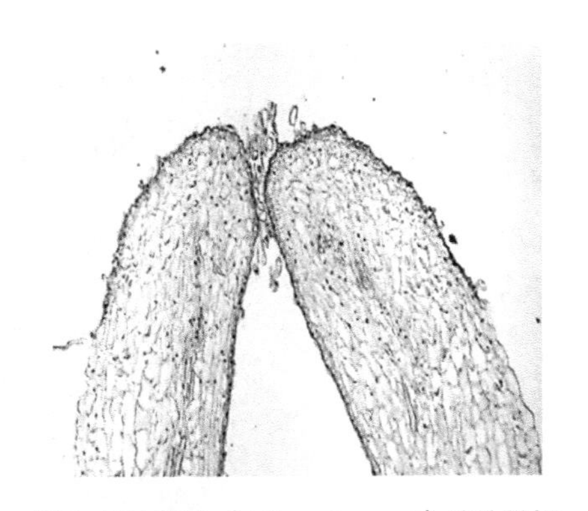

图5-27　百合（*Lilium brownii*）柱头纵切

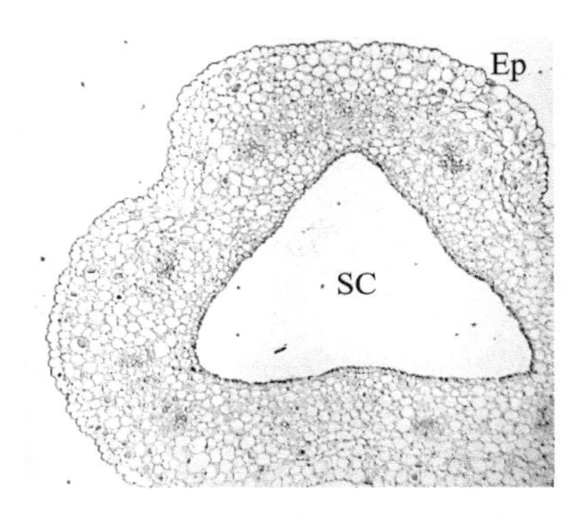

图5-30　百合（*Lilium brownii*）花柱横切，示空心花柱

Ep：表皮；SC：花柱道

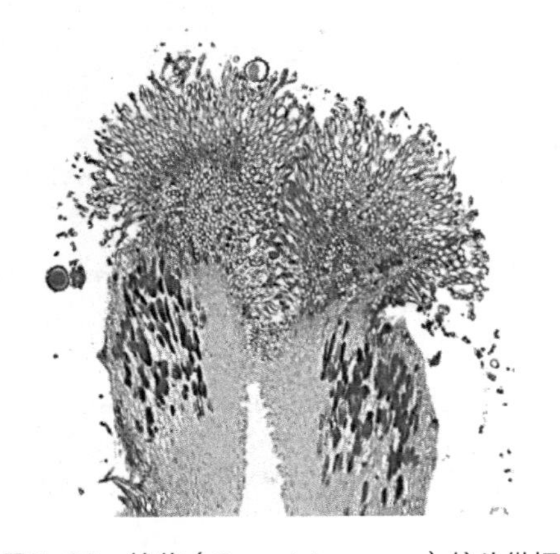

图5-28　棉花（*Gossyipium* spp.）柱头纵切

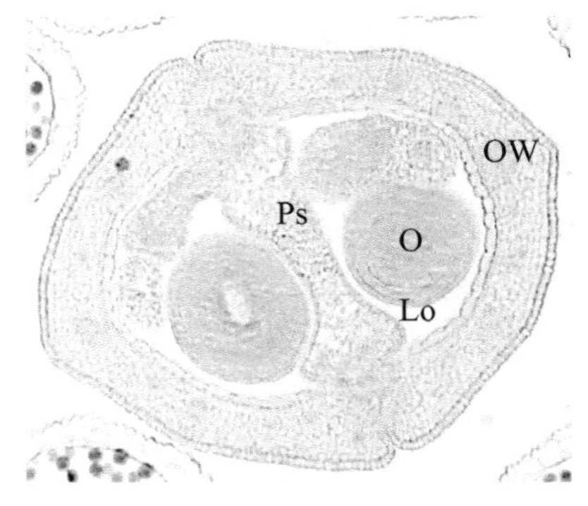

图5-31　白菜[*Brassica pekinensis* (Lour.) Rupr.]子房横切

O：胚珠；OW：子房壁；Lo：子房室；Ps：假隔膜

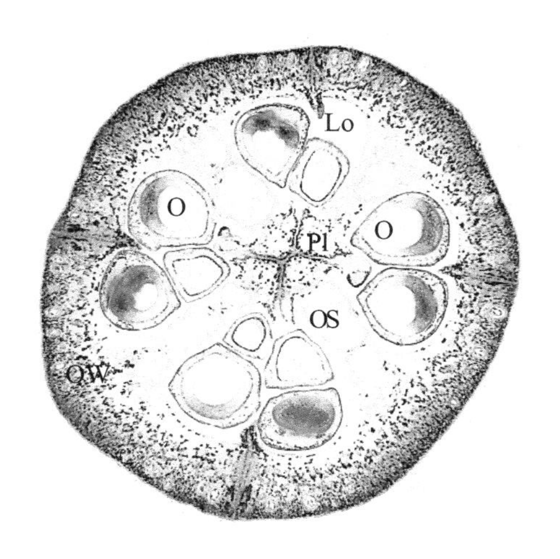

图5-32　棉花（*Gossyipium* spp.）子房横切

O：胚珠；OW：子房壁；Lo：子房室；
Pl：胎座；OS：子房隔膜

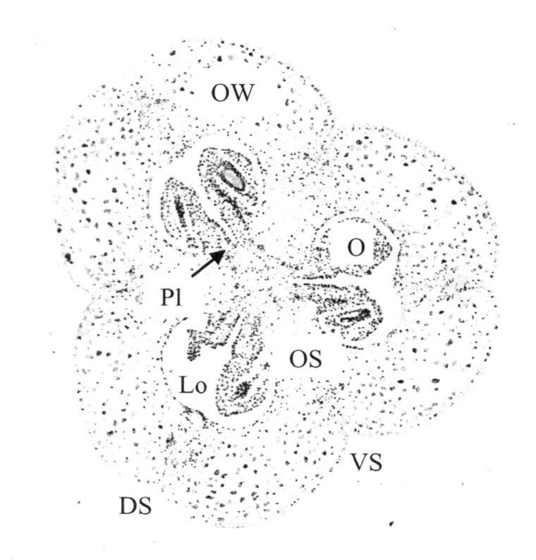

图5-33　百合（*Lilium brownii*）子房横切

O：胚珠；OW：子房壁；Lo：子房室；Pl：胎座；
OS：子房隔膜；VS：腹缝线；DS：背缝线

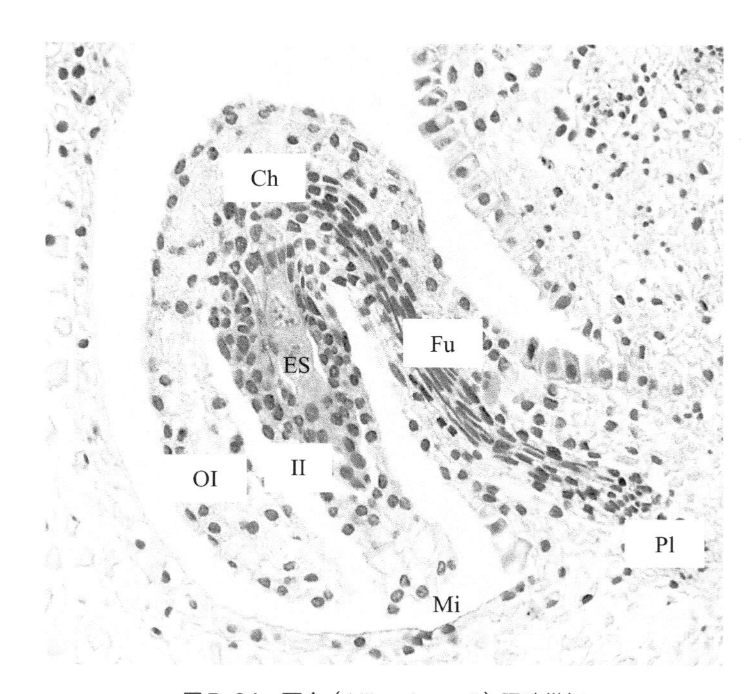

图5-34　百合（*Lilium brownii*）胚珠纵切

Fu：珠柄；Ch：合点；Pl：胎座；OI：外珠被；II：内珠被；Mi：珠孔；ES：胚囊

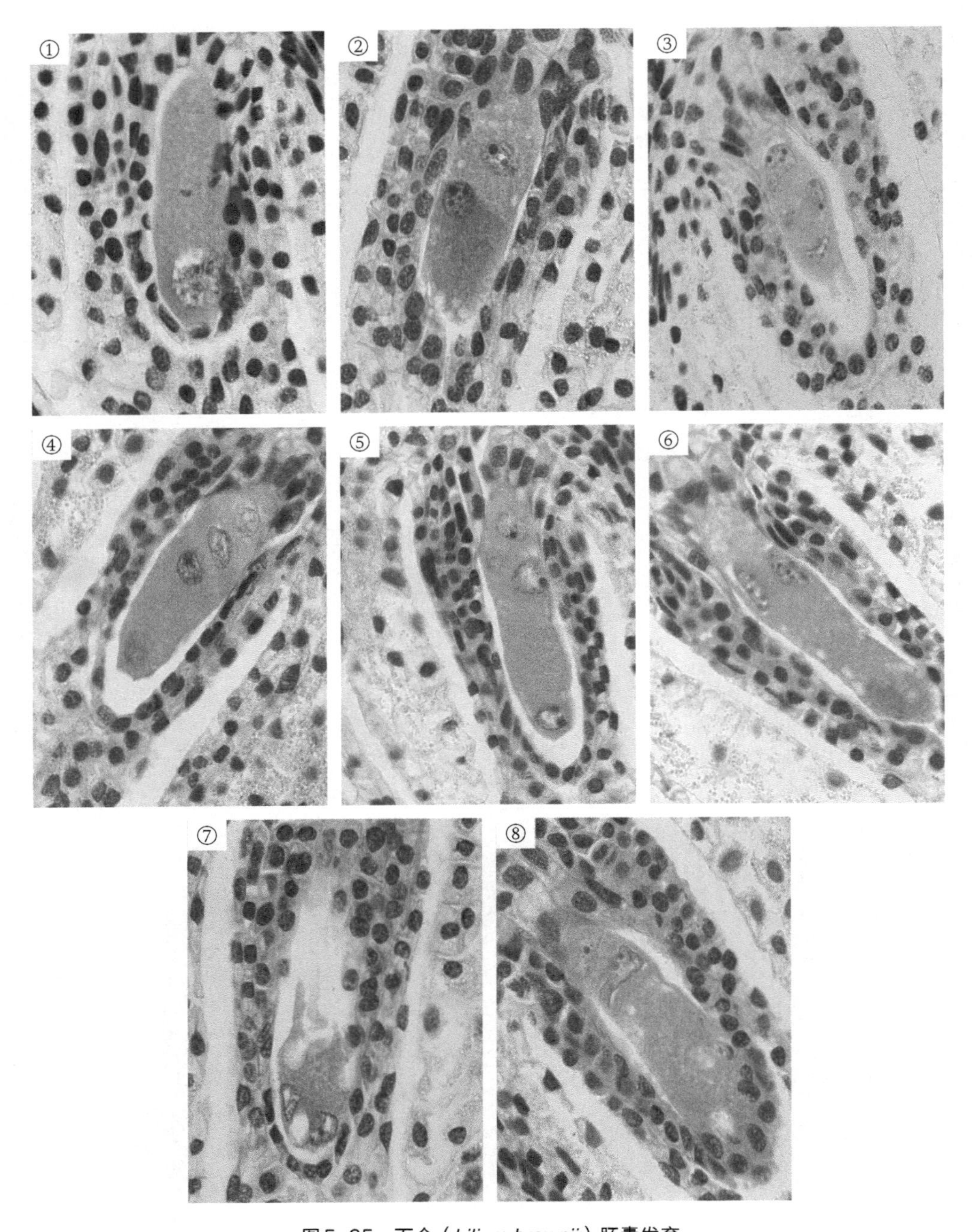

图5-35　百合（*Lilium brownii*）胚囊发育

① 胚囊母细胞时期；② 大孢子母细胞减数分裂Ⅰ形成二核胚囊；③ 减数分裂Ⅱ形成第一次四核胚囊；④ 大孢子核成1+3排列；⑤ 大孢子核分裂，合点端3个合并；⑥ 第二次四核时期，合点端2个大核，珠孔端2个小核；⑦，⑧ 八核成熟胚囊时期

实验十　植物果实和种子的结构和功能

被子植物开花受精，受精后的胚珠发育成种子，子房发育成果实。

果实种类繁多，是植物分类的重要依据之一。单纯由子房发育而来的称为真果，除子房外还有花的其他部分参与形成的果实为假果。由一朵花中的一个单雌蕊或复雌蕊发育而成的果实称为单果，又可分为干果和肉质果两大类；由一朵花中离心皮雌蕊发育而来，每一雌蕊都形成一个独立的小果，集生在膨大的花托上，为聚合果；由整个花序发育而成的果实称为聚花果。

种子是种子植物特有的繁殖器官，萌发后形成幼苗。植物的种类不同，种子的形状、颜色和条纹各异。一般种子由种皮、胚和胚乳3部分组成，有些植物成熟种子只具有种皮和胚两部分。有胚乳种子营养物质贮存在胚乳中，无胚乳种子营养物质贮存在子叶中。胚是新植物体的原始体，由胚芽、胚轴、胚根和子叶4部分组成。

【实验目的】

1. 掌握果实的结构。
2. 掌握不同类型种子的形态和结构。
3. 了解石蜡切片法制备植物永久装片技术。
4. 掌握生物绘图方法。
5. 学习植物浸制标本的制作方法。

【实验条件】

1. 实验器材

显微镜、放大镜、刀片、解剖针、载玻片、盖玻片、镊子、滴管等。

2. 实验材料

桃或杏、苹果或梨、猕猴桃、番茄、黄瓜、西瓜、悬钩子、草莓、八角茴香、桑葚、菠萝、无花果、菜豆（或大豆、蚕豆）种子、蓖麻（或油桐）种子、玉米籽粒（颖果），玉米颖果切片、小麦颖果切片、蓖麻种子切片、荠菜胚不同发育时期装片。

【实验内容】

实验前将一些需要的代表性植物的果实，在成熟时及时采摘并用适宜方法保存备用。

1.果实结构

（1）真果与假果

① 真果的结构：取桃（或杏）的果实，纵剖，观察桃果实纵剖面。最外一层膜质部分为外果皮；其内肉质肥厚部分为中果皮，是食用部分；中果皮里面是坚硬的果核，核的硬壳即为内果皮。这三层果皮都由子房壁发育而来。敲开内果皮，可见种子，种子外面被有一层膜质的种皮。

② 假果的结构：取苹果（或梨），观察苹果果柄相反的一端有宿存的花萼；苹果是下位子房，子房壁和花筒合生。用刀片将苹果横剖，横剖面中央有五个心皮，心皮内含有种子。心皮的壁部（即子房壁）分为三层，内果皮由木质的厚壁细胞组成，纸质或革质，比较清楚明显；中果皮和外果皮之间界限不明显，均肉质化。近子房外缘为很厚的肉质花筒部分，是食用部分。通常花筒中有萼片及花瓣维管束10枚作环状排列。

思考：假果（苹果）与真果（桃子）有何不同？

（2）单果、聚合果和聚花果

① 单果的结构：一朵花中如果只有一枚雌蕊，以后只形成一个果实的称为单果，这种单果可以由一个心皮形成，也可以由2至多数心皮而成。如桃或苹果、番茄的果实。

② 聚合果的结构：在一朵花中有许多离生的雌蕊发育形成的果实，每一个雌蕊形成一个小单果，聚合在同一个花托上，称为聚合果。取悬钩子、草莓和八角茴香果实，作解剖并观察比较：悬钩子每一小单果为核果，聚合在一起称聚合核果；草莓为聚合瘦果；八角茴香为聚合蓇葖果。注意上述各聚合的小单果在花托上着生的情况。

③ 聚花果的结构：聚花果，又称为复果，由整个花序发育而来。聚花果是由多数花朵形成的果实。取桑葚、菠萝和无花果果实作纵剖观察比较：桑葚各花子房形成一个小坚果，包在肥厚多汁的花萼中，食用部分为花萼；菠萝整个花序形成果实，花着生在花轴上，花不孕，食用部分除肉质化的花被和子房外，还有花序轴；无花果的果实是由许多小坚果包藏在肉质化凹陷的花序轴内，食用部分为肉质化的花序轴。

2. 种子结构

（1）双子叶无胚乳种子

取一粒浸泡的菜豆（或大豆、蚕豆）种子，包在外面的革质部分是种皮，种子凹侧有一长菱形种脐。用手指轻捏，在种脐一端有水或气泡自种孔中冒出，种孔是原来胚珠珠孔留下的痕迹。剥去种皮，里面的整个结构为胚，首先看到的是两片肥厚的子叶（思考它有什么作用？），掰开相对扣合的子叶，可见夹在子叶间的胚芽。在胚芽下面的一段是胚轴，为两片子叶着生的地方。胚轴下端即为胚根。

（2）双子叶有胚乳种子

取一粒浸泡过的蓖麻（或油桐）种子，种子呈椭圆形，稍扁，种皮呈硬壳状，光滑并具斑纹。种子的一端有海绵状突起，即为种阜，由外种皮基部延伸形成。思考种阜有何作用？种子腹部中央有一条隆起条纹，即为种脊。种子腹面种阜内侧有一小突起为种脐，此结构不明显，用放大镜观察会更清楚。种孔被种阜掩盖。

剥去种皮，观察蓖麻内部结构。种皮内白色肥厚的部分为胚乳。用刀片平行于胚乳宽面作纵切，可见两片大而薄的叶片，具明显的叶脉，即为子叶。两片子叶基部与胚轴相连，胚轴很短，上方为很小的胚芽，夹在两片子叶之间。胚轴下方为胚根。

（3）单子叶有胚乳种子

取浸泡过的玉米籽粒（颖果），用刀片从垂直玉米籽粒的宽而正中作纵剖，果种皮以内大部分是胚乳，在剖面基部呈乳白色的部分是胚。胚紧贴胚乳处，有一形如盾状的子叶（盾片）。

显微镜下观察玉米（或小麦）颖果切片，可见子叶与胚乳交界处有一层排列整齐的细胞，即为上皮细胞（柱形细胞），思考它有什么功能？与子叶相连的部分是较短的胚轴，胚轴上端连接着胚芽，包围在胚芽外方的鞘状结构，即为胚芽鞘；胚轴下端连接胚根，包围在胚根外方的鞘状结构，即为胚根鞘。

3. 双子叶植物胚的发育

受精后，合子经过一定时间的休眠开始发育。取荠菜胚不同发育阶段纵切装片，显微镜下观察双子叶植物胚的发育过程。合子第一次分裂，形成二细胞原胚，一个顶细胞，一个基细胞。顶细胞纵裂，基细胞横裂形成“T”字形四细胞原胚。随后顶细胞继续分裂形成球形胚，接着进入胚分化阶段，形成心形胚。心形胚的胚轴和子叶伸长发育为鱼雷形胚，鱼雷形胚继续发育成成熟胚。荠菜成熟胚呈弯形，两片肥大的子叶位于远珠孔的一端，夹在两片子叶之间的小突起，即为胚芽，与两片子叶相连成为胚轴，胚轴以下为胚根。此时，珠被发育为种皮，整个胚珠形成了种子。

【实验作业】

1. 绘桃果实纵剖面图，并注明各部分名称。
2. 绘苹果横剖面图，并注明各部分名称。
3. 绘菜豆外形和结构图，并注明各部分名称。
4. 绘蓖麻种子结构图，并注明各部分名称。
5. 绘玉米纵切面图，并注明各部分名称。

图5-36　桃子（*Amygdalus persica*）外观形态

Ex：外果皮，膜质；Me：中果皮，肉质；En：内果皮，坚硬核状，内含种子

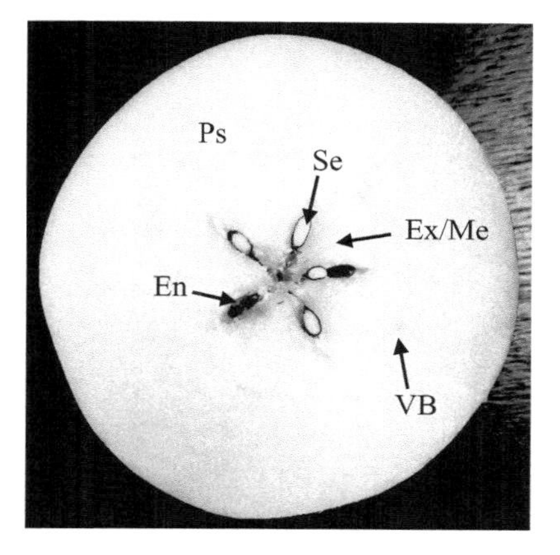

图5-37　苹果（Malus pumila）横切

VB：维管束；En：内果皮（木质化）；
Se：种子；Ex/Me：外果皮和中果皮；
Ps：假果皮，花萼筒发育而来

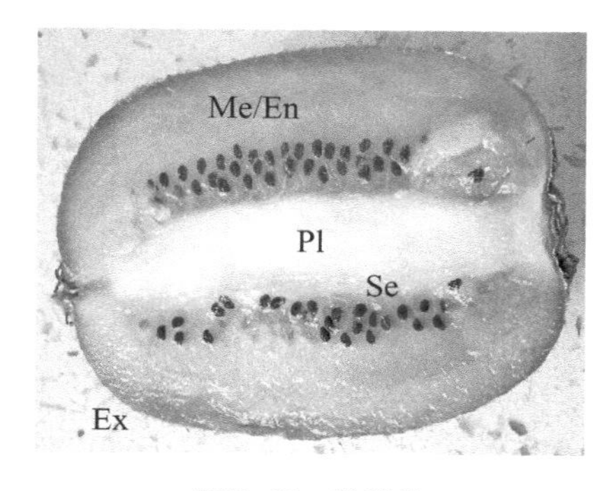

图5-39　猕猴桃（*Actinidia chinensis*）横切

Ex：外果皮（外面的褐色部分）；
Me：中果皮；En：内果皮；
Pl：胎座；Se：种子

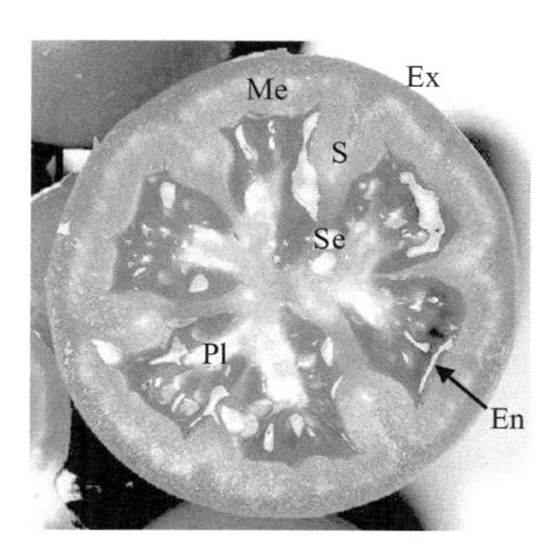

图5-38　番茄（*Lycopersicon esculentum*）横切

Ex：外果皮；Me：中果皮；En：内果皮；
Pl：胎座；Se：种子；S：隔膜

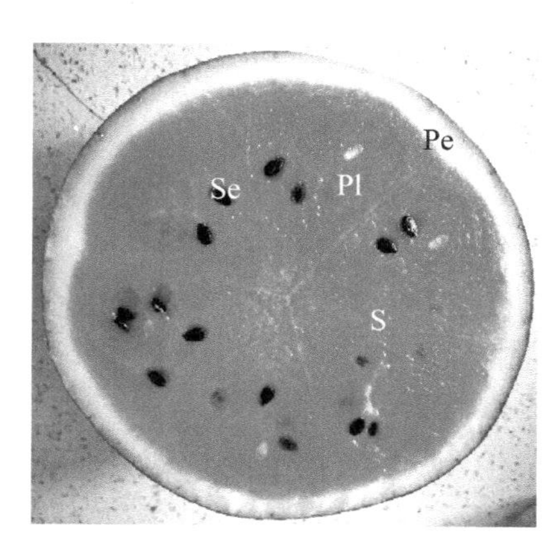

图5-40　西瓜（*Citrullus lanatus*）横切

Pe：果皮；Pl：胎座；
S：隔膜；Se：种子

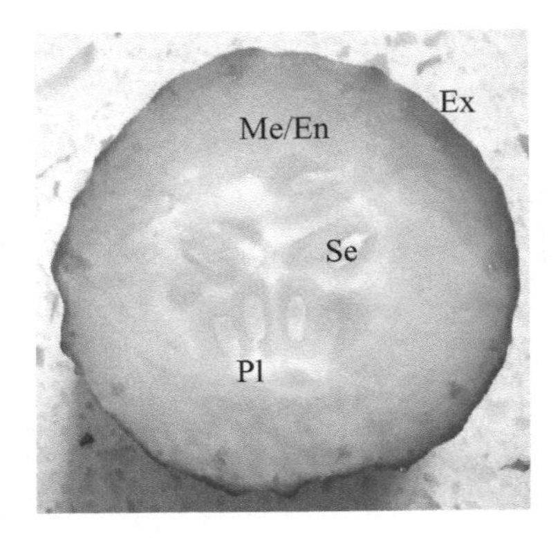

图5-41　黄瓜（*Cucumis sativus*）横切

Ex：外果皮；Me/En：中果皮和内果皮；
Se：种子；Pl：胎座

图5-42　草莓（*Fragaria ananassa*）纵切

Re：花托，肉质化；Ac：瘦果；Sep：萼片

图5-43　八角茴香（*Illicium verum*）果实

Se：种子；Pe：果皮

图5-44　无花果（*Ficus carica*）纵切

Ra：花序轴；
Fl：小花

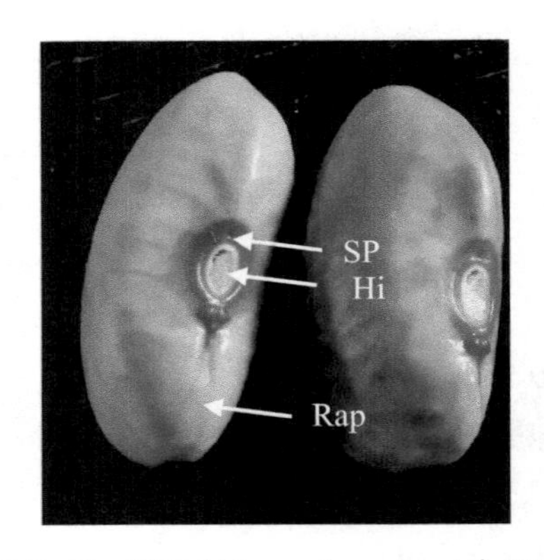

图5-45　菜豆（*Phaseolus vulgaris*）种子外观形态，示双子叶无胚乳种子

Hi：种脐；Rap：种脊；SP：种孔

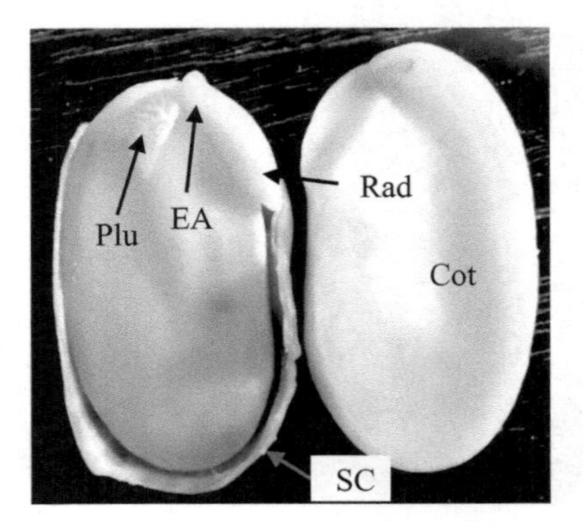

图5-46　菜豆（*Phaseolus vulgaris*）种子结构，示双子叶无胚乳种子

SC：种皮；Plu：胚芽；EA：胚轴；
Rad：胚根；Cot：子叶

图5-47　蓖麻（*Ricinus communis*）种子外观形态，示双子叶有胚乳种子

Car：种阜；Rap：种脊

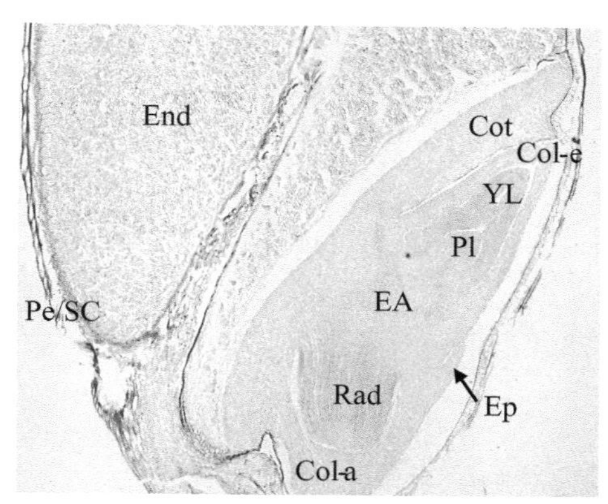

图5-49　小麦（*Triticum aestivum*）颖果结构，示单子叶有胚乳种子

Pe/SC：果皮和种皮；End：胚乳；Cot：子叶（盾片）；Pl：胚芽；EA：胚轴；Rad：胚根；Ep：外胚叶；Col-a：胚根鞘；Col-e：胚芽鞘；YL：幼叶

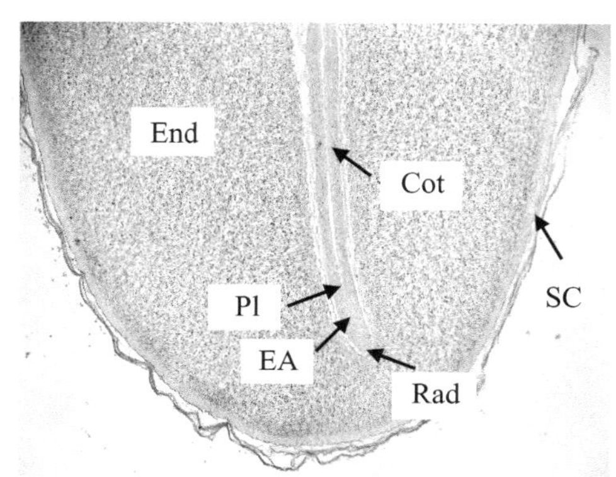

图5-48　蓖麻（*Ricinus communis*）种子结构，示双子叶有胚乳种子

SC：种皮；End：胚乳；Cot：子叶；Pl：胚芽；Rad：胚根；EA：胚轴

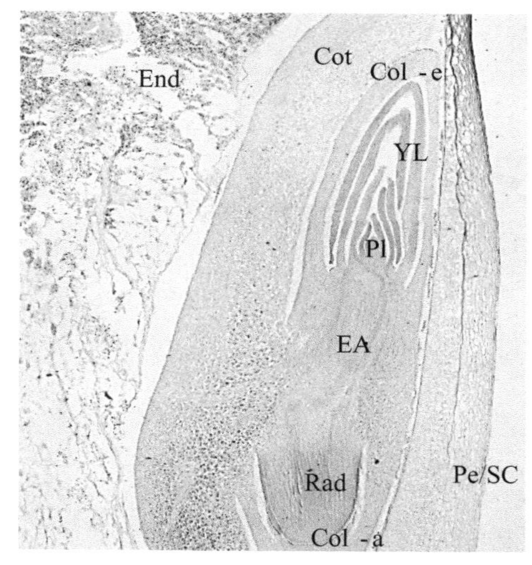

图5-50　玉米（*Zea mays*）颖果结构，示单子叶有胚乳种子

Pe/SC：果皮和种皮；End：胚乳；Cot：子叶（盾片）；Pl：胚芽；EA：胚轴；Rad：胚根；Col-a：胚根鞘；Col-e：胚芽鞘；YL：幼叶

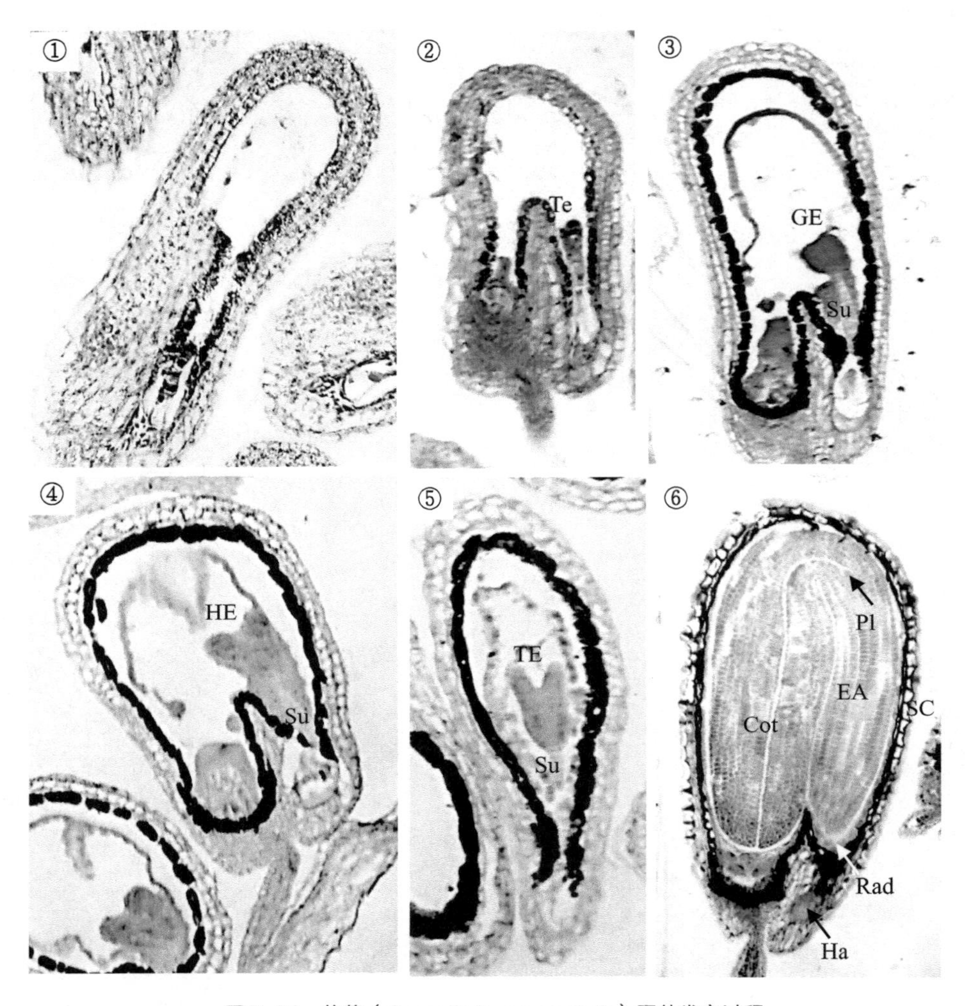

图5-51 荠菜（*Capsella bursa-pastoris*）胚的发育过程

① 二细胞原胚；② 四细胞原胚；③ 球形胚；④ 心形胚；⑤ 鱼雷形胚；⑥ 成熟胚；Te：四分体；GE：球形胚；Su：胚柄；HE：心形胚；TE：鱼雷形胚；Ha：胚柄吸器；Rad：胚根；SC：种皮；EA：胚轴；Pl：胚芽；Cot：子叶

第6章　低等植物种类的多样性

植物种类多样性是植物与环境长期相互作用，通过遗传和变异，适应自然选择形成的。目前地球上植物种类约有35万种，随着进化，新的种类还会出现。一般把植物分为孢子植物和种子植物。孢子植物以孢子繁殖，包含藻类植物、菌类植物、地衣植物、苔藓植物和蕨类植物；种子植物靠种子繁殖，包含裸子植物和被子植物。从蕨类植物开始出现了维管组织，因此蕨类植物、裸子植物和被子植物又称为维管植物。

藻类植物、菌类植物和地衣植物的植物体是单细胞或多细胞的叶状体，一般没有根、茎、叶等器官的分化，没有维管组织，生殖器官也是单细胞的，精子与卵结合而成的合子发育成新植物体不经过胚的阶段。因此这三类植物称为低等植物。本章主要介绍低等植物的形态特征。

实验十一　藻类植物

藻类植物是一类比较原始、古老的低等植物，大多水生。藻类的构造简单，没有根、茎、叶的分化，形态结构差异很大，有单细胞、多细胞群体、丝状体、叶状体、管状体等类型。藻类含叶绿素类、胡萝卜素类、叶黄素类、藻胆素等光合色素，能进行光合作用，属自养型生物。

根据细胞是否具有细胞核，藻类植物可分为原核藻类和真核藻类。原核藻类的细胞没有核膜，也无膜包被的叶绿体、线粒体等细胞器；真核藻类的细胞有核膜和叶绿体、线粒体等细胞器。原核藻类主要是蓝藻门生物；真核藻类则有绿藻门、轮藻门、硅藻门、褐藻门、红藻门等生物。藻类生物分类的主要依据包括藻体形态、细胞结构、细胞壁成分、所含色素种类、载色体形态结构、贮存物质类别以及鞭毛有无、数目、着生位置等。

【实验目的】

1. 通过对蓝藻门、绿藻门、轮藻门、硅藻门、裸藻门、红藻门等代表种类的观察，掌握各门的主要特征及分类依据。

2. 了解藻类由简单到复杂，从低级到高级的演化趋势。

3. 了解石蜡切片法制备植物永久装片技术。

4. 学习植物浸制标本的制作方法。

【实验条件】

1. 实验器材

显微镜、放大镜、载玻片、盖玻片、小镊子、滴管、培养皿、吸水纸等。

2. 实验材料

各门代表植物新鲜材料或浸制标本及有关装片。

【实验内容】

1. 蓝藻门

蓝藻分布很广，约有150属，1500种。蓝藻形态多样，可分为单细胞、非丝状群体、丝状体等类型。蓝藻含有叶绿素a、类胡萝卜素、藻胆素等色素，光合产物为蓝藻淀粉、蓝藻颗粒体和胶质颗粒等。部分丝状蓝藻可产生异形胞或隔离盘，在异形胞或隔离盘处断裂，形成藻殖段进行繁殖。大多数蓝藻的细胞外具有胶质鞘，多个细胞外的胶质鞘称为公共胶鞘，单个细胞外的胶质鞘称为个体胶鞘。

（1）色球藻

淡水常见种类，常见于有机质丰富的水体或潮湿的土壤和花盆壁上。藻体多数为2、4、6或更多一些细胞组成的群体，少数为单细胞。单细胞时细胞呈球形，群体中的细胞为半球形或四分之一圆形。细胞外有个体胶鞘，群体外有透明公共胶鞘。细胞仅具原核。细胞蓝绿色、淡蓝绿色、灰色或黄色等。

（2）微囊藻

最常见的水华蓝藻，广泛分布于富营养湖泊。微囊藻细胞球形、椭圆形或不规则形，常聚集成大至肉眼可见的群落，随细胞数增多会逐渐出现孔洞变不规则。公共胶鞘无色透明，少数种类具有颜色，无个体胶鞘。

（3）颤藻

颤藻广泛分布于水渠、池塘、污水沟和湿地等处，温暖季节常在浅水处形成一层蓝绿色黏滑的膜状物，或成团漂浮在水面。低倍镜下观察，颤藻呈蓝绿色，为一列细胞所组成的不分枝的丝状体，藻丝顶端细胞呈半圆球形。高倍镜下观察，藻丝上有少数特殊的细胞，两边向里凹进的为死细胞，两边向外膨大的为隔离盘。死细胞是空的，在镜下看起来发亮；隔离盘内含胶质，深绿色。死细胞或隔离盘将丝状体分成一个个片段，即为藻殖段。颤藻借助藻殖段进行营养繁殖。

（4）螺旋藻

生长于各种淡水和海水中，常浮游生长于中、低潮带海水中或附生于其他藻类和附着物上形成青绿色的被覆物。藻体为单列细胞组成的不分枝丝状体，胶质鞘无或只有极薄的鞘，并有规则螺旋状，以形成藻殖段繁殖。螺旋藻是大规模工业化生产的微藻类之一，是自然界营养成分最丰富、最全面的生物，富含高质量的蛋白质、γ-亚麻酸的脂肪酸、类胡萝卜素、维生素，以及多种微量元素如铁、碘、硒、锌等，是一种天然食品。

（5）念珠藻

地木耳（普通念珠藻）和发菜是念珠藻中典型代表。念珠藻多生于水中、墙壁、岩石或潮湿土地草丛中，雨后最多。显微镜下观察，念珠藻由许多圆珠状细胞连成丝状，共同埋在胶质中。高倍镜下观察，丝状体中有两种不同的细胞，一种是色浅，内容物为均匀透明的异形胞。注意异形胞与营养细胞相连接处可看到发亮的折光性强的节球，它是相接处的内壁加厚形成的。另一种是连续几个较大的椭圆形厚壁细胞，内容物黏稠，颜色较深，为厚壁孢子。比较营养细胞、异形胞和厚壁孢子之间的不同，并思考异形胞在念珠藻的繁殖及固氮方面的作用。

2. 绿藻门

约有8600余种，藻体有单细胞、群体（丝状体、叶状体及管状体）等。少数单细胞和群体类型的营养细胞前端有鞭毛，终身能运动，但绝大多数绿藻的营养体不能运动，仅繁殖时形成具有鞭毛的游动孢子和配子。大多数绿藻细胞具有两层细胞壁，内层由纤维素构成，外层常为果胶质。多数种类具有一至数个载色体，形态有杯状、带状、片状等。色素有叶绿素a和叶绿素b、α-胡萝卜素或β-胡萝卜素及叶黄素类。光合产物为直链淀粉。

（1）盘星藻

盘星藻广泛分布在池塘、湖泊、水库、稻田和沼泽中。多数由8个、16个、32个细胞构成的群体，细胞排列在一个平面上，大体呈星盘状。细胞呈三角形、多角形、梯形等，细胞壁彼此连接。每个细胞内常有一个周位的盘状或片状色素体和一个蛋白核。无性生殖产生动孢子，动孢子经短期游动后，在母细胞内或从母细胞壁裂孔逸出的胶质囊中失去鞭毛，停止运动，排列成与母定形群体形态类似的子定形群体。有性生殖为同配。

（2）鞘藻

淡水种类。鞘藻植物体不分枝，由一列柱状细胞构成，以基细胞的固着器着生或漂浮水面。细胞单核。色素体周生，网状，具一至多数蛋白核。

（3）实球藻

定形群体圆球形，由4个、8个、16个或32个有双鞭毛的细胞埋藏在1个共同的胶被内构成。群体均为实心球体，没有中央空腔。每个细胞含1个细胞核，1个叶绿体、1个眼点和2个伸缩泡，1对鞭毛均伸出胶被之外。

（4）团藻

一般由512个至数万个具鞭毛的细胞组成的空心卵形、椭圆形或球状群体，细胞呈单层排列在群体表面的胶质层中。高倍镜下观察，外壁的胶质为多边形，中间是一个具有鞭毛的藻细胞，细胞间有胞间连丝互相联络。成熟的群体常包含若干个幼小的子群体。

（5）栅藻

植物体生长在湖泊、水库、池塘、水坑、沼泽等各种静水水体中。定形群体，通常由4～8个细胞，有时由16～32个细胞组成。群体细胞球形、三角形、四角形、纺锤形等，彼此以其细胞壁上的凸起连接，在一个平面上呈栅状排列。无性生殖产生似亲孢子，群体中的任何细胞均可形成似亲孢子，在离开母细胞前连成子群体。

（6）水绵

淡水池塘、稻田、沟渠中最常见的一类绿藻。低倍镜下观察，水绵营养体是单列细胞组成不分枝丝状体。每个细胞有一层细胞壁，壁外有一层胶质层，内有一个大液泡及一个核，有一条或数条螺旋带状载色体，其上有多个蛋白核。

水绵通过丝状体断裂进行营养繁殖，有性繁殖为接合生殖，多发生在春秋季。接合生殖有侧面接合和梯形接合两类。

梯形接合时两条丝状体彼此靠近，细胞中部侧壁相对应处各产生突起，两相对细胞的突起连接，横壁溶解形成接合管。两个相对细胞的原生质体浓缩形成配子，配子通过接合管流入另一条丝状体中，与另一个配子融合成合子。合子在雌性藻丝细胞腔中发育，形成厚壁。另一条雄性藻丝的细胞变空。合子在下一个春季或秋季萌发，核减数分裂形成4个单倍核，其中1个核保留，3个核分解消失。想一想为什么将水绵的接合生殖称为梯形接合？

侧面接合发生在同一藻丝体两相邻细胞中，首先是两相邻细胞侧壁发生突起，随之突起处横壁溶解，一个细胞所形成的配子通过横壁融化处与相邻细胞的配子结合成合子。

3.轮藻门

多生于淡水中，尤以含钙质较多的浅水湖泊、池塘、水沟、泉水等水底较多。轮藻门植物有类似根、茎、叶的分化。藻体下有分枝的假根，假根由单列细胞构成；上有直立细长的茎，分枝。主枝和侧枝都有明显的节和节间的分化，节上有轮生的小枝。营养繁殖以营养体断裂进行。有性生殖是卵式生殖。藏卵器为长圆形，中央1个细胞，外有5个螺旋状细胞，顶端有5个短细胞。藏精器圆球形，外面有8个三角形盾片细胞包围，盾片细胞内侧中央有盾柄细胞，其上产生排列成丝状的单细胞精囊丝，每条精囊丝产生1个精子。

4.硅藻门

硅藻为单细胞，或由单细胞连接成链状、星芒状、带状等多种形状的群体。硅藻细胞壁由硅质和果胶组成，无纤维素，通常称为硅藻壳。硅藻壳由大小差不多的两个半片套合而成，其中形状较大、套在外面的半片称为上壳，形状较小、位于里面的半片称为下壳。两个半片套合的面环状围绕细胞一周，称为带面或环面，套合重叠的部分称为环带。上壳和下壳的顶面和底面称为壳面，壳面上具有辐射对称或两侧对称的各种花纹，有的还具有如刺状、毛状等壳面附属物，称为突起，突起的主要功能是保证邻近细胞相互连接以利于形成群体。有些种类的上、下壳面中央各具有1条长的纵裂缝，即壳缝，有些种类仅某一壳面具1条壳缝。具壳缝种类的细胞常在中央增厚形成中央节，在两端增厚形成极节。有时壳缝纵沟呈管状，称管纵沟。

硅藻分布很广，生活在各类型水体中。约有16000多种，常见的有小环藻、舟形藻、羽纹藻等。

5. 褐藻门

褐藻门是藻类植物中较高级的一个类群，约有250属，1500种。褐藻植物体均为多细胞，简单的是由单列细胞组成的分枝丝状体；进化的种类，有类似根、茎、叶的分化，内部构造有表皮、皮层和髓部组织的分化，甚至有类似筛管的构造。细胞壁两层，内层由纤维素组成，外层由褐藻胶组成。载色体1至多数，粒状或小盘状，含叶绿素a和叶绿素c、胡萝卜素及数种叶黄素。由于叶黄素的含量超过别的色素，故藻体呈黄褐色或深褐色。贮藏物质为褐藻淀粉、甘露醇和脂类等。

海带是人们熟知的褐藻，孢子体分成固着器、柄和带片3部分。固着器呈分枝的根状。柄没有分枝，圆柱形或略侧扁，柄组织分化为表皮、皮层和髓3层。带片生长于柄的顶端，不分裂，没有中脉，幼时常凸凹不平，内部构造和柄相似，也分为表皮、皮层和髓3层。带片表皮是最外面1～2层含有色素的方形小细胞，细胞含有许多载色体，排列紧密，外有角质层。皮层是表皮内多层排列疏松的细胞，含有色素体的为外皮层，具黏液腔；内方较大而无色素的细胞为内皮层。髓位于带片中央，由无色的长细胞组成，有些髓丝的顶端膨大成喇叭状，称为喇叭丝。

海带的孢子体成熟时，在带片的两面产生棒状的游动孢子囊，中间混杂一些长细胞，称为隔丝（侧丝）。侧丝细胞顶端略膨大并具有透明的胶质冠。孢子囊内的孢子母细胞经减数分裂及多次有丝分裂，产生游动孢子。孢子落地附着在基质上立即萌发成雌、雄配子体。雌配子体是丝状体，在2～4个细胞时雌配子体顶端就产生单细胞的卵囊，卵囊内产生卵细胞。雄配子体精子囊内产生有两条侧生不等长鞭毛的精子。精子释放与卵结合成合子，合子不离开母体，数日后萌发成孢子体。

6. 红藻门

红藻门的植物有单细胞和多细胞等类型，但多数为多细胞，形成丝状体、叶状体和枝状体等多种形态。红藻细胞具有由藻胶和纤维素组成的细胞壁。载色体一至多个，成星芒状、盘状、不规则带状或片状。载色体含有叶绿素a、叶绿素d、β-胡萝卜素、叶黄素及藻胆素。多数红藻的贮藏产物为红藻淀粉。

紫菜是红藻门常见植物，雌雄同株。藻体为紫色叶状体，多为一层细胞，基部特化为固着器。在藻体中部边缘处有乳白色斑块，横切或撕下一小块，制成水装片在显微镜下观察，可见除普通营养细胞外，有不动精子囊。精子囊可由任一个营养细胞转变而来。精子囊内含64个不动精子（不同种的紫菜精子数目不一样），表面观有16个，排列为四层。在颜色为深紫红色处，撕下一小块藻体，按上法制成水装片，在显微镜下观察，除普通营养细胞外，有果孢子囊，内含8个果孢子，共两层。

【实验作业】

1. 绘颤藻丝状体的形态结构图，并注明各部分名称。
2. 绘轮藻一段分枝，并注明性器官和各部分名称。
3. 绘海带横切面构造图，注明各部分名称。

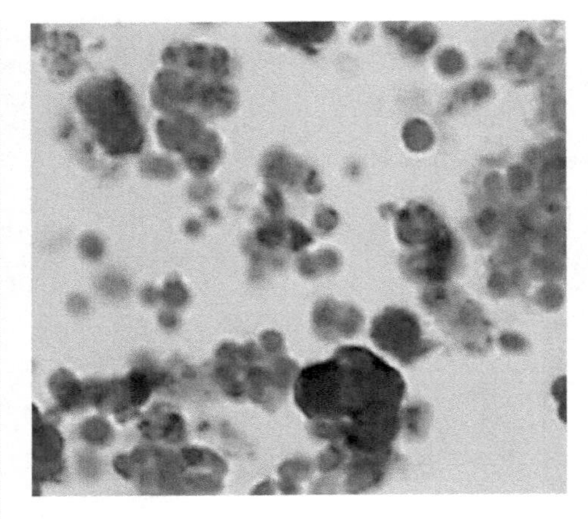

图6-1　色球藻（*Chroococcus*）装片

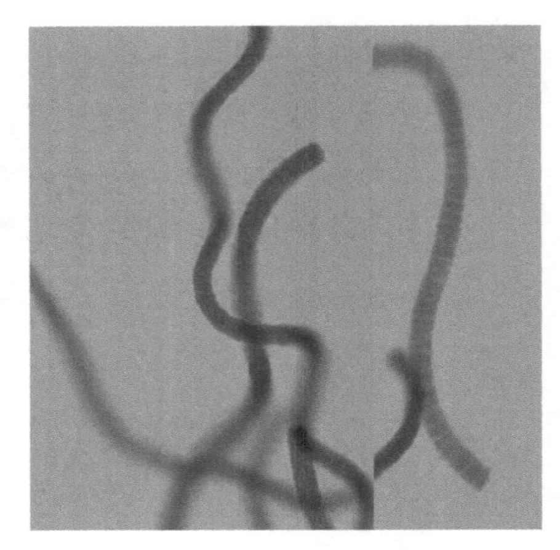

图6-4　螺旋藻（*Spirulina*）装片

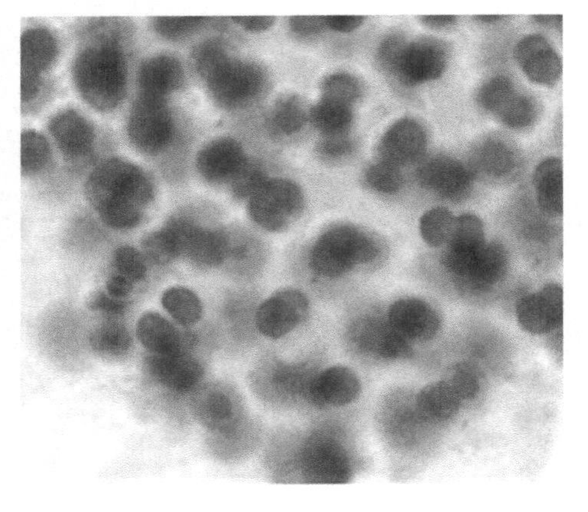

图6-2　微囊藻（*Microcystis*）装片

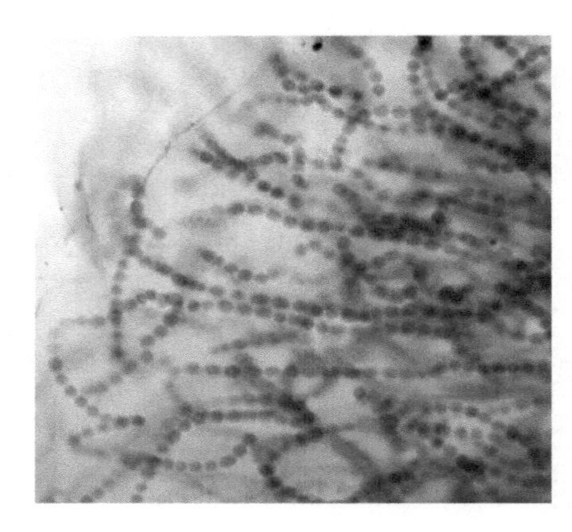

图6-5　念珠藻（*Nostocales*）装片

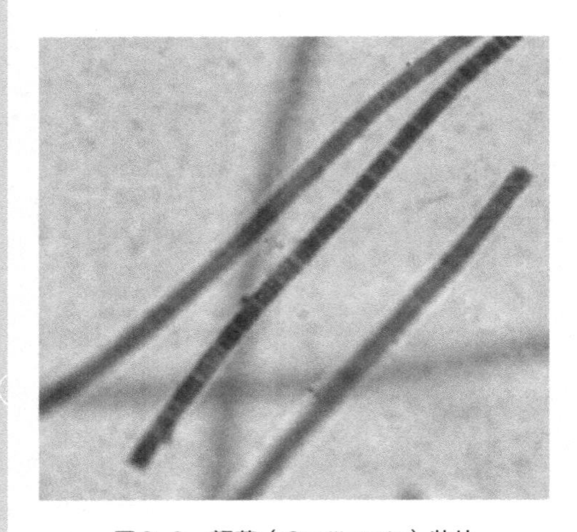

图6-3　颤藻（*Oscillatoria*）装片

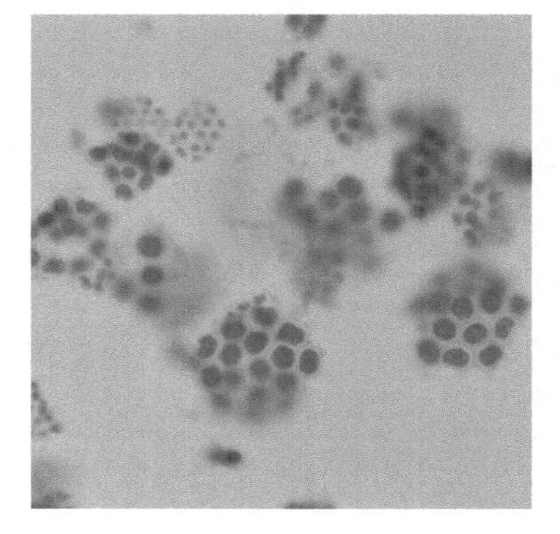

图6-6　盘星藻（*Pediastrum*）装片

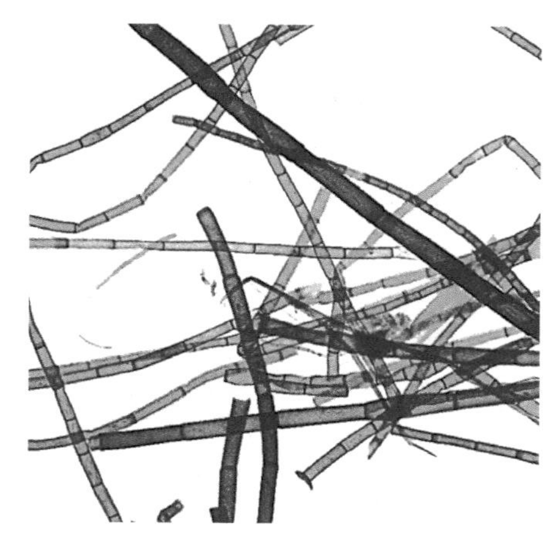

图6-7 鞘藻（*Oedocladium*）装片

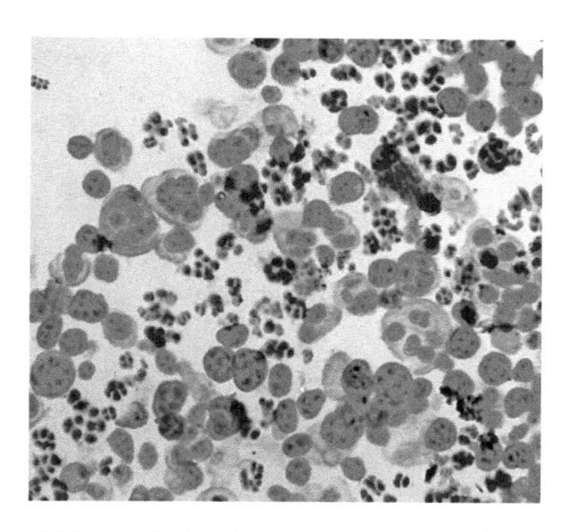

图6-8 实球藻（*Pandorina morum*）装片

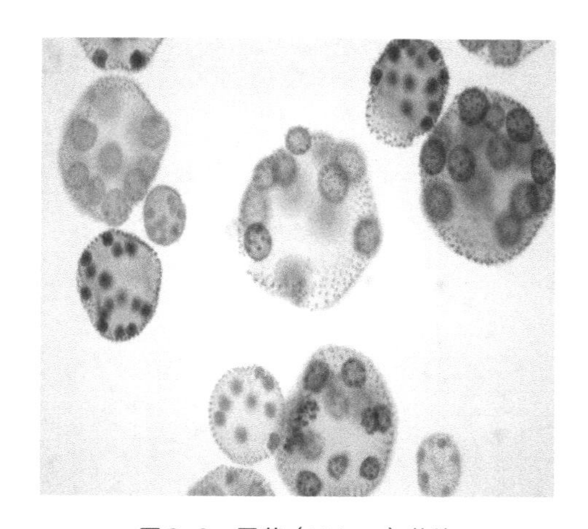

图6-9 团藻（*Volvox*）装片

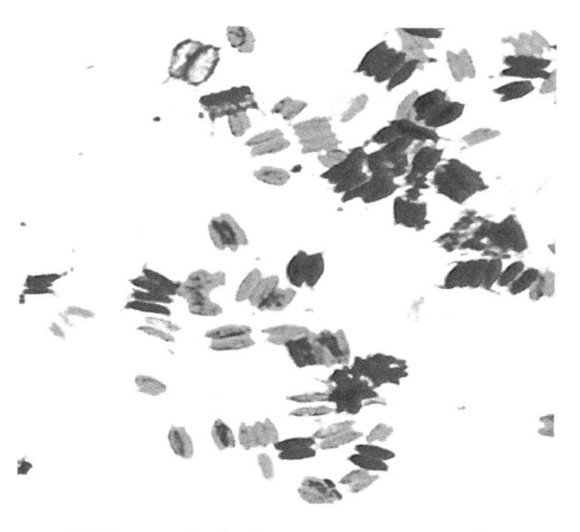

图6-10 栅藻（*Scenedesmus*）装片

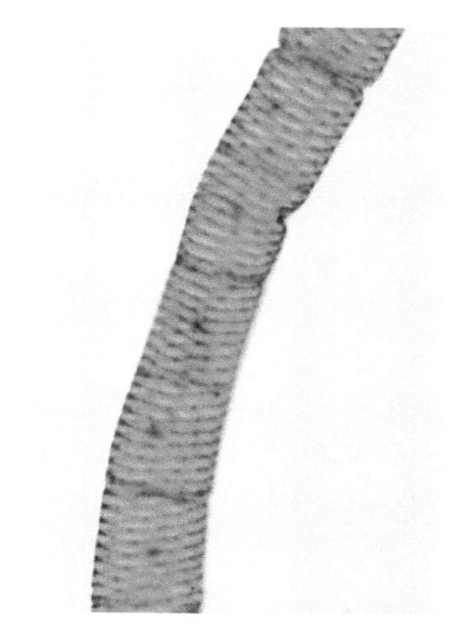

图6-11 水绵（*Spirogyra*）营养体装片

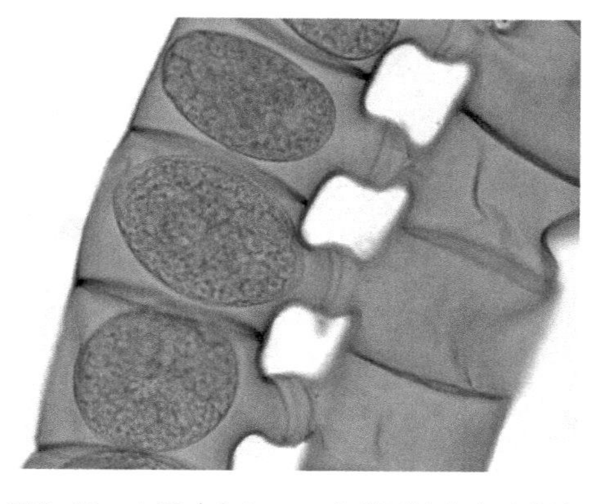

图6-12 水绵（*Spirogyra*）梯形接合生殖装片

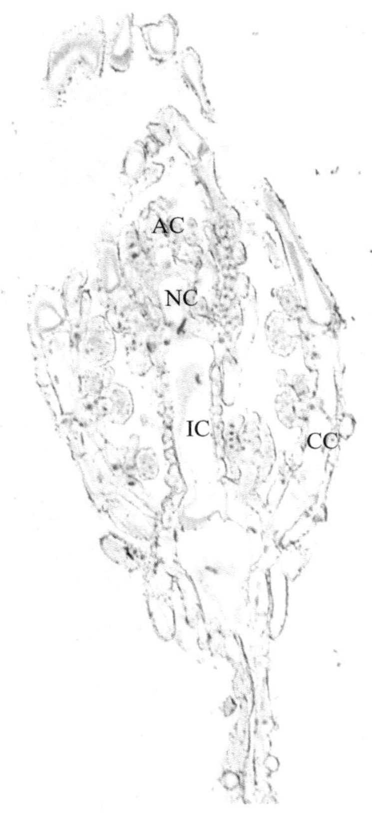

图6-13 轮藻（*Charophytes*）顶端纵切

AC：顶端细胞；CC：皮层细胞；
NC：节细胞；IC：节间细胞

图6-14 轮藻（*Charophytes*）短枝装片

Oog：藏卵器；Spe：藏精器

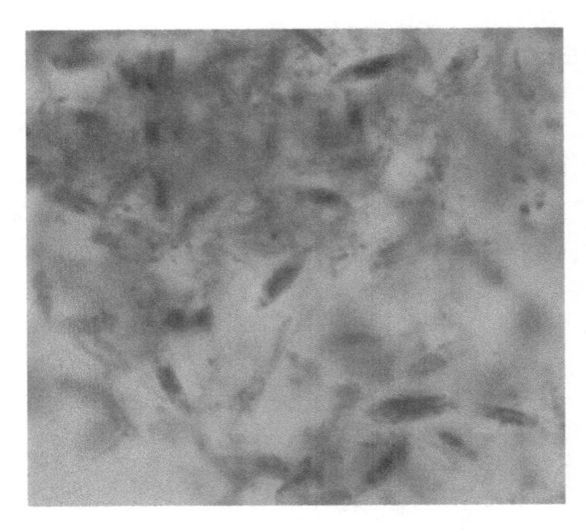

图6-15 舟形藻（*Navicula*）装片

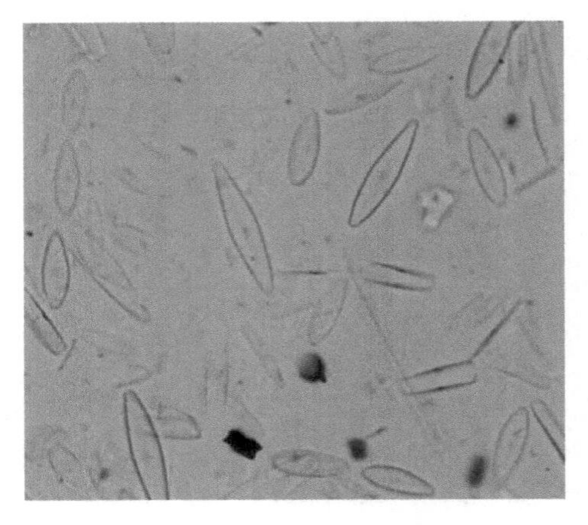

图6-16 羽纹藻（*Pinnularia*）装片

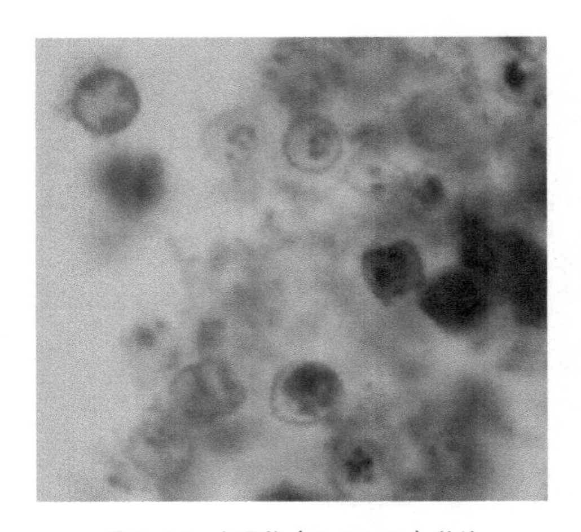

图6-17 小环藻（*Cvllotella*）装片

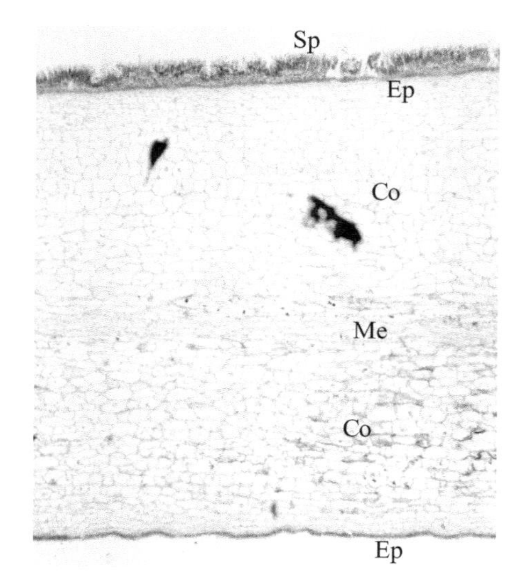

图6-18　海带（*Laminaria japonica*）带片横切，示孢子囊

Co：皮层；Me：髓；Ep：表皮；Sp：孢子囊

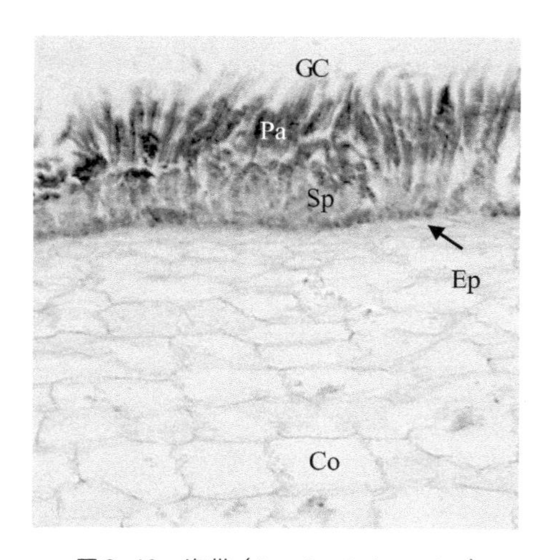

图6-19　海带（*Laminaria japonica*）带片横切，示孢子囊

Co：皮层；Ep：表皮；Sp：孢子囊；Pa：隔丝；GC：胶质冠

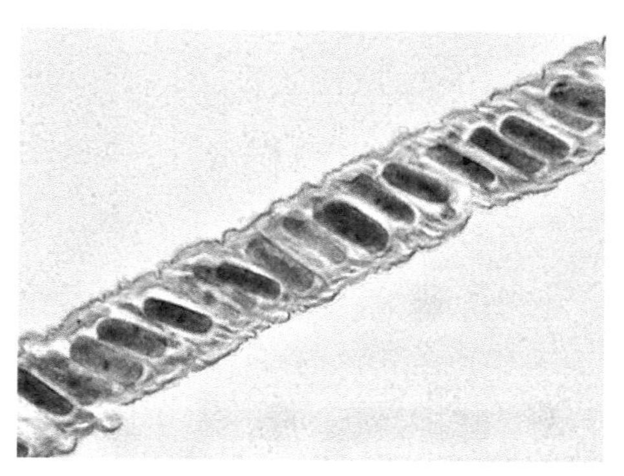

图6-20　紫菜（*Porphyra*）横切

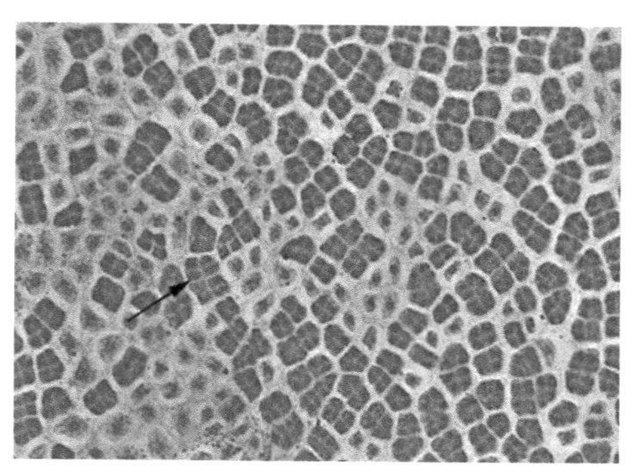

图6-21　紫菜（*Porphyra*）精子囊装片

箭头示精子囊

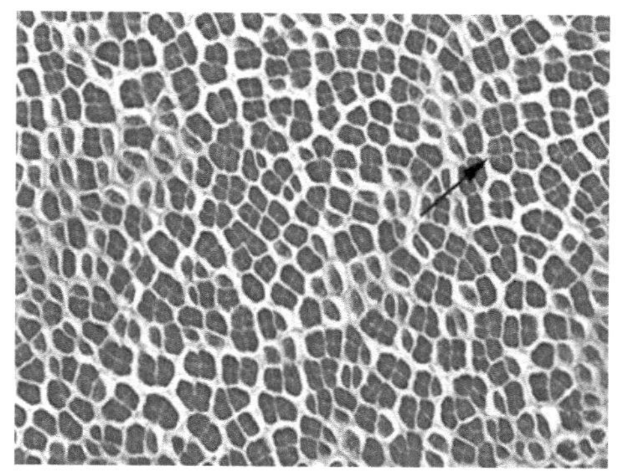

图6-22　紫菜（*Porphyra*）果孢子

箭头示果孢子

实验十二　菌类植物

菌类植物是一类结构简单，没有根、茎、叶等器官的分化，缺乏光合色素，不能进行光合作用、营异养生活的低等植物。

菌类植物均具有细胞壁（黏菌除外，其营养体无细胞壁，但产生的孢子具有纤维素组成的细胞壁），生殖结构由单细胞组成。合子或受精卵不形成胚。异养生活方式有寄生、腐生和共生。

菌类植物种类繁多，可以分为细菌门、黏菌门和真菌门。本实验仅介绍真菌门生物的结构和功能。

真菌约有10万种，分布极为广泛，陆地、大气和水中均有存在，但土壤中最多。真菌细胞不含叶绿素，没有质体，营养方式主要是寄生和腐生。除少数为单细胞外，绝大多数是由纤细而常分枝的管状菌丝构成的多细胞有机体。许多菌丝连接在一起构成的营养体叫菌丝体，高等真菌在进行生殖时菌丝通常紧密交织形成定型的子实体。

真菌细胞大多具细胞壁，一般低等真菌细胞壁成分多为纤维素，高等真菌细胞壁以几丁质为主。真菌可以菌丝体营养繁殖，也可以孢子的方式繁殖。

【实验目的】

1. 通过对真菌代表植物的观察，了解其外部形态、内部构造及繁殖方法。
2. 学习临时装片的制作方法。
3. 掌握生物绘图的方法。

【实验条件】

1. 实验器材

培养皿、滤纸、纱布、滴管、载玻片、盖玻片、显微镜等。

2. 实验材料

黑根霉、酵母菌、青霉、曲霉新鲜材料或永久装片。

【实验内容】

1.黑根霉

黑根霉属于接合菌亚门的根霉属。实验前4 ～ 5天，在培养皿中垫上几层湿纸，切数块新鲜馒头或面包，放在湿纸上，暴露在空气中数小时，盖好培养皿盖。将培养皿置温暖处或培养箱（20 ～ 30℃）内培养3 ～ 4天后培养基表面长满白色绒毛，即黑根霉菌丝体。再过1 ～ 2日，菌丝顶端出现黑色小点即孢子囊。

取少许菌丝体放载玻片上制成水装片，或直接观察根霉永久装片。菌丝无横隔，主枝匍匐向下生出黄褐色并分枝的假根；向上生出孢子囊梗，孢子囊梗顶端膨大为囊轴，囊轴顶端有孢子囊，内生许多静孢子，成熟时黑色。

2.酵母菌

酵母菌属于子囊菌亚门酵母菌属。酵母菌容易培养，实验前2 ～ 3天，取市场上购买的少许鲜酵母块或酵母粉，溶于水中，加少许果汁或蔗糖，置于培养箱（25 ～ 27℃）中1 ～ 2日。观察时，取一滴培养液制成水装片（或酵母菌永久装片），可见单细胞、卵形的菌体，内有大液泡，细胞核很小。仔细观察，是否有出芽生殖形成的临时性群体？

3.青霉

青霉属于子囊菌亚门青霉属。取少许青霉的白色菌丝体制成水封片或直接观察青霉永久装片。青霉菌丝有隔，由长方形细胞构成分枝的菌丝体，每个细胞只有一个核。菌丝上有直立的分生孢子梗，梗端一至多次分枝，整个形状似帚，末级分生孢子梗呈瓶状，上有成串的分生孢子。孢子白色，成熟青绿色。

4.曲霉

取少许菌丝制成水装片或直接观察曲霉永久装片。曲霉菌丝分枝，有横隔。分生孢子梗不分枝，无横隔，顶端膨大成球形的顶囊，在顶囊的表面生有辐射状小梗，小梗生有成串的分生孢子。孢子呈黄色、黑色、棕色等。注意它和青霉的分生孢子在形态上有何不同？

【实验作业】

1.绘酵母菌出芽生殖图，并注明各部分名称。

2.绘黑根霉菌丝体一部分及孢子囊结构图，并注明各部分名称。

3.绘青霉分生孢子梗形态构造图，并注明各部分名称。

4.绘曲霉分生孢子梗形态构造图，并注明各部分名称。

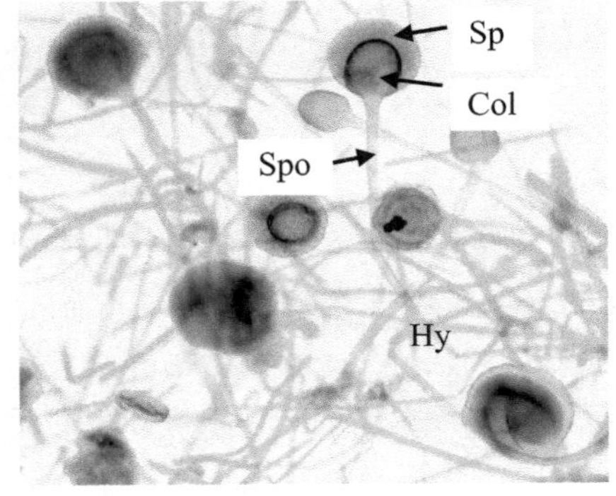
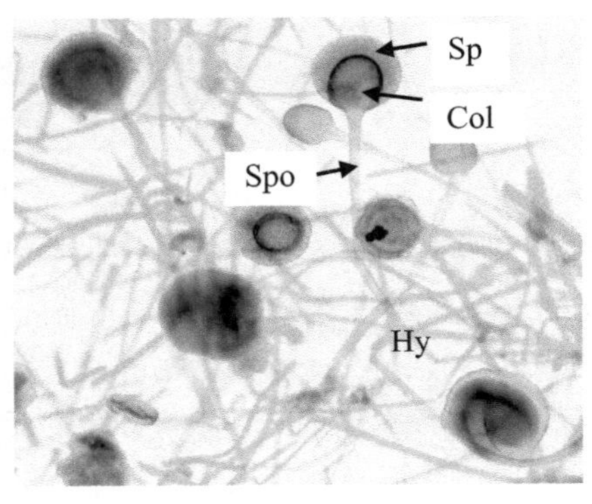

图6-23 黑根霉（*Rhizopus nigricans*）形态结构

Hy：菌丝（无隔）；Col：囊轴；Spo：孢子囊梗；Sp：孢子囊（内产生静孢子）

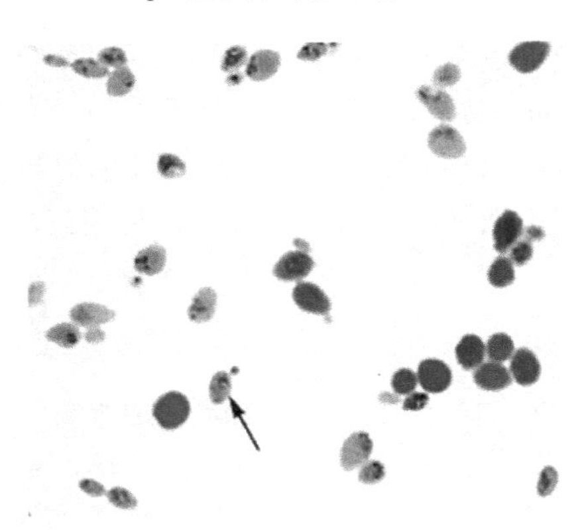

图6-24 酵母菌（*Saccharomyce*）形态结构

箭头示芽体

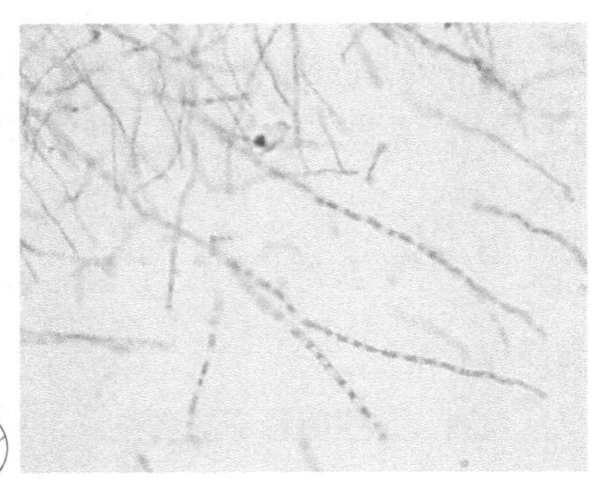

图6-25 青霉（*Penicillium*）有隔菌丝体

彩图扫一扫

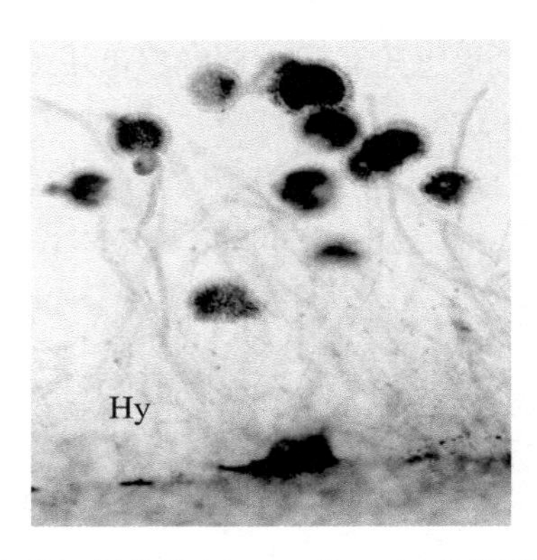

图6-26 青霉（*Penicillium*）无性繁殖

Con：分生孢子梗；Ste：分生孢子小梗；Co：分生孢子

图6-27 黑曲霉（*Aspergillus nige*）外观形态

Hy：菌丝（有隔）

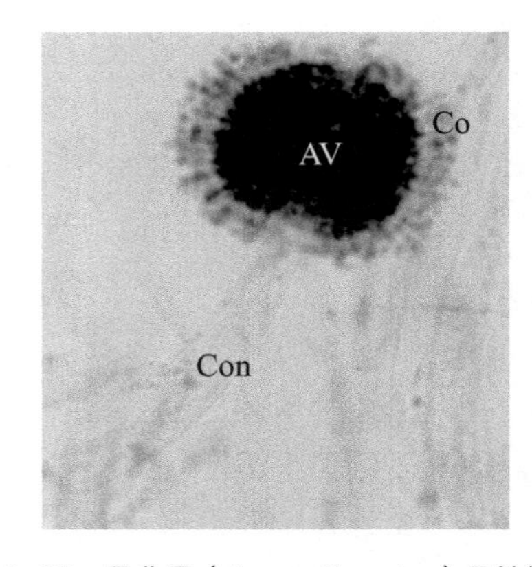

图6-28 黑曲霉（*Aspergillus nige*）无性繁殖

Con：分生孢子梗；Co：分生孢子；AV：顶囊

实验十三　地衣植物

地衣是藻类和菌类共生的复合体，大约有500属，26000余种。地衣耐寒和耐旱性很强，能在岩石、沙漠或树皮上生长，属于先锋植物。

构成地衣的菌类通常是蓝藻中的念珠藻属和单细胞的绿藻，真菌多为子囊菌或担子菌。藻类光合作用为真菌提供营养；真菌可从外界吸收水分和无机盐，提供给藻类，并将藻类包被在其中，避免强光直射导致藻类干燥死亡。

根据形态，地衣植物可分为壳状地衣、叶状地衣和枝状地衣3种类型。根据藻细胞在真菌组织中的分布状态，地衣可分为同层地衣和异层地衣。

地衣通常进行营养繁殖，由地衣植物体断裂成裂片，每个裂片发育成新的地衣。或在叶状体上产生粉芽进行营养繁殖，每个粉芽内含有1个或数个藻类细胞，外面被菌丝包围。有性生殖由真菌进行，产生子囊孢子或者担孢子，孢子在适宜环境中萌发成菌丝体，菌丝体如果遇到适合共生的藻类细胞，就相互接合发育成新的植物体。地衣中的藻类主要以有丝分裂的方式繁殖。

【实验目的】

1. 通过对地衣代表植物的观察，了解其外部形态和内部构造。
2. 了解石蜡切片法制备植物永久装片技术。
3. 掌握生物绘图的方法。

【实验条件】

1. 实验器材

载玻片、盖玻片、显微镜等。

2. 实验材料

不同地衣新鲜材料或永久装片。

【实验内容】

1. 壳状地衣

壳状地衣为多种多样的壳状物，菌丝与基质紧密相连，很难从基质上剥离。壳状地衣多为同层地衣，藻细胞和菌丝混合成为一体，无藻胞层和髓层之分。

2. 叶状地衣

叶状地衣成叶片状，以假根疏松地固着在基质上，易与基质剥离。叶状地衣多为异层地衣，横切面上可区分为上皮层、藻胞层、髓层和下皮层。上下皮层由致密的菌丝交织而成；藻胞层在上皮层之下，由藻类细胞聚集而成；髓层介于藻胞层和下皮层之间，由一些疏松的菌丝和藻细胞构成。

3. 枝状地衣

地衣体呈树枝状，直立或下垂，仅基部附着于基质上，类似于高等植物的植株。枝状地衣一般为异层地衣。

【实验作业】

1. 绘异层地衣横切面图，并注明各部分名称。
2. 绘地衣子囊盘纵切面构造图，并注明各部分名称。

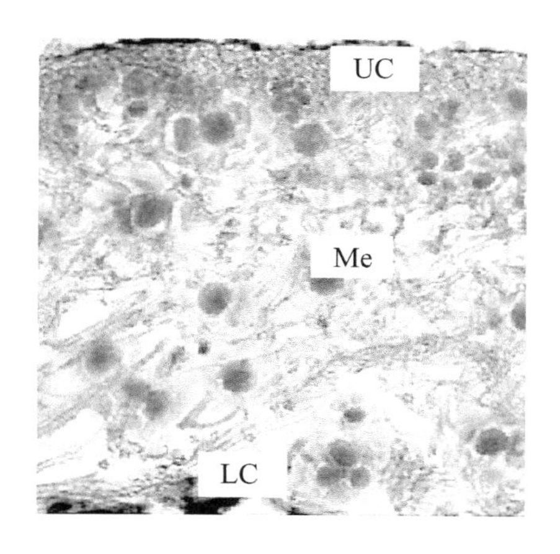

图6-29 同层地衣横切面

UC：上皮层；Me：髓层；LC：下皮层

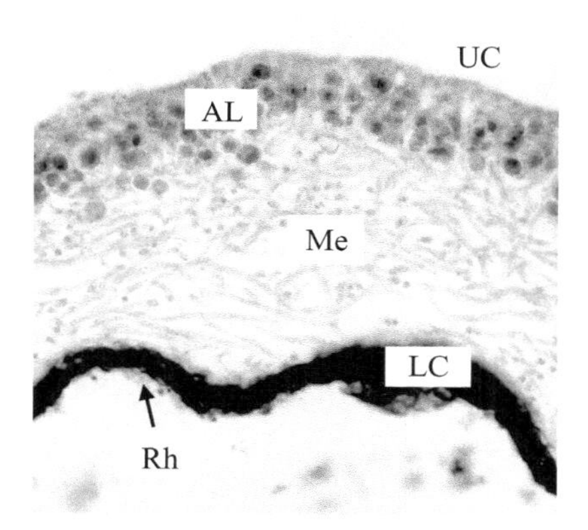

图6-30 异层地衣横切面

UC：上皮层；AL：藻胞层；Me：髓层；LC：下皮层；Rh：假根

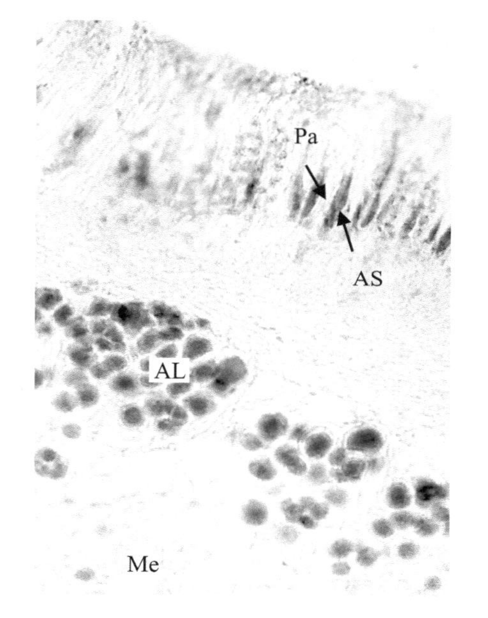

图6-32 地衣子囊盘纵切面

AS：子囊；Pa：侧丝；AL：藻胞层；Me：髓层

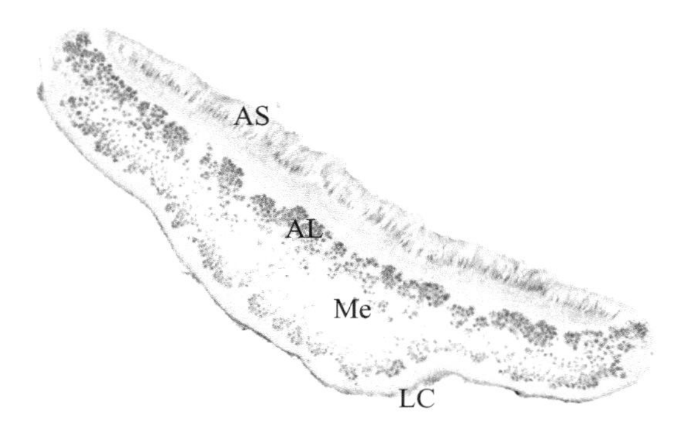

图6-31 地衣子囊盘纵切面

AS：子囊；AL：藻胞层；Me：髓层；LC：下皮层

第7章　高等植物种类的多样性

相对于藻类植物、菌类植物和地衣植物而言，苔藓植物、蕨类植物、裸子植物和被子植物的形态上一般有根、茎、叶的分化，有输导功能的维管组织，生殖器官是多细胞的，更重要的是精卵结合成的合子发育成新植物体经过胚的阶段。因此这四类植物称为高等植物。本章主要介绍高等植物的形态特征。

实验十四　苔藓植物

苔藓植物是最原始的非常矮小的高等植物，是水生到陆生的过渡类群，生活在陆地潮湿的环境中。苔藓植物约有23000种，我国约有2800种，根据营养体的结构分为苔纲和藓纲两大类。

苔藓植物具有明显的世代交替，在其整个生活史中，单倍体的配子体占优势，二倍体的孢子体生长在配子体上。

苔藓植物的配子体有叶状体和茎叶体两种类型，常以丝状的假根固着在基质上，假根为单细胞或单列细胞。配子体内部构造简单，不具有维管束和中柱。在高等类群中有皮层和中轴的分化，形成类似输导组织的细胞群。配子体上形成精子器和颈卵器，精子器中产生的精子借助于水游动到颈卵器，和卵结合形成合子，合子直接发育成胚，胚进一步发育成孢子体。苔藓植物的孢子体常为一年生，不同程度依附于配子体生存。孢子体的茎状结构上有孢蒴，孢蒴内经减数分裂形成孢子，孢子从孢蒴中散出后萌发形成原丝体，原丝体进而生成配子体。

【实验目的】

1. 通过对苔藓植物代表植物的外部形态和内部构造的观察，掌握苔藓植物的主要特征。

2. 了解石蜡切片法制备植物永久装片技术。

3. 学习植物标本的采集、制作和保存。

4. 掌握生物绘图的方法。

【实验材料】

1. 实验器材

放大镜、显微镜、解剖针、镊子、载玻片、盖玻片、滴管等。

2. 实验材料

地钱和葫芦藓新鲜材料、地钱叶状体横切装片、地钱胞芽装片、地钱雌雄生殖托纵切装片、地钱孢子体纵切装片、葫芦藓叶片和茎横切装片、葫芦藓雌雄枝纵切装片、葫芦藓孢蒴纵切装片。

【实验内容】

1. 地钱

地钱属于苔纲，分布很广，多生于阴湿地带，水沟旁边或井边。取地钱新鲜或浸渍标本观察其外观形态。地钱为绿色扁平的二叉分枝叶状体，腹面（贴地的一面）有鳞片和单细胞假根，背面（背地的一面）有许多菱形小格，是气室的界限，每个小格的中央有一小白点即气孔。地钱配子体为雌雄异株，雄生殖托为盘状，边缘浅裂，精子器埋于托盘生殖器腔内；雌生殖托的柄较长，托盘有8～10条下垂的指状芒线，芒线之间倒生颈卵器。有些叶状体背面生有芽杯，杯内生胞芽。

观察地钱叶状体横切面，最上面一层是表皮细胞，其中有气孔。表皮下部含叶绿体的直立细胞为同化组织；同化组织下为大型薄壁细胞，内含淀粉和油滴，为贮藏组织；最下一层为下表皮，其下生有许多细胞组成的鳞片和单细胞假根。

观察地钱雄生殖托纵切面装片，托盘上有多个精子器腔，每腔内有一个卵圆形精子器，通过柄附着于腔底。精子器外有一层由多细胞组成的壁，其内有多个精原细胞，经减数分裂后产生许多精子。观察地钱雌生殖托纵切面装片，顶端芒线间倒悬着一列颈卵器，膨大的腹部在上，内有一卵细胞和一个腹沟细胞。颈部细长，中央有一列颈沟细胞。

显微镜下观察地钱孢子体纵切片。孢子体分孢蒴、基足、蒴柄三部分。基足球形或倒伞形，埋于颈卵器基部组织中。蒴柄较短，两端分别与基足和孢蒴相连。蒴柄顶端膨大部分为孢蒴（孢子囊），球形或卵形，壁单层细胞，孢蒴内含多数孢子和弹丝。孢子椭圆形，弹丝为尖长的细胞，壁上具有螺旋状加厚带，孢子借弹丝的作用散布出去。

2. 葫芦藓

葫芦藓属于藓纲，多分布于阴湿的林下、山坡、墙角、庭园等处。葫芦藓配子体高约1～3cm，分茎、叶、假根三部分。茎细短，基部分枝，叶丛生于茎的上部，卵形或蛇形。茎基部生有毛状假根。雌雄同株，雄性生殖器生于顶端，叶形宽大且向外张开，叶丛中生有许多精子器和侧丝；雌性生殖器的枝端似顶芽，其中生有数个颈卵器。

分别取雌雄枝顶端纵切片置显微镜下观察。精子器椭圆形或长卵形，基部有短柄，壁由一层细胞组成，内有精子，侧丝分布于精子器之间。雌枝顶端的颈卵器数目较少，瓶状，壁由一层细胞组成；颈部较长，内有一串颈沟细胞；腹部膨大，内有一个卵细胞和一个腹沟细胞。受精时精子借助水游动进入颈卵器和卵细胞融合，形成合子。合子在颈卵器内发育成胚，胚进一步生长成孢子体。

取葫芦藓孢子体纵切装片，显微镜下观察。孢子体生于雌枝的顶端，外形分基足、蒴柄和孢蒴三部分。基足插入配子体组织内，外观上不易看见。蒴柄发育初期很短，成熟后伸长将孢蒴顶出。孢蒴顶端残留的颈卵器形成蒴帽，蒴帽下为蒴盖。整个孢蒴分为蒴盖、蒴壶、蒴台三部分。上部隆起处为蒴盖，下面“八”字形加厚条为蒴齿，中部为蒴壶，下部为蒴台。蒴壶外有一层表皮细胞，表皮内为薄壁组织，中央为蒴轴，蒴轴周围为造孢组织，孢子母细胞即来源于此。孢子母细胞减数分裂后，形成孢子。孢子成熟后，借蒴齿干湿性伸缩运动而弹出。孢子发育成原丝体，原丝体进一步产生配子体。

【实验作业】

1. 绘地钱叶状体横切面图，注明各部分名称。
2. 绘地钱精子器、颈卵器纵剖面图，注明各部分名称。
3. 绘葫芦藓孢蒴纵切面图，注明各部分名称。

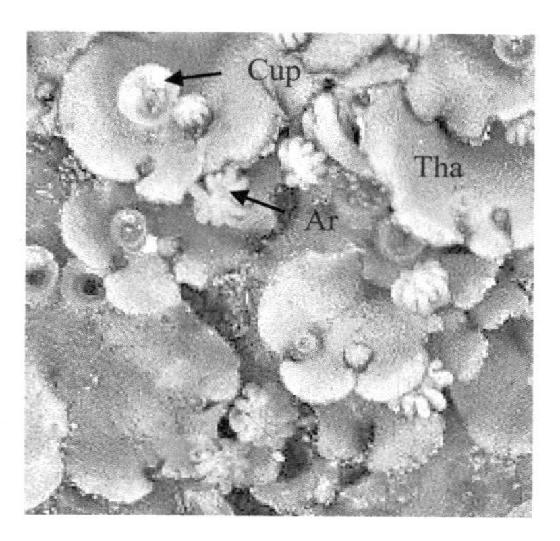

图7-1　地钱（*Marchantia polymorpha*）雌配子体形态

Tha：叶状体；Ar：雌生殖托；Cup：芽杯

图7-2　地钱（*Marchantia polymorpha*）雄配子体形态

Tha：叶状体；An：雄生殖托

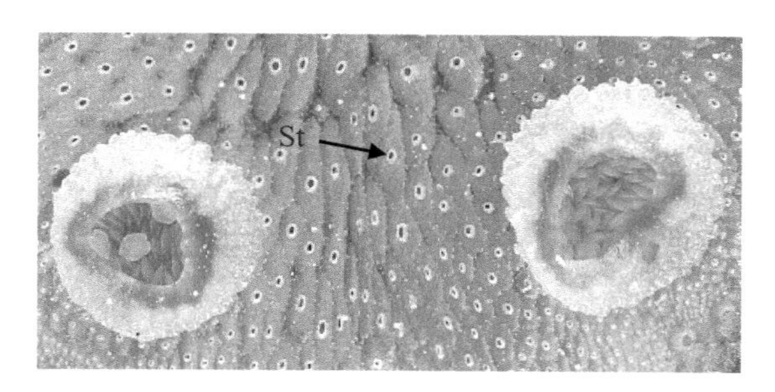

图7-3　地钱（*Marchantia polymorpha*）芽杯形态，内含胞芽

St：气孔

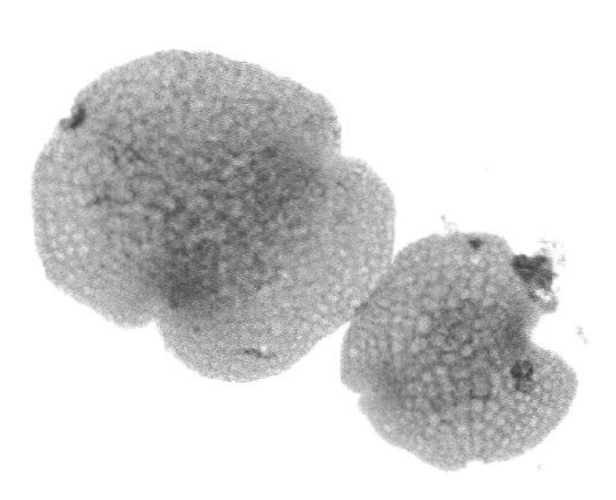

图7-4　地钱（*Marchantia polymorpha*）胞芽形态

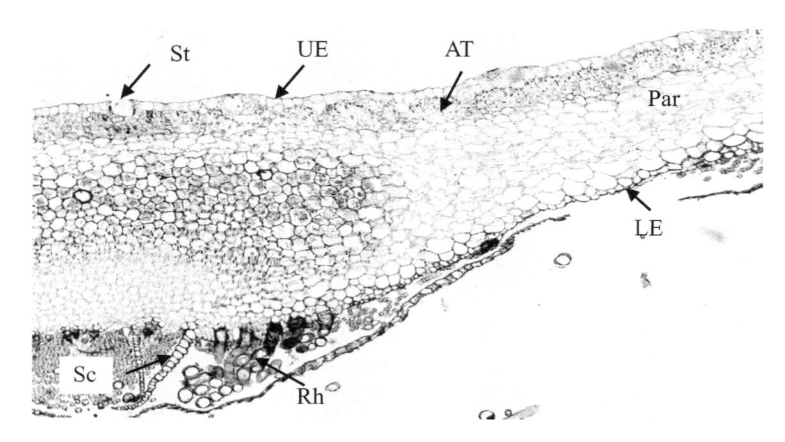

图7-5　地钱（*Marchantia polymorpha*）叶状体横切

St：气孔；UE：上表皮；AT：同化组织；LE：下表皮；Par：薄壁组织；Sc：鳞片；Rh：假根

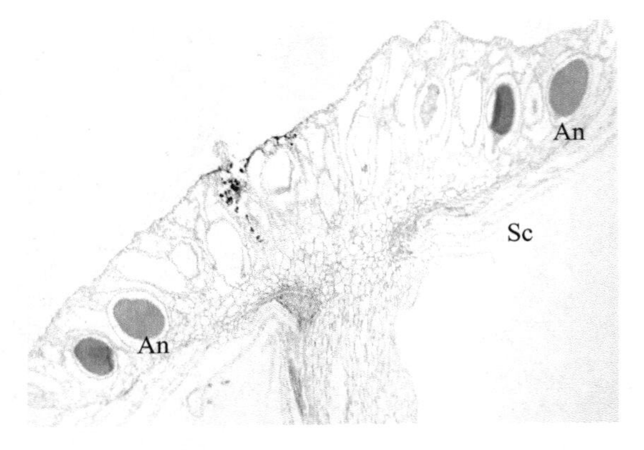

图7-6　地钱（*Marchantia polymorpha*）雄生殖托纵切

An：精子器；Sc：鳞片

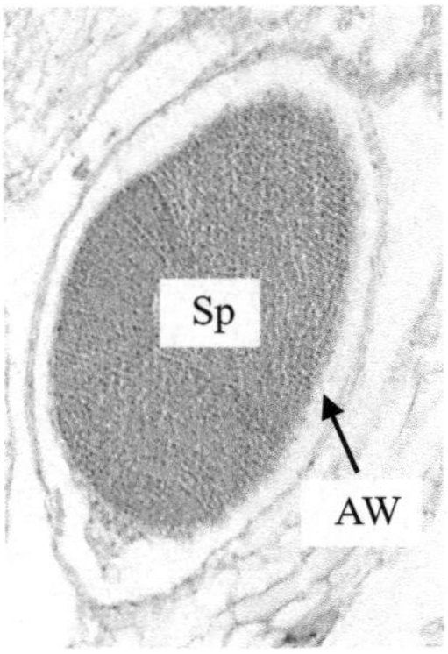

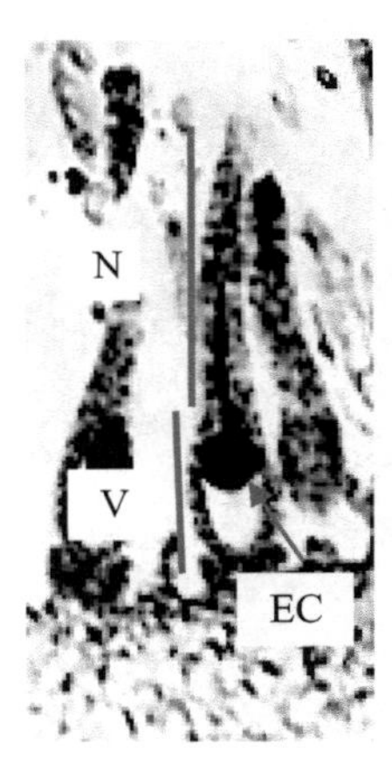

图7-7　地钱（*Marchantia polymorpha*）雄生殖托纵切，示一个精子器结构

AW：精子器壁；Sp：精原细胞

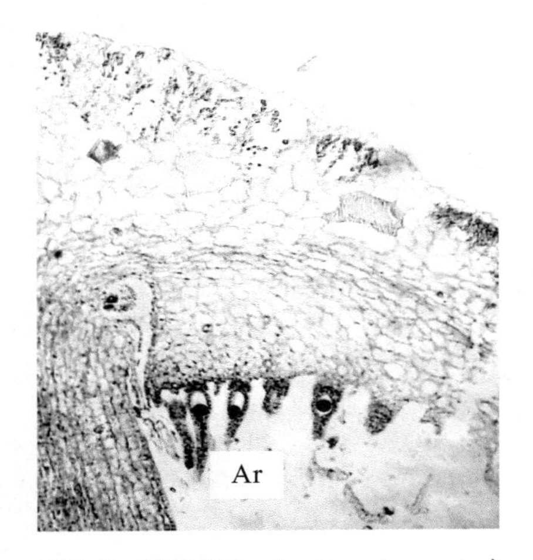

图7-8　地钱（*Marchantia polymorpha*）雌生殖托纵切

Ar：颈卵器

图7-9　地钱（*Marchantia polymorpha*）雌生殖托纵切，示一个颈卵器结构

N：颈部；V：腹部；EC：卵细胞

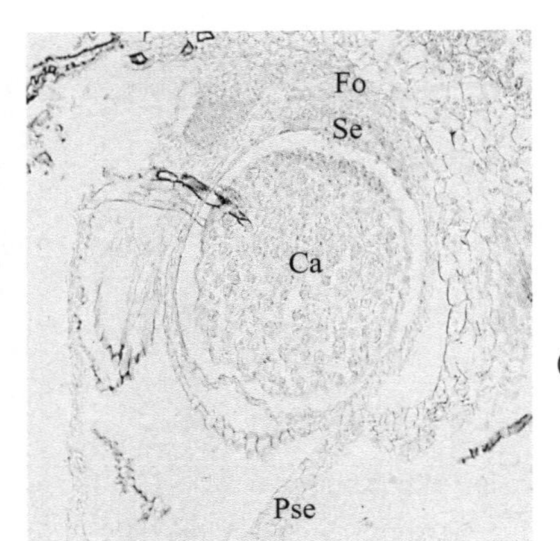

图7-10　地钱（*Marchantia polymorpha*）孢子体纵切

Fo：基足；Se：蒴柄；Ca：孢蒴（孢子囊）；Pse：假蒴萼

图7-11 葫芦藓
（*Funaria hygrometrica*）
外观形态

Ga：配子体；Ca：孢蒴；
Se：蒴柄；Cal：蒴帽

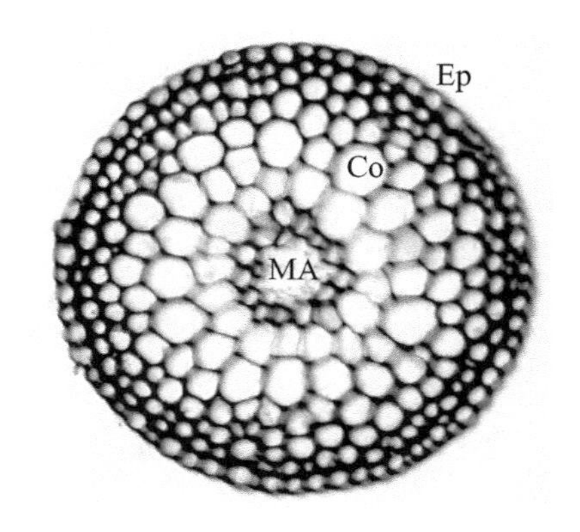

图7-12 葫芦藓（*Funaria hygrometrica*）茎横切

Ep：表皮；Co：皮层；MA：中轴

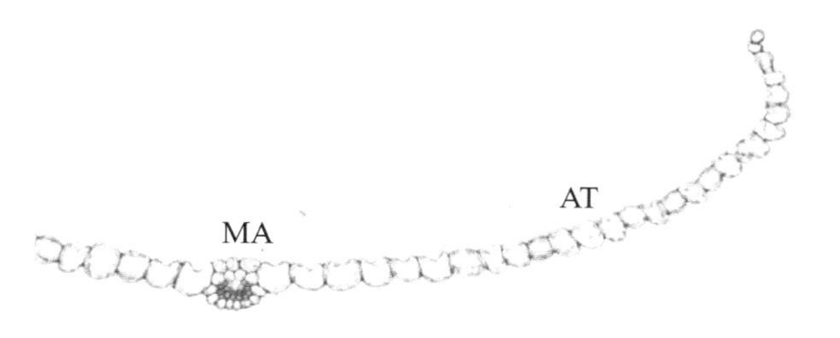

图7-13 葫芦藓（*Funaria hygrometrica*）叶横切

AT：同化组织，内含叶绿体；MA：中轴

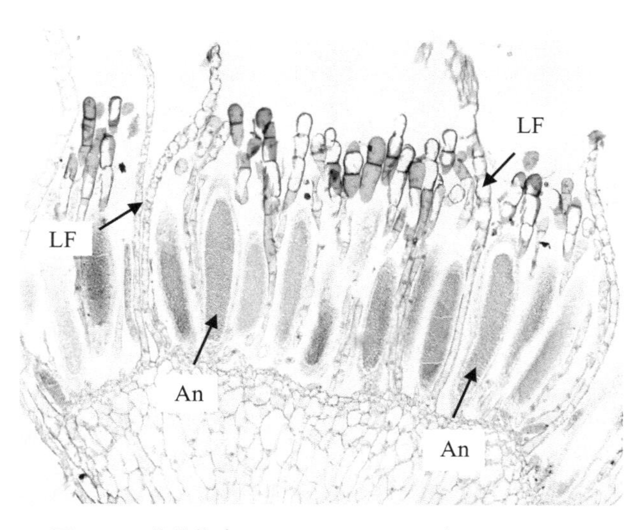

图7-14 葫芦藓（*Funaria hygrometrica*）雄枝顶端纵切

An：精子器；LF：侧丝

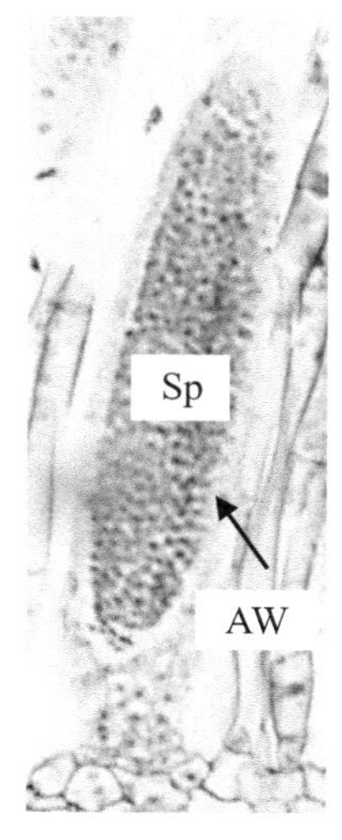

图7-15 葫芦藓（*Funaria hygrometrica*）雄枝顶端纵切，示一个精子器结构

AW：精子器壁；Sp：精原细胞

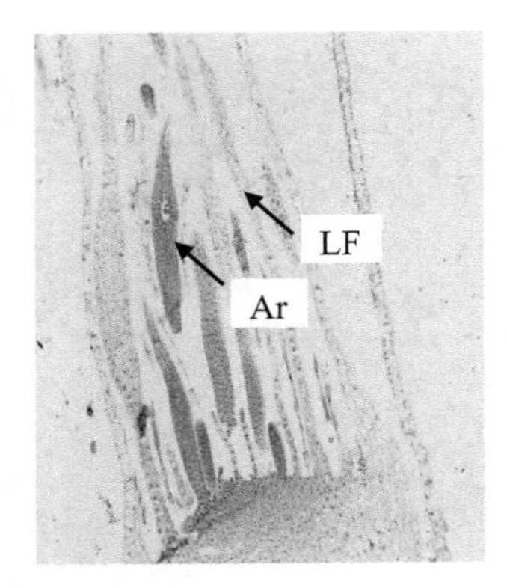

图7-16 葫芦藓（*Funaria hygrometrica*）雌枝顶端纵切

Ar：颈卵器；LF：侧丝

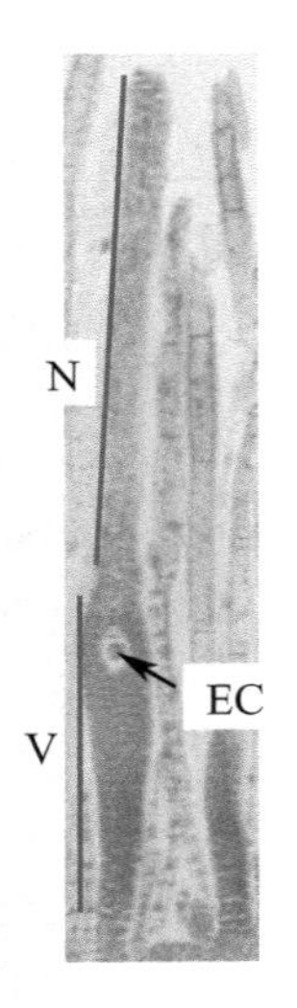

图7-17 葫芦藓（*Funaria hygrometrica*）雌枝顶端纵切，示一个颈卵器结构

N：颈部；V：腹部；EC：卵细胞

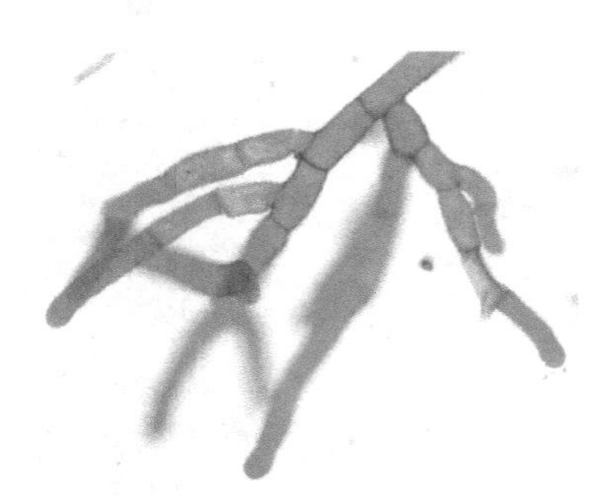

图7-18 葫芦藓（*Funaria hygrometrica*）原丝体

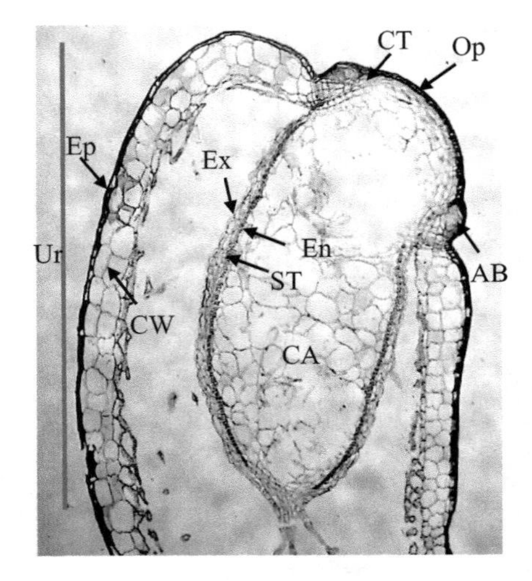

图7-19 葫芦藓（*Funaria hygrometrica*）孢蒴纵切

Op：蒴盖；CT：蒴齿；En：内孢囊；ST：造孢组织；AB：环带；CA：蒴轴；Ex：外孢囊；CW：蒴壁；Ep：表皮；Ur：蒴壶

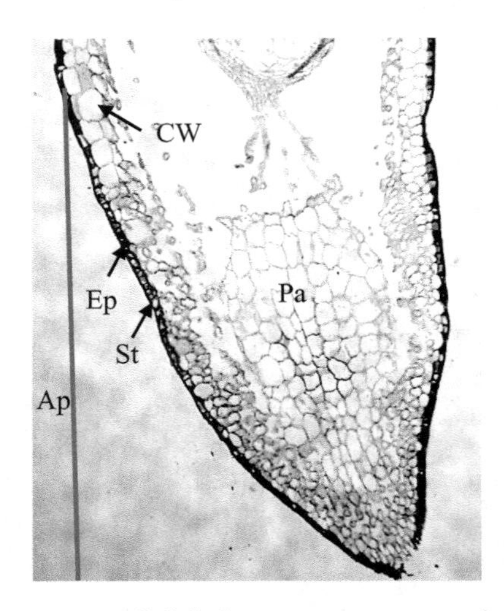

图7-20 葫芦藓（*Funaria hygrometrica*）孢蒴纵切

Ap：蒴台；CW：蒴壁；Ep：表皮；St：气孔；Pa：薄壁细胞

实验十五　蕨类植物

蕨类植物是一种古老的植物，是最早登上陆地的植物类群，繁盛于三亿多年前的石炭纪，是与恐龙同时代的远古生物。蕨类植物是地球上出现最早的、不产生种子而是用孢子繁殖的陆生维管植物，而且是高等植物中唯一的孢子体和配子体都可以独立生活的类群。

从蕨类植物开始具有了维管组织，形成中柱（维管柱），运输能力加强，植物可以长得高大。植物中柱主要有原生中柱、管状中柱、网状中柱、具节中柱、真中柱和散生中柱等多种类型。

蕨类植物孢子体在生活史中占优势，多为多年生草本，少数一年生草本，极少数为木本。有真正根、茎、叶的分化。根多数是真正的根（不定根），少数只有假根（如松叶蕨）。现存蕨类多为根状茎，少数为直立地上茎，有些原始的种类还兼具气生茎和根状茎。中柱类型主要有原生中柱、管状中柱、网状中柱等，多数只有管胞，少数有导管。叶从进化水平上分为小型叶和大型叶；从功能上分为营养叶和孢子叶；从形态上分为同型叶和异型叶。

孢子体上孢子囊中产生的孢子成熟后散落到适宜的环境后萌发成原叶体，这就是蕨类植物的配子体。大多数蕨类植物的配子体为绿色，具有背腹之分，有假根，能独立生活。有性生殖时在配子体上形成精子器和颈卵器，精子成熟后以水为媒介进入颈卵器内与卵结合，合子萌发形成胚。胚暂时生活在配子体上，由胚发育成孢子体。配子体死亡后，孢子体独立生活。

【实验目的】

1.通过对蕨类植物典型植物的观察，了解并掌握蕨类植物的主要特征。
2.了解石蜡切片法制备植物永久装片技术。
3.学习植物标本的采集、制作和保存方法。
4.掌握生物绘图的方法。

【实验材料】

1.实验器材

放大镜、显微镜、解剖针、镊子、载玻片、盖玻片等。

2. 实验材料

卷柏茎横切装片、松叶蕨茎横切装片、石松茎横切装片、问荆茎横切装片、中华卷柏孢子叶球纵切装片、蕨根状茎横切装片、蕨原叶体装片、蕨原叶体幼孢子体装片、蕨孢子囊群横切装片、问荆孢子叶球纵切装片、问荆孢子装片、槐叶苹孢子果横切。

【实验内容】

1. 卷柏

卷柏属于石松亚门、卷柏目、卷柏科、卷柏属，多生于山地、潮湿林下、草地、岩石或峭壁上。孢子体为多年生草本，茎分枝，直立或匍匐。小型叶，叶的近轴面有叶舌。茎上有根托，顶端长出许多不定根。

取卷柏孢子叶球纵切片，显微镜下观察。卷柏有大、小孢子囊之分，同生在一个孢子叶球内。大孢子囊生于基部，每个孢子囊具有1个大孢子母细胞，减数分裂后产生4个大孢子；小孢子囊生于上部，每个孢子囊具有许多小孢子母细胞，减数分裂后产生多个小孢子。

2. 问荆

问荆属于楔叶亚门、木贼科、木贼属，多分布于潮湿的林缘、山地、河边、沙土及荒地等。孢子体为多年生草本，地上茎和地下茎皆有明显的节和节间。地下茎横走，节处生有不定根；地上茎直立，中空，有棱脊，节处生有一轮鳞片叶，彼此连接成鞘，边缘成齿状。有营养枝和生殖枝之分。营养枝绿色，节上有许多轮生的分枝；生殖枝黄白色，直立，不分枝，孢子叶球生于枝端。

问荆孢子叶球为椭圆形笔头状，由许多特化的六角形孢子叶聚生在一起。取孢子叶球纵切面装片，显微镜下观察，每个孢子叶柄周围悬挂5～10枚孢子囊。孢子同型，成熟时，孢子外壁分裂成四条弹丝将孢子围住，孢子借弹丝散出。

3. 蕨

蕨属于真蕨亚门、薄囊蕨纲、水龙骨目、蕨科，多生于山地林下或林缘等处。蕨植物体较大，有根、茎、叶的分化。根状茎横走，两叉分枝，向下生有许多不定根，向上生直立大型羽状复叶。叶为1～3回羽状复叶，幼时拳卷。在叶的小羽片背面边缘，形成长条形的孢子囊群；囊群盖线型，生于小羽片边缘，背卷，将囊群盖住，为膜状假囊群盖。

取蕨的根状茎横切片，显微镜下观察。蕨的茎包括表皮、皮层和维管柱三部分。最外层为表皮，紧贴表皮为几层机械组织，机械组织之内为薄壁组织。维管束分离，在茎内排列为两环，内外维管束之间有机械组织。维管束最外面为维管束鞘。其内为木质部，木质部为中始式。

取蕨的孢子囊群装片，显微镜下观察。孢子囊扁平形具多细胞长柄和单层细胞壁，一列细胞不均匀木质化增厚形成环带。环带的另一端是裂口带，由一列薄壁细胞组成，其中两个细胞径向伸长，称为唇细胞。孢子成熟时，由于环带的反卷作用，在唇细胞处横向裂开，并将孢子弹出。孢子同型。

取原叶体装片，观察原叶体的构造。蕨的孢子散出，落在适宜的环境中，萌发成一个扁平心脏形的配子体，即原叶体。原叶体很小，周边由一层细胞构成，中部略厚为数层细胞，细胞内含叶绿体，能进行光合作用。顶端凹处为生长点，下端腹面生有假根。雌雄同体，颈卵器着生在配子体腹面凹口附近，构造简单，分颈部和腹部，颈部较短，腹部有一个卵细胞；精子器着生在腹面下半部，球形，构造很简单，壁为单层细胞，精子成熟为螺旋形，具多数鞭毛。精子借助水游进颈卵器与卵受精，受精卵发育成胚，胚长成孢子体。

4.槐叶苹

槐叶苹属于真蕨亚门、薄囊蕨纲、槐叶苹目、槐叶苹科。小型漂浮植物。茎细长而横走，被褐色节状毛。每节三叶轮生，上侧2叶漂浮水面，在茎的两侧排成羽状，脉上簇生短粗毛，侧脉间有排列整齐的乳头状突起，正面绿色，背面灰褐色；另1叶悬垂于水中，裂成须根状，起着根的作用。

繁殖器官孢子果球形或近球形，不开裂，簇生于沉水叶的基部。大孢子果表面淡棕色，略小而少，内生数个具短柄的大孢子囊，每囊内有1个大孢子。小孢子果表面淡黄色，稍大而多。

【实验作业】

1.绘中华卷柏孢子叶球纵剖图，注明各部分名称。

2.绘问荆孢子叶球构造图，注明各部分名称。

3.绘蕨的孢子体外形及根状茎横切图，注明各部分名称。

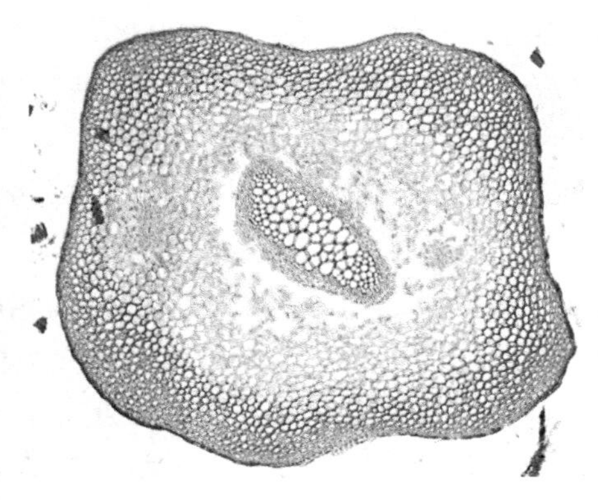

图7-21　卷柏（*Selaginella tamariscina*）
茎横切，示单中柱

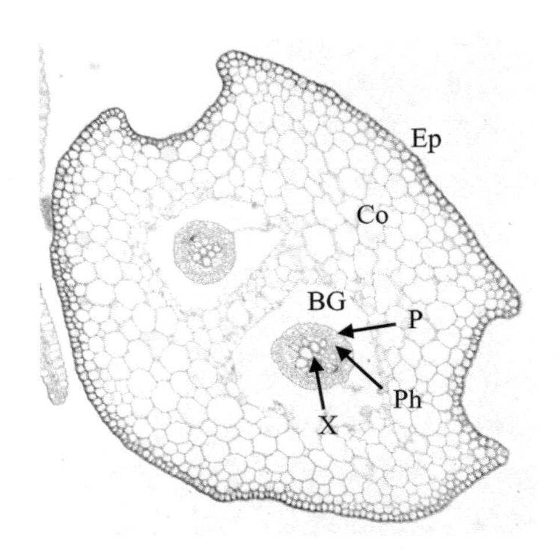

图7-24　卷柏（*Selaginella tamariscina*）
茎横切，示多体中柱

Ep：表皮；Co：皮层；BG：大间隙；
X：木质部；Ph：韧皮部；P：中柱鞘

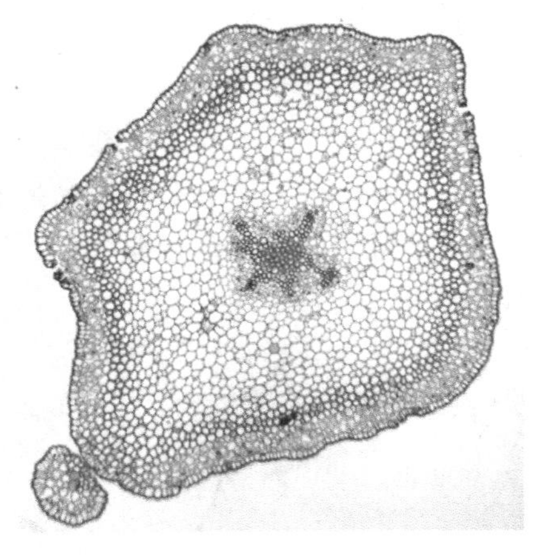

图7-22　松叶蕨（*Psilotum nudum*）
茎横切，示星形中柱

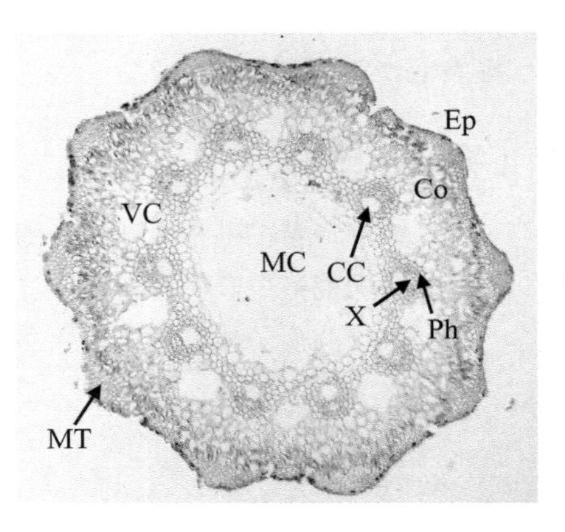

图7-25　问荆（*Equisetum arvense*）
茎横切，示具节中柱

Ep：表皮；Co：皮层；VC：槽腔；
MC：髓腔；CC：脊腔；MT：机械组织；
X：木质部；Ph：韧皮部

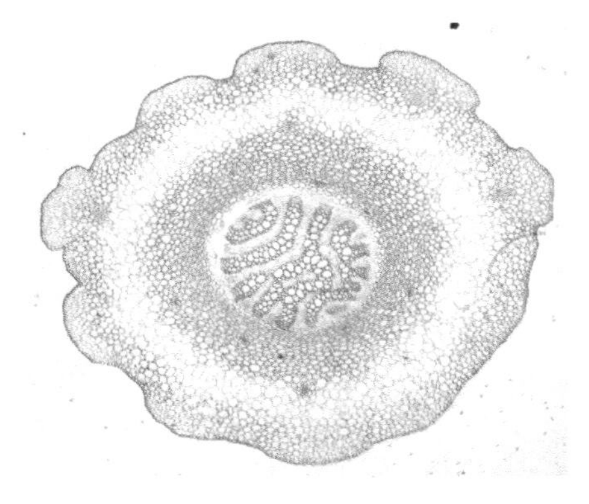

图7-23　石松（*Lycopodium japonicum*）
茎横切，示编织中柱

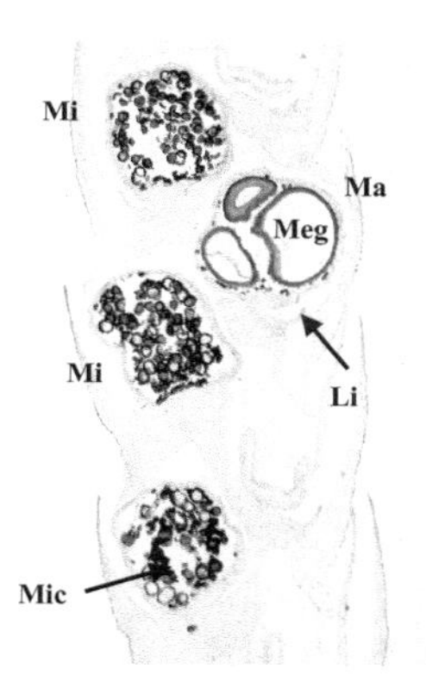

图7-26　中华卷柏（*Selaginella sinensis*）孢子叶球纵切

Mic：小孢子囊；Mi：小孢子叶；Li：叶舌；Meg：大孢子囊；Ma：大孢子叶

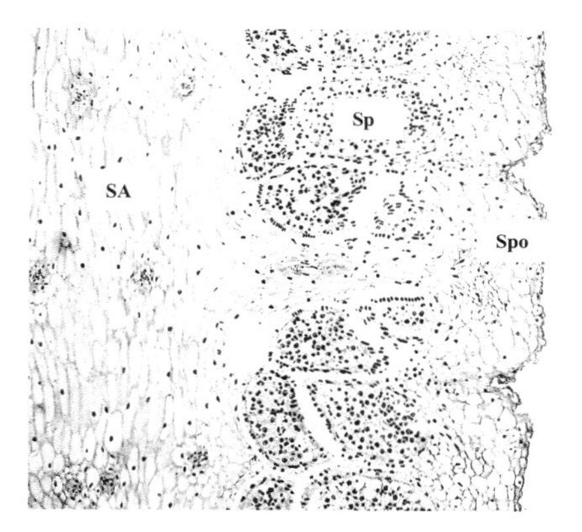

图7-27　问荆（*Equisetum arvense*）孢子叶球纵切

Sp：孢子囊；Spo：孢子叶；SA：孢子叶球轴

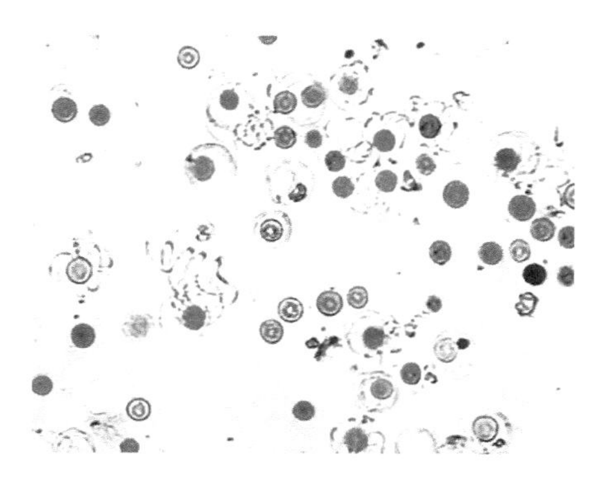

图7-28　问荆（*Equisetum arvense*）孢子结构，示弹丝

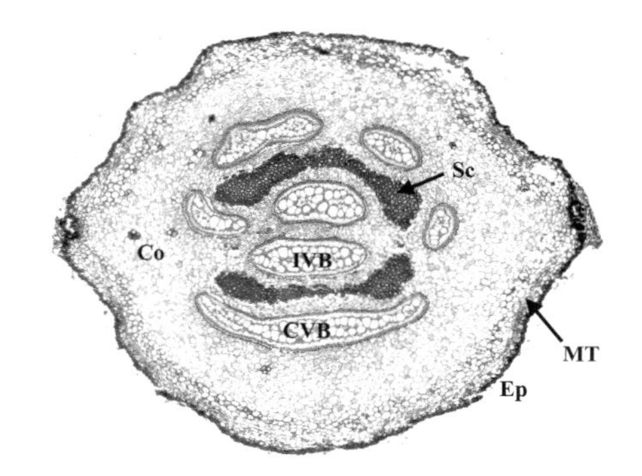

图7-29　蕨（*Pteridium aquilinum*）根状茎横切

Ep：表皮；MT：机械组织；Co：皮层；Sc：厚壁组织；CVB：外环维管束；IVB：内环维管束

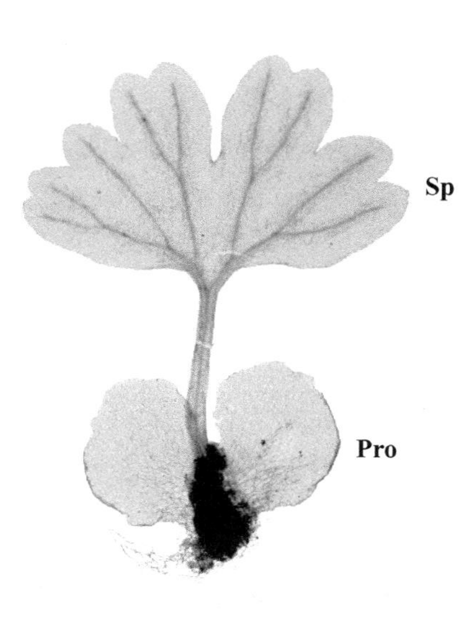

图7-30　蕨（*Pteridium aquilinum*）原叶体幼孢子体装片

Pro：原叶体；Sp：孢子体

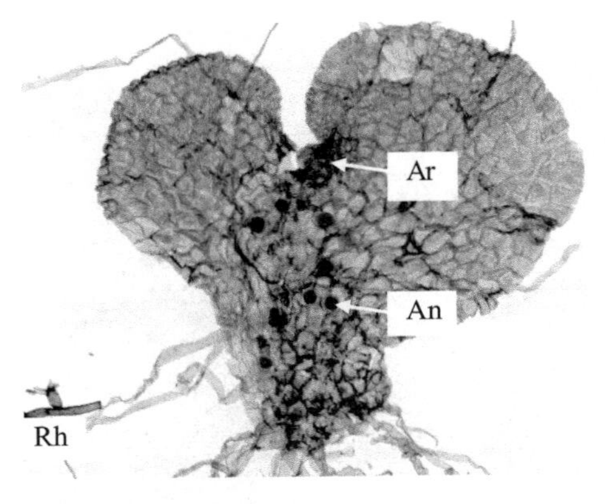

图7-31 蕨（*Pteridium aquilinum*）
原叶体装片

Ar：颈卵器；An：精子器；Rh：假根

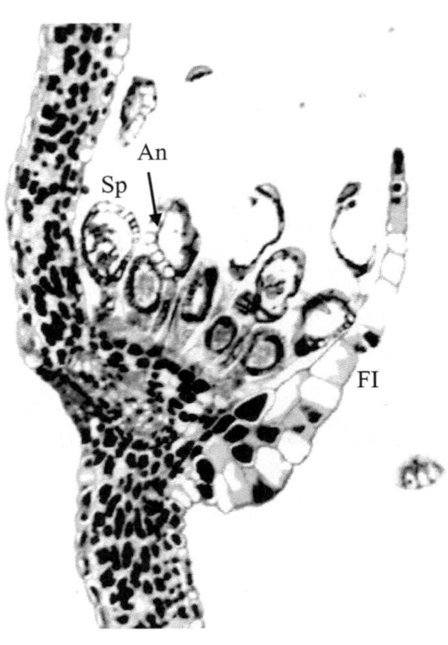

图7-32 蕨（*Pteridium aquilinum*）
孢子囊群横切

Sp：孢子囊；FI：假囊群盖；An：环带

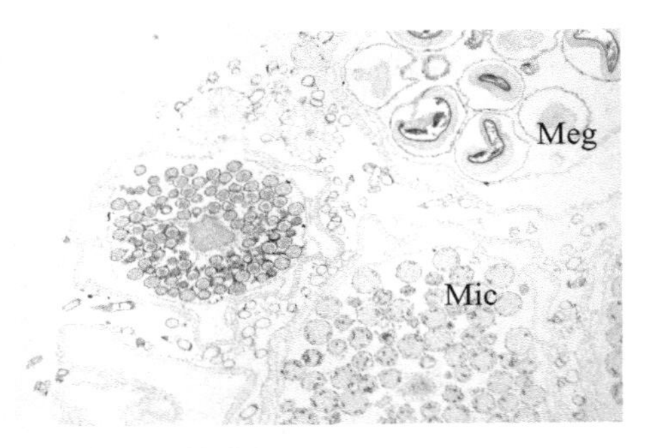

图7-33 槐叶苹（*Salvinia natans*）
孢子果横切

Mic：小孢子囊；Meg：大孢子囊

实验十六　裸子植物

裸子植物是介于蕨类植物和被子植物之间的维管植物，具有颈卵器，属于颈卵器植物；靠种子繁殖，但种子裸露，种子的外面没有果皮包被。

裸子植物孢子体发达，均为木本植物，大多数为单轴分枝的常绿高大乔木；维管系统发达，无限外韧维管束，有形成层和次生结构；除买麻藤纲植物以外，木质部中只有管胞而无导管，韧皮部中有筛胞而无筛管和伴胞。叶针形、条形、披针形、鳞形，极少数呈带状；叶表面有较厚的角质层，气孔呈带状分布。裸子植物的雌、雄性生殖结构（大、小孢子叶）分别聚生成单性的大、小孢子叶球，同株或异株。配子体十分简化，依附于孢子体生存。雄配子体成熟后通常靠风传播，到达颈卵器后形成的花粉管将2个精子直接送到颈卵器内，完成受精作用，受精过程完全摆脱了水的限制。

裸子植物现存约800种，可以分为苏铁纲、银杏纲、松柏纲和买麻藤纲。

【实验目的】

1.通过对裸子植物门代表植物的形态观察，了解裸子植物的主要特征及对陆生环境的适应。

2.了解石蜡切片法制备植物永久装片技术。

3.学习植物标本的采集、制作和保存。

4.掌握生物绘图的方法。

【实验材料】

1.实验器材

放大镜、显微镜、刀片、镊子、解剖针、载玻片、盖玻片等。

2.实验材料

苏铁大小孢子叶球新鲜或浸制标本、银杏大小孢子叶球新鲜或浸制标本、松树大小孢子叶球新鲜或浸制标本、苏铁叶横切装片、银杏叶横切装片、银杏种子、银杏大孢子叶球纵切装片、松一年生茎横切装片、松二年生茎横切装片、松大小孢子叶球纵切装片、松成熟雌球果。

【实验内容】

1. 苏铁纲

苏铁纲是裸子植物中原始的类群，常见代表植物是苏铁。苏铁为常绿乔木，茎干柱状。羽状复叶，聚生于树干顶部。幼叶掌卷，叶裂片边缘向后反卷。雌雄异株，雌、雄孢子叶球分别着生在雌、雄株的茎顶。雌球花的羽毛状心皮着生胚珠，雄球花的鳞片状雄蕊着生大量花粉囊。游动精子有多根纤毛。

取大孢子叶浸制或新鲜标本观察，密被褐黄色绒毛，上部呈羽状分裂，基部有长柄，柄的两侧着生裸露的胚珠。胚珠直立，珠被1层。

取小孢子叶球的浸制或新鲜标本观察。小孢子叶球由许多小孢子叶螺旋状排列组成，呈长球果状。每个小孢子叶呈楔状，肉质，背面着生多数小孢子囊（花粉囊）。每个小孢子囊的壁很厚，成熟时裂开，成熟的花粉粒散出。

2. 银杏纲

银杏为落叶乔木，有长枝和短枝之分，叶扇形，叶脉二叉状。雌雄异株，大、小孢子叶球均着生在短枝上。

银杏的大孢子叶球（雌球花）结构简单，具一长柄，有2个珠领（大孢子叶），上面各生一个直生胚珠，通常只有一个胚珠发育成种子。小孢子叶球（雄球花）成葇荑花序状，雄蕊多数，每个雄蕊生两个花粉囊，每一囊中含有多数小孢子。

用刀片或解剖刀将种子纵切进行观察，种皮分三层：外种皮肉质、很厚；中种皮白色、骨质；内种皮红色膜质；胚乳肉质，白色。

3. 松柏纲

松柏纲是裸子植物中种类最多，分布最广的类群，大约有500多种，分为松科、杉科和柏科等。松柏纲植株木本，茎多分枝，常有长短枝之分。茎叶内具有树脂道。次生木质部发达，由管胞组成，无导管。叶多为针形、鳞形、刺形等。雌雄球花同株或异株。精子没有鞭毛。

松科、杉科和柏科的重要区别是球果。松科球果的种鳞和苞鳞离生，仅基部微合生，每个种鳞腹面着生2粒种子。杉科球果的种鳞和苞鳞半合生，只在顶端处离生，也有完全合生的；有时种鳞小，有时苞鳞退化；每个种鳞腹面着生2 ～ 9粒种子。柏科球果的种鳞和苞鳞完全合生，种鳞腹面着生一至多粒种子。

取松带大、小孢子叶球的标本观察。首先区别长短枝，叶针形，二针一束，基部有叶鞘，螺旋状着生于茎上。

取松树茎横切面显微镜下观察，结合实验七所学知识正确区分周皮、皮层、次生木质部、次生韧皮部等结构。显微镜下观察马尾松（或雪松等）叶片横切面，结合实验八所学知识正确区分表皮、叶肉组织和维管组织等结构。

松树小孢子叶球长椭圆形，多个簇生于当年新枝的基部。每个小孢子叶背面着生两个小孢子囊。每个花粉粒有花粉粒壁，下部均有二枚气囊。花粉粒成熟时，小孢子囊干燥纵裂，散布具气囊的花粉粒，随风传播，落在大孢子叶球的胚珠上。

显微镜下观察大孢子叶球纵切面，注意珠鳞和苞鳞排列方式。苞鳞着生于珠鳞背面，胚珠着生在珠鳞腹面。苞鳞不随种子成熟增大，珠鳞则明显增大并木质化，后称果鳞。

成熟的球果，质地坚硬，干后开裂，胚珠在其中发育成种子。取下一片带种子的果鳞，果鳞前端盾面称鳞盾，其上有鳞脐。果鳞基部有二粒倒生种子，种子具翅，来源于珠鳞的表皮组织。

【实验作业】

1. 绘银杏大孢子叶球内部结构和种子的纵剖面图，注明各部分名称。
2. 绘松大小孢子叶球的纵切结构图，注明各部分名称。

图7-34 苏铁（*Cycas revoluta*）
大孢子叶球形态

图7-36 苏铁（*Cycas revoluta*）
小孢子叶球形态

图7-35 苏铁（*Cycas revoluta*）
大孢子叶形态结构

Ov：胚珠

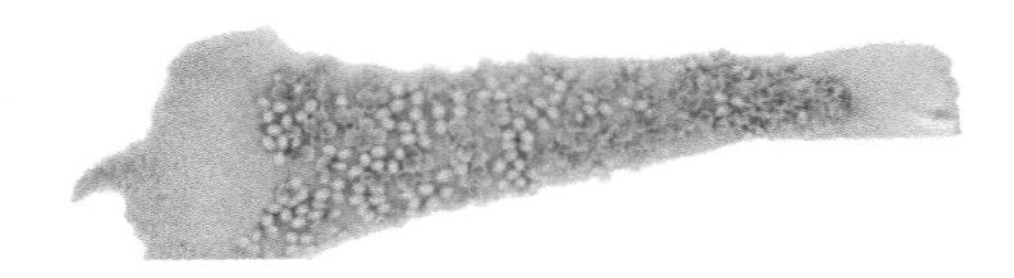

图7-37 苏铁（*Cycas revoluta*）
小孢子叶形态结构，密生小孢子囊

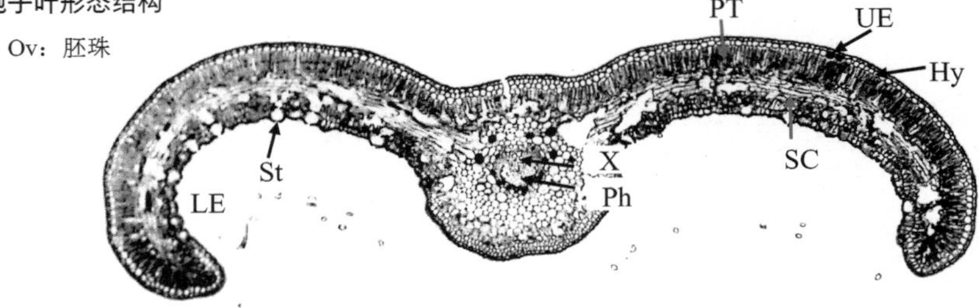

图7-38 苏铁（*Cycas revoluta*）叶横切

UE：上表皮；LE：下表皮；PT：栅栏组织；SC：海绵组织；
Hy：下皮层；Ph：韧皮部；X：木质部；St：气孔

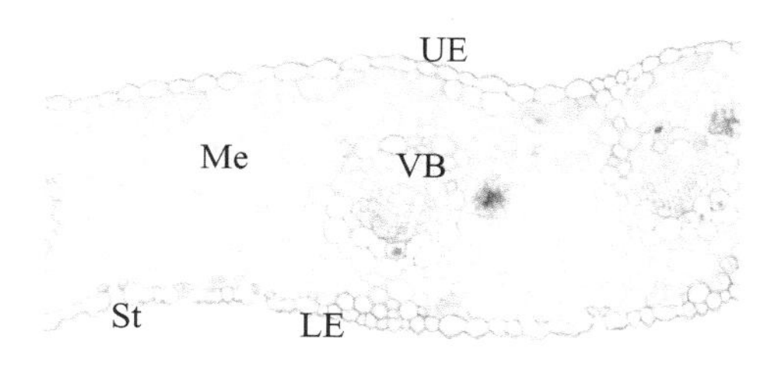

图7-39　银杏（*Ginkgo biloba*）叶横切

UE：上表皮；LE：下表皮；Me：叶肉；
VB：维管束；St：气孔器

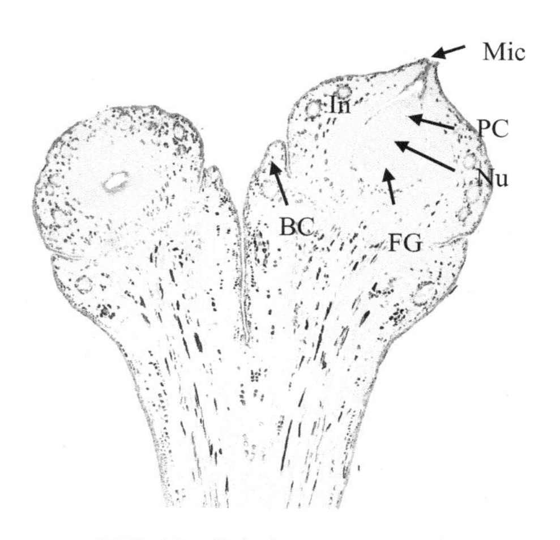

图7-42　银杏（*Ginkgo biloba*）
雌球花纵切

BC：珠领；In：珠被；Mic：珠孔；
Nu：珠心；PC：贮粉室；FG：雌配子体

图7-40　银杏（*Ginkgo biloba*）
雄球花形态

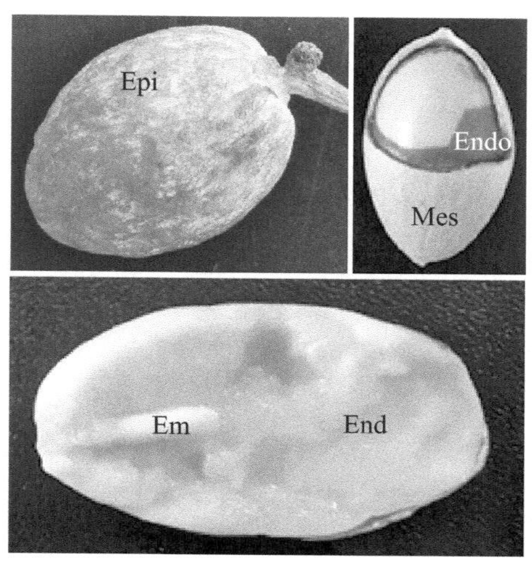

图7-43　银杏（*Ginkgo biloba*）
种子结构

Epi：外种皮（肉质）；Mes：中种皮（骨质）；
Endo：内种皮（膜质）；Em：胚；End：胚乳

图7-41　银杏（*Ginkgo biloba*）
雌球花形态

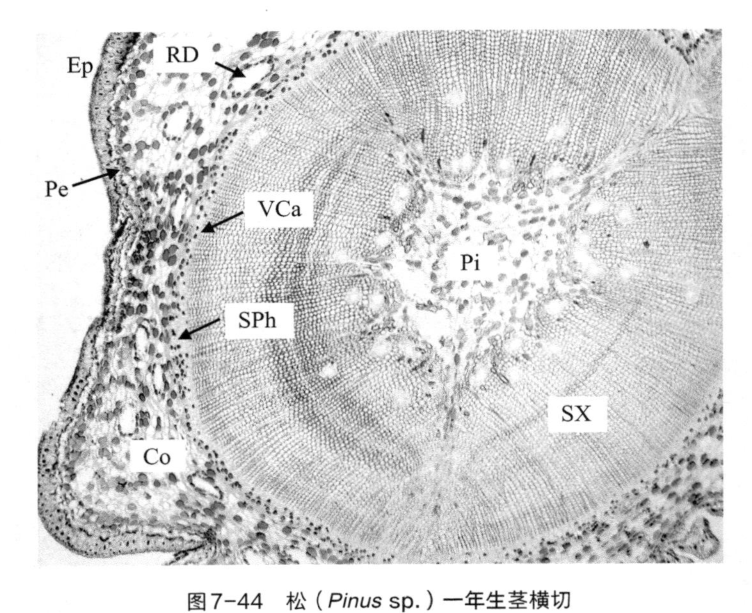

图7-44　松（*Pinus* sp.）一年生茎横切

Ep：表皮；Pe：周皮；Co：皮层；RD：树脂道；Pi：髓；SX：次生木质部；
VCa：维管形成层；SPh：次生韧皮部

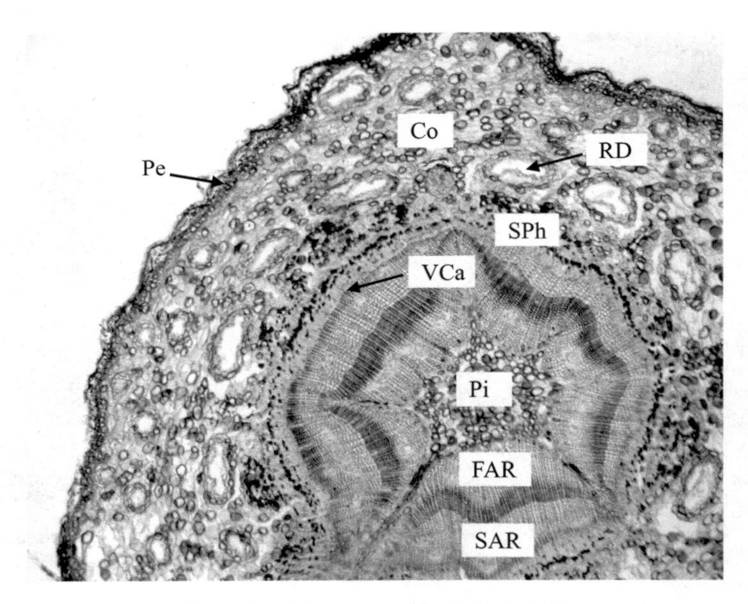

图7-45　松（*Pinus* sp.）二年生茎横切

Pe：周皮；Co：皮层；RD：树脂道；Pi：髓；SPh：次生韧皮部；
FAR：第一年年轮；SAR：第二年年轮；VCa：维管形成层

图7-46　日本五针松（*Pinus parviflora*）小孢子叶球和大孢子叶球外观形态

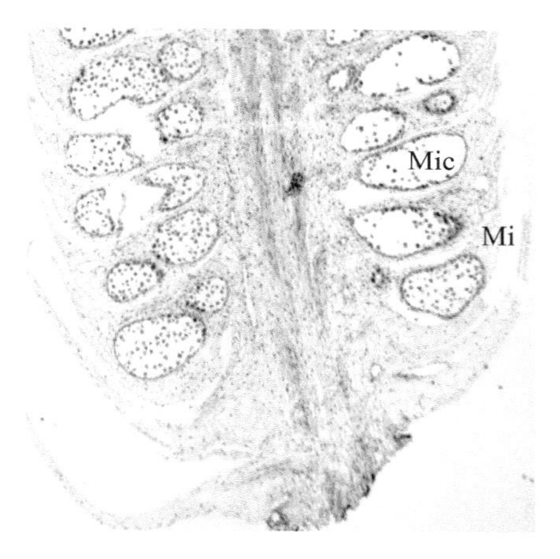

图7-47　松（*Pinus* sp.）小孢子叶球纵切面

Mi：小孢子叶；Mic：小孢子囊

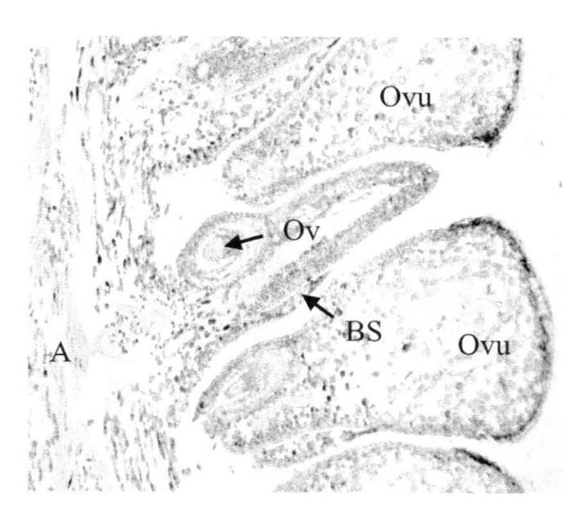

图7-48　松（*Pinus* sp.）大孢子叶球纵切面

Ovu：珠鳞；Ov：胚珠；BS：苞鳞；A：轴

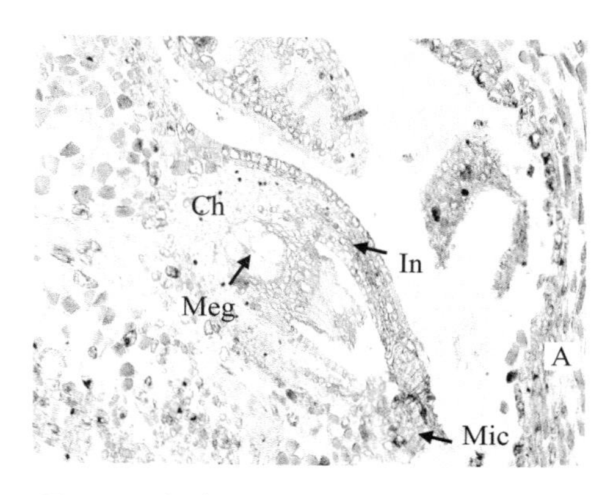

图7-49　松（*Pinus* sp.）大孢子叶球纵切面，示胚珠结构

In：珠被；Mic：珠孔；Ch：合点；Meg：大孢子母细胞；A：轴

图7-50　日本五针松（*Pinus parviflora*）雌球果

CS：果鳞；SS：鳞盾；Um：鳞脐

实验十七　被子植物

被子植物又称为有花植物，是植物界最高级的一类，它们靠种子繁殖，种子外有果实包被。现知被子植物有1万多属，全世界20万～25万种，超过植物界总数的一半。

被子植物的孢子体高度发达，可以适应多种生境以及多种营养方式生存。被子植物有真正的花，花一般由花柄、花萼、花冠、雌蕊群、雄蕊群等部分组成。雌蕊由心皮形成，包括子房、花柱和柱头3部分。胚珠藏在子房内。子房受精后发育成果实，胚珠发育成种子。被子植物有双受精现象，2个精子进入胚囊后，1个与卵结合形成二倍体合子，另1个与极核结合，形成三倍体胚乳。

被子植物的配子体进一步退化，无独立生活能力，只能生长在孢子体上，结构比裸子植物更为简化。多数植物成熟的雄配子体具1个营养细胞和1个生殖细胞；部分植物在传粉前生殖细胞又分裂一次，产生2个精子，为三核花粉。大孢子发育成胚囊，通常胚囊为7细胞8核胚囊，即3个反足细胞、2个极核、2个助细胞和1个卵细胞。

【实验目的】

1. 通过对被子植物门代表植物的形态观察，了解被子植物的主要特征。
2. 学习植物标本的采集、制作和保存。

【实验材料】

1. 实验器材

放大镜、显微镜、刀片、镊子、解剖针、载玻片、盖玻片等。

2. 实验材料

被子植物典型植物的浸制或新鲜标本。

【实验内容】

1. 木兰科

观察玉兰材料。木兰科植物木本，单叶互生，叶柄基部的茎上具有环状托叶痕；花单生，着生在小枝的顶端，花被白色，3基数，两性花；雌蕊及雄蕊多数，分离，螺旋状排列在伸长的花托上；子房上位，蓇葖果。

木兰科是被子植物最原始的类群。我国有14属，160种。白玉兰、紫玉兰、含笑、荷花玉兰等都是本科常见花卉，八角茴香是常用烹饪调料。

2. 毛茛科

观察毛茛材料。毛茛科植物多数草本，少数灌木；叶互生或对生，常分裂；多数两性花，辐射对称或两侧对称，5基数；花萼和花瓣均离生；雌蕊和雄蕊多数，离生；子房上位，聚合瘦果或聚合蓇葖果。

毛茛科有50属2000多种，我国有39属约750种。乌头、黄连、白头翁、升麻等为历史悠久药材，牡丹、芍药等供观赏。

3. 桑科

观察桑树材料。桑科植物木本，常有乳汁，单叶互生；花小，雌雄异株，葇荑花序；雄花花被4，雄蕊4与花被对生；雌花花被4，肉质，子房上位，1室；聚花果。

桑科植物有40属约1000种。见血封喉、波罗蜜、构树、菩提树、无花果等是本科典型植物。

4. 石竹科

观察石竹标本。石竹科植物草本，单叶对生，节处膨大；两性花，整齐花，二歧聚伞花序或单生；萼片结合成筒，具5齿；花瓣5，具爪，花瓣先端具齿；子房上位，蒴果，少数为浆果。注意雄蕊和雌蕊心皮的数目，横切子房，观察雌蕊属于什么胎座？

石竹科植物约70属2000多种，我国有30属400多种。石竹和康乃馨是常见花卉。

5. 锦葵科

观察锦葵标本。锦葵科植物草本或灌木；茎皮多纤维而不易折断；单叶互生，有托叶；两性花，整齐花，萼片外有苞片（副萼），花瓣5基数，雄蕊花丝联合成管状包在雌蕊的外围即单体雄蕊；花药1室；子房上位，蒴果或分果。用刀片纵剖花，横切子房，观察胎座和胚珠的数目。

锦葵科植物大约有70多属，1000～1500种。棉花、锦葵、扶桑、木槿、木芙蓉等是本科常见植物。

6. 十字花科

观察白菜标本。十字花科植物草本，常有辛辣汁液，基生叶丛生，茎生叶互生；两性花，整齐花，萼片与花瓣各4片，十字形排列；雄蕊6，4强雄蕊；内轮雄蕊之间有4个蜜腺，与萼片对生；雌蕊2心皮一室，2个侧膜胎座，具假隔膜。角果。

十字花科植物有“蔬菜之邦”之称，约有370属3000种，我国有95属约410种。本科植物很多具有重要的经济价值。萝卜、甘蓝、芥菜、荠菜、西蓝花、大白菜、诸葛菜等是本科典型植物。

7. 葫芦科

观察黄瓜（或丝瓜、南瓜）标本。葫芦科植物蔓生草本，茎具棱，叶掌状浅裂，茎叶均有毛，卷须不分枝；花单性同株，雄花数朵丛生，雌花单生；雄花花萼与花冠基部连合，花萼钟形5裂，花冠深裂；雄蕊5枚，花药弯曲折叠呈S形，形成（2）+（2）+1，药隔突出；雌花子房下位，外有刺状突起，花柱短，柱头3，雌蕊3心皮组成；侧膜胎座；瓠果。

葫芦科有“瓜类大家庭”之称，是重要的食用植物科之一。约有110属700多种，我国有30多属140多种。冬瓜、西瓜、南瓜、哈密瓜、丝瓜、苦瓜等是常见瓜果。

8. 蔷薇科

取桃树或苹果标本观察。蔷薇科植物单叶或复叶，叶缘常有锯齿，多数有托叶；花两性，整齐花；花托凸隆至凹陷；花5基数，轮状排列；花被与雄蕊常结合成花筒；雄蕊多数，轮状排列；雌蕊1个，着生在花的中央；子房上位，少下位；果实有蓇葖果、瘦果、梨果、核果。

蔷薇科植物有“花果之家”之称，约有120多属3000多种，我国有50多属1000余种。苹果、梨、樱桃、桃、杏、山楂、枇杷、草莓、绣线菊、玫瑰、月季等多种植物为本科植物。

9. 蝶形花科

取蚕豆植株观察。蝶形花科植物多数为羽状复叶，大多有托叶；花两性，两侧对称；花萼筒状，花冠蝶形，最上面的一片称旗瓣，两侧的二片称翼瓣。下面的2片（最内的）最小，合成龙骨瓣；雄蕊10枚或多枚，常结合成二体雄蕊或单体雄蕊；荚果。

蝶形花科植物约有400属10000种，我国有116属1000多种。豌豆、豇豆、花生、菜豆等各种豆类，洋槐、紫檀、紫藤等均属于蝶形花科植物。

10. 含羞草科

观察合欢标本。含羞草科植物乔木或灌木，很少草本；羽状复叶；花辐射对称，排成穗状花序、总状花序或头状花序；花萼管状，5齿裂，裂片镊合状排列，很少覆瓦状排列；花瓣镊合状排列，分离或合生成一短管；雄蕊通常多数；子房上位，荚果。

含羞草科约有50多属2800多种，合欢、含羞草、台湾相思等为本科常见植物。

11. 芸香科

观察柑橘标本。芸香科植物常绿或落叶乔木、灌木或攀援藤本或草本，全体含挥发油，叶具透明油腺点，植物体内通常有储油细胞或有分泌腔。叶互生，少数对生，单叶、单身复叶或羽状复叶，无托叶。花两性或单性，辐射对称，极少两侧对称。萼片、花瓣4～5枚；雄蕊着生在花盘周围，常与花瓣对生；子房上位；果实有柑果、蓇葖果、蒴果或核果。

芸香科约150属1700种，中国29属约151种28变种。柑橘、柠檬、柚子、花椒、金橘、佛手等均为本科常见植物。

12. 茄科

观察番茄或辣椒枝叶。茄科植物草本、灌木或小乔木，直立或攀援；茎有时具皮刺，稀具棘刺；叶互生，单叶或羽状复叶，全缘，具齿、浅裂或深裂；花序顶生或腋生，总状、圆锥状或伞形，或单花腋生或簇生；花两性，花萼5裂，花冠筒辐射状、漏斗状、高脚碟状、钟状或坛状；雄蕊生于花冠筒上部或基部，花药成熟后常孔裂；2心皮，2心室，位置偏斜，少数被假隔膜隔成3～5室；胚珠多枚；浆果或蒴果。

茄科植物约有30多属3000多种，我国有20多属100多种。番茄、辣椒、马铃薯、茄子、烟草、枸杞、曼陀罗等都是茄科典型植物。

13. 木犀科

观察迎春花或桂花标本。木犀科常绿或落叶乔木或灌木，有时为藤本。叶对生，很少为互生，单叶或羽状复叶，无托叶。圆锥花序、聚伞花序或花簇生，顶生或腋生。花辐射对称，两性或有时为单性；花萼通常4裂；花冠合瓣，4裂，有时缺失；雄蕊通常2枚；子房上位，2室，花柱单一，柱头2裂或头状。果实为核果、蒴果、浆果或翅果。

木犀科植物共有26属600余种，广布于温带和热带各地，中国有12属约200种。桂花、丁香、大叶女贞、迎春花、连翘等是本科常见植物。

14. 菊科

取蒲公英或菊花标本或新鲜材料观察。菊科植物常为草本，叶互生；头状花序，单生或再排成各种花序，外具一至多层苞片组成的总苞；花两性，极少单性或中性；花萼退化变态成毛状，称为冠毛；花冠合瓣，管状、舌状或唇状；雄蕊5枚，着生于花冠筒上，花药合生成筒状，称为巨药雄蕊；子房下位，1室1胚珠；

连萼瘦果，屡有冠毛。

菊科为被子植物第一大科，1300余属20000～25000种，我国有200多属3000多种。青蒿、千里光、雪莲、蒲公英等为药用，菊花、金盏花、万寿菊等供观赏，洋姜、茼蒿、生菜、莴苣等可食用。

15. 天南星科

观察菖蒲植株。天南星科为单子叶植物，草本，具块茎或伸长的根茎，有时茎变厚而木质，直立、平卧或用小根攀附于其他物上，少数浮水，常有乳状液汁；叶通常基生，如茎生则为互生，呈2行或螺旋状排列，形状各式，剑形而有平行脉至箭形而有网脉，全缘或分裂；花序为肉穗花序，外有佛焰苞包围；花两性或单性，辐射对称；雄蕊1至多数，分离或合生成雄蕊柱；子房1，由1至数心皮组成，每室有胚珠1至数枚。

天南星科有115属2000余种，我国有35属200多种。天南星、半夏、菖蒲为常用中药，粉掌、红掌、龟背竹、马蹄莲等为常见观赏植物和花卉。

16. 禾本科

观察小麦植株。禾本科植物茎圆柱形，中空，有明显的节和节间；叶片狭长，平行叶脉，叶鞘开裂，常有叶舌、叶耳；复穗状花序由多个小穗组成，每个小穗生1至数朵小花，小花生于外稃和内稃之间，通常由2枚浆片、3枚雄蕊和1枚雌蕊组成；颖果。

禾本科植物有700多属12000多种，我国有230余属1500余种。禾本科植物与人类的关系极为密切，具有重要的经济价值。稻、麦、黍、玉米、高粱、谷子、甘蔗、竹、狗尾巴草、稗草等均为禾本科植物。

17. 百合科

观察黄花菜或百合植株及花标本。百合科植物为多年生草本；地下有鳞茎、块茎或根茎；叶多互生；花两性，辐射对称；花被花瓣状，6片；雄蕊6枚；子房上位；中轴胎座；果实为蒴果或浆果。横切子房观察子房室数，每室胚株数。

百合科植物约230属4000多种，我国有60多属600多种。玉簪、郁金香、风信子、万年青、萱草等供观赏，葱、蒜、韭菜、洋葱、百合等供食用，黄精、玉竹、知母、芦荟等是知名药材。

18. 石蒜科

观察葱兰植株。石蒜科植物为多年生草本，极少数为半灌木、灌木以至乔木状；具鳞茎、根状茎或块茎；叶多数基生，多呈条形；花单生或排列成伞形花序、总状花序、穗状花序、圆锥花序；花被6片，分离或下部合生成筒状；子房下位，常为3室；果实为蒴果或浆果。

石蒜科植物有90多属1300多种，我国有20多属30多种。观赏植物有水仙、君子兰、葱莲、文殊兰、朱顶红、彼岸花、葱兰等，药用植物有石蒜、龙舌兰等。

19. 兰科

观察蝴蝶兰植株。兰科植物常见草本；叶互生，基部有抱茎叶鞘；花两性，两侧对称，花被2轮、6片，外轮花瓣状，内轮中央花瓣特化成唇瓣；雄蕊1或2，花粉结合成花粉块；雄蕊和花柱结合成合蕊柱；子房下位，侧膜胎座；蒴果。

兰科是单子叶植物中最进化的一个科，是被子植物第二大科，约有800多属，30000～35000个种，我国有170多属1300多种及许多亚种、变种。兰科大部分供观赏，如蝴蝶兰、大花蕙兰、墨兰等，石斛、天麻、白芨等可供药用。

【实验作业】

1. 绘锦葵花的解剖结构图，注明各部分名称，写出花程式。
2. 绘蚕豆花的解剖结构图，注明各部分名称，写出花程式。
3. 绘白菜花的解剖结构图，注明各部分名称，写出花程式。
4. 绘小麦花的解剖结构图，注明各部分名称，写出花程式。
5. 绘百合花的解剖结构图，注明各部分名称，写出花程式。

图7-51 白玉兰
(*Michelia alba*)

图7-52 白玉兰
(*Michelia alba*)果实

图7-53 含笑
(*Michelia figo*)

图7-54 荷花玉兰
(*Magnolia Grandiflora*)

图7-55 毛茛
(*Ranunculus japonicus*)

图7-56 牡丹
(*Paeonia suffruticosa*)

图7-57 桑
(*Morus alba*)

图7-58 桑(*Morus alba*)果实

图7-59 构树
(*Broussonetia papyrifera*)

图7-60 石竹
(*Dianthus chinensis*)

图7-61 蜀葵
(*Althaea rosea*)

图7-62 木槿
(*Hibiscus syriacus*)

图7-63　油菜
（*Brassica napus*）

图7-64　诸葛菜
（*Orychophragmus violaceus*）

图7-65　丝瓜
（*Luffa cylindrica*）

图7-66　南瓜
（*Cucurbita moschata*）

图7-67　桃花
（*Prunus persica*）

图7-68　月季
（*Rosa chinensis*）

图7-69　蚕豆
(*Vicia faba*)

图7-70　紫藤
(*Wisteria sinensis*)

图7-71　合欢
(*Albizia julibrissin*)

图7-72　柑橘
(*Citrus reticulata*)

图7-73　佛手
(*Citrus medica* L. var. *sarcodactylis Swingle*)

图7-74　辣椒
(*Capsicum annuum*)

图7-75　曼陀罗
（*Datura stramonium*）

图7-76　茄子
（*Solanum melongena*）

图7-77　桂花
（*Osmanthus fragrans*）

图7-78　迎春花
（*Jasminum nudiflorum*）

图7-79　大叶女贞（*Ligustrum compactum*）

图7-80　大叶女贞（*Ligustrum compactum*）果实

图7-81　蒲公英
（*Taraxacum mongolicum*）

图7-84　红掌
（*Anthurium andraeanum*）

图7-82　菊花
（*Dendranthema morifolium*）

图7-85　小麦
（*Triticum aestivum*）

图7-83　马蹄莲
（*Zantedeschia aethiopica*）

图7-86　狗尾草
（*Setaria viridis*）

图7-87　百合
（*Lilium brownie* var. *viridulum*）

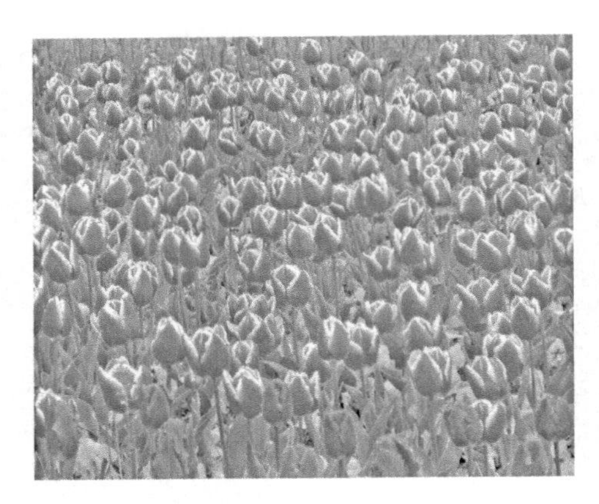

图7-88　郁金香
（*Tulipa gesneriana*）

图7-89　葱兰
（*Zephyranthes candida*）

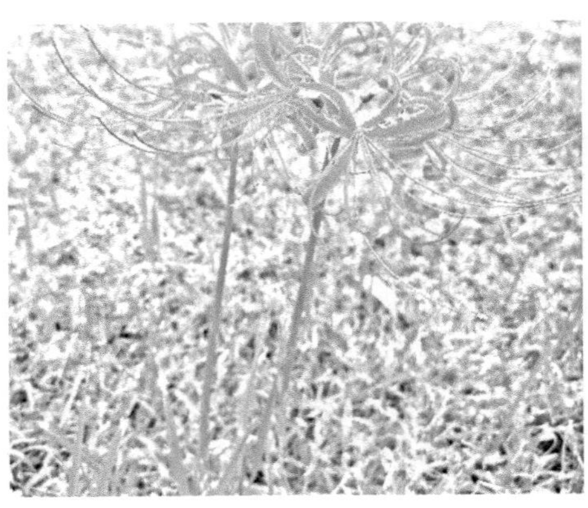

图7-90　彼岸花
（*Lycoris radiata* var. *radiata*）

图7-91　蝴蝶兰
（*Phalaenopsis aphrodite*）

图7-92　建兰
（*Cymbidium ensifolium*）

参考文献

[1] 王幼芳，李宏庆，马炜梁. 植物学实验指导[M]. 2版. 北京：高等教育出版社，2014.
[2] 李春妹，刘莹，廖文波. 植物学实验解剖图解[M]. 北京：高等教育出版社，2020.
[3] 袁明，姜述君. 植物学实验指导[M]. 北京：科学出版社，2012.
[4] 赵遵田，苗明升. 植物学实验教程[M]. 3版. 北京：科学出版社，2014.
[5] 马三梅，王永飞，李万昌. 植物学实验[M]. 2版. 北京：科学出版社，2018.
[6] 王伟，李春奇. 植物学实验实习指导[M]. 北京：化学工业出版社，2015.
[7] 关雪莲，张睿鹂. 植物学实验指导[M]. 北京：中国林业出版社，2019.
[8] 陆自强. 植物学实验教程[M]. 北京：中国农业大学出版社，2012.
[9] 姚家玲. 植物学实验[M]. 2版. 北京：高等教育出版社，2009.
[10] 马三梅，王永飞. 植物生物学[M]. 北京：科学出版社，2017.
[11] 周云龙，刘全儒. 植物生物学[M]. 4版. 北京：高等教育出版社，2016.
[12] 李和平. 植物显微技术[M]. 2版. 北京：科学出版社，2009.
[13] 冯燕妮，李和平. 植物显微图解[M]. 北京：科学出版社，2013.
[14] 贺学礼. 植物生物学实验指导[M]. 北京：科学出版社，2020.
[15] 张宪省，李兴国. 植物学实验指导（北方本）[M]. 北京：中国农业出版社，2015.
[16] 周忠泽，许仁鑫，杨森. 植物学实验[M]. 安徽：中国科学技术大学出版社，2016.
[17] 刘文哲. 植物学实验[M]. 北京：科学出版社，2015.
[18] 尤瑞麟. 植物学实验技术教程[M]. 北京：北京大学出版社，2008.
[19] 汪小凡，杨继，宋志平. 植物生物学实验[M]. 3版. 北京：高等教育出版社，2019.
[20] 何凤仙. 植物学实验[M]. 北京：高等教育出版社，2000.
[21] 高信曾. 植物学实验指导（形态、解剖部分）[M]. 北京：高等教育出版社，1986.
[22] 李凤兰. 植物学实验教程[M]. 北京：中国林业出版社，2007.
[23] 陈叶，马银山. 植物学实验指导[M]. 天津：天津大学出版社，2016.
[24] 王丽，关雪莲. 植物学实验指导[M]. 2版. 北京：中国农业大学出版社，2013.
[25] 吴鸿，郝刚. 植物学实验指导[M]. 北京：高等教育出版社，2012.